上海开放大学学术专著出版基金资助

王晓楠◎著

中国城市居民环境风险感知与应对行为研究

Environmental Risk Perception and Coping Behavior of China's Urban Residents

上海社会科学院出版社
SHANGHAI ACADEMY OF SOCIAL SCIENCES PRESS

目　录

第一章 绪 论

近年来,伴随着中国经济的高速发展,工业化、城镇化进程加快,环境问题面临严峻挑战。中国已经进入环境风险凸显与环境事故多发、高发期,加之公众在多种社会矛盾问题集中时期异常敏感,造成居民对环境风险感知出现偏差并做出错误的行为选择,进而导致环境风险从局部演变成全局。居民在环境风险面前是受害者,同时是环境风险的缔造者、传播者,也是环境资源的守护者。转型期中国居民对环境风险的关注度和敏感度高涨,因此,有必要深入研究居民环境风险感知对环境行为的影响机制。

放眼全球,在众多环境风险中,大气污染成为公众所关注的重点风险。毋庸置疑,公众对"美好生活的需求"日益增长,尤其关注"健康生活"需求,而空气污染对健康生活所造成的危害和影响有目共睹。因此,我国政府出台大量政策,开启了守护蓝天保卫战。党的十七大提出建设生态文明;党的十八大指出要大力推进生态文明建设,把生态文明建设放在突出地位,形成了中国特色社会主义五位一体总体布局;党的十九大提出坚定走生产发展、生活富裕、生态良好的文明发展道路,加快生态文明体制改革。这样一种持续性、整体性、系统性的努力,使得中国环境问题得到相当程度的缓解,空气质量有了显著提升。《中国生态环境状况公报》《生态环境统计年报》的历年数据显示我国空气质量状况有了显著改善,但是公众环境举报的案件和信访数量却日益增长。由此表明,环境质量的改善、政府投入增加、法律法规完善、环境督察的严格,并没有降低公众风险感知,也并没有真正激发中国公众环境行为的生成。这一不可争辩的事实背后呈现了居民环境风险感知和应对行为内在和外在逻辑、建构过程和影响机制。

第一节 研 究 背 景

一、全球环境风险现状及中国之治

2021 年 1 月 19 日世界经济论坛发布的《2021 年全球风险报告》指出,新冠肺炎疫情加剧了贫富差距和社会分化,预计将在未来 3～5 年阻碍经济发展,未来 5～10 年加剧地缘政治紧张局势。报告认为,未来 10 年最可能发生的风险包括极端天气、气候行动失败和人为环境破坏,以及数字权力集中、数字不平等和网络安全失败。在未来 10 年影响最大的风险中,传染病居首位,其次是气候行动失败和其他环境风险;还有大规模杀伤性武器、生计危机、债务危机和信息技术基础设施崩溃。[①] 从《全球风险报告 2004—2021》[②]发现环境风险以来,一直是每年全球风险认知调查结果的"重头戏"。《2021 年全球风险报告》中全球风险格局展现了风险概率和风险所造成损失两维度的统计数据,环境风险在前五大风险中分别占据 3 席和 4 席(如图 1－1)。在众多风险中,极端天气引发全球公众关注,而且公众也越来越担心环境政策无法

---

① 世界经济论坛:《2021 年全球风险报告》,http://www.weforum.org/docs/WEF_The_Global_Risks_Report_2021.pdf/。

② 世界经济论坛:《全球风险报告 2004—2021》,https://www.weforum.org/reports。

达到预期。报告指出,公众不仅担忧气候变化,更关注政府、气候行动的失败。报告中的全球风险网络及风险驱动因素概览都呈现"气候行动失败"。其在 2020 年的影响力排名中回升至第一位(如图 1-2)。各国政府在气候变化问题上的行动不作为所造成的后果越发凸显。环境风险对人类健康和对各国经济发展所产生的影响,进而波及生活福祉、生产力乃至地区安全。

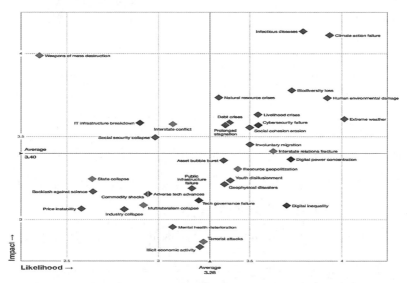

图 1-1 2021 年全球风险格局(发生概率和造成损失)①

长期以来,人们大多将全球气候变化应对作为一个国际治理与合作议题来理解或对待。这既是基于全球气候变化表现及其影响的跨区域乃至全球性特征,也是基于世界各国国内外环境变化对该议题的一种回应。中国对于全球气候变化国际治理与合作的态度一直是积极的。随着我国进入新发展阶段,以及生态文明建设的深入实施,我国政

---

① 世界经济论坛:《2021 年全球风险报告》,http://www.weforum.org/docs/WEF_The_Global_Risks_Report_2021.pdf。

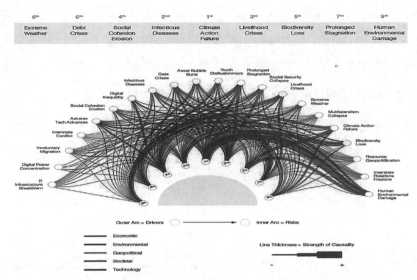

图1-2 2021年全球风险网络及风险驱动因素概览①

府把全球气候变化应对这一"外部压力"逐渐转化为一种"内部动力"。以2016年《巴黎协定》签署及国内批准落实为标志,中国政府更加主动地致力于全球气候变化应对在国际与国内层面的统一。

党的十八大报告和十九大报告分别指出,"坚持共同但有区别的责任原则、公平原则、各自能力原则,同国际社会一道积极应对全球气候变化"和"引导应对气候变化国际合作,成为全球生态文明建设的重要参与者、贡献者、引领者""为全球生态安全作出贡献""积极参与全球环境治理,落实减排承诺"。2021年1月25日,习近平在世界经济论坛"达沃斯议程"对话会上发表题为《让多边主义的火炬照亮人类前行之路》的特别致辞,向全世界郑重承诺"中国力争于2030年前二氧化碳排放达到峰值、2060年前实现碳中和",表明我国"碳达峰目标和碳中和愿

---

① 世界经济论坛:《2021年全球风险报告》,http://www.weforum.org/docs/WEF_The_Global_Risks_Report_2021.pdf。

景",该愿景在理念层面阐发了促进"可持续发展"、推动"全球环境治理"、坚持"全球绿色低碳转型的大方向"、发展"绿色经济"、推动疫情后世界经济"绿色复苏"等国际性理念话语,也提出了"推动构建人类命运共同体""建设生态文明和美丽地球""促进人与自然和谐共生""创新、协调、绿色、开放、共享的新发展理念""高质量发展""经济社会发展全面绿色转型"等我国生态文明建设的原创性理念话语。在实践层面,习近平强调中国政府和人民在大力推进生态文明建设背景下,应对全球气候变化和参与国际环境治理过程中的理念创新和实践行动。比如,"中国将继续促进可持续发展""中国将全面落实联合国 2030 年可持续发展议程""中国将加强生态文明建设,加快调整优化产业结构、能源结构,倡导绿色低碳的生产生活方式",等等。

二、全球空气污染风险演进与现状

根据《2021 年全球风险报告》呈现 2012—2020 年风险发生概率概览(如图 1-3),根据年代的排序发现,环境风险的严重程度呈现上升趋势,至 2020 年达到了顶峰,风险发生概率的前 5 项全部属于环境风险(绿色),对于 2021 年的风险预测中可以发现,环境风险依然占据主要地位,尤其极端天气和气候行动失败。

环境风险日益引发公众的关注,尤其是空气污染所引发的风险。PM2.5 污染主要集中在亚洲大部分地区,中国尤其严重,其次是北非地区。近 20 年间,全球 PM2.5 数值提升了 26%,到 2011 年,年平均浓度已到达 70.54 微克/立方米,为全球年度的最高值。亚洲发展中国家和非洲发展中国家的 PM2.5 浓度明显高于全球其他地区。从数据可以看出 PM2.5 污染与工业化进程密切相关。如欧洲和北美地区早已完成工业革命,先亚洲 30 年完成了污染治理,空气污染水平较低。

Top Global Risks by Likelihood

	1st	2nd	3rd	4th	5th	6th	7th
2021	Extreme weather	Climate action failure	Human environmental damage	Infectious diseases	Biodiversity loss	Digital power concentration	Digital inequality

	1st	2nd	3rd	4th	5th		
2020	Extreme weather	Climate action failure	Natural disasters	Biodiversity loss	Human-made environmental disasters		
2019	Extreme weather	Climate action failure	Natural disasters	Data fraud or theft	Cyberattacks		
2018	Extreme weather	Natural disasters	Cyberattacks	Data fraud or theft	Climate action failure		
2017	Extreme weather	Involuntary migration	Natural disasters	Terrorist attacks	Data fraud or theft		
2016	Involuntary migration	Extreme weather	Climate action failure	Interstate conflict	Natural catastrophes		
2015	Interstate conflict	Extreme weather	Failure of national governance	State collapse or crisis	Unemployment		
2014	Income disparity	Extreme weather	Unemployment	Climate action failure	Cyberattacks		
2013	Income disparity	Fiscal imbalances	Greenhouse gas emissions	Water crises	Population ageing		
2012	Income disparity	Fiscal imbalances	Greenhouse gas emissions	Cyberattacks	Water crises		

图 1 - 3 2012—2021 年全球风险发生概率概览[①]

空气污染是全球理论和实践界公认的一个主要健康风险。暴露在空气污染之下,无论是环境空气污染还是室内空气污染,都会增加人罹患肺癌、中风、心脏病、慢性支气管炎等疾病的风险。2018 年,全世界有 550 万人过早死亡可归咎于空气污染,占死亡总人数的 1/10。发展中国家 90% 的人口暴露在达到危险水平的空气污染之下,占 2018 年全世界因空气污染而导致死亡和非致命性疾病的 93% 左右。[②] 空气污染不仅是一个健康风险,也拖累了发展进程。在微观层面,空气污染导致疾病和过早死亡,从而降低了居民生活质量。在宏观层面,空气污染不仅使劳动力减少、国家整体经济水平下降,而且会以其他方式对国家生产力产生持久的影响,比如降低农业生产率,减少城市对人才的吸引力,进而降

---

① 世界经济论坛:《2021 年全球风险报告》,http://www.weforum.org/docs/WEF_The_Global_Risks_Report_2021.pdf。
② 世界经济论坛:《2019 年全球风险报告》,https://www.weforum.org/reports/the-global-risks-report-2019。

低城市的竞争力。

三、我国空气污染现状

根据世界银行 2020 年的数据,结合图 1-4 表明,中国政府下大力气进行环境治理,在雾霾治理上效果显著。如中国的 PM2.5 数据自 2010 年开始不断下降,2010 年的 PM2.5 平均浓度 69.479 6 微克/立方米到 2011 年达到顶峰 70.542 0 微克/立方米。而 2017 年 PM2.5 浓度下降为 52.664 6 微克/立方米,可见中国的空气污染治理取得显著的成效。党的十八大提出"美丽中国"的执政理念,将生态文明建设放在突出位置,纳入"五位一体"的总布局。习近平总书记指出,要正确处理好经济发展同生态环境保护的关系,牢固树立保护生态环境就是保护生产力、改善生态环境就是发展生产力的理念。十八届五中全会将"绿色"作为新的发展理念提出来,进一步强调了生态文明建设的紧迫性、战略性和前瞻性。在十九届四中全会文件中明确提出:"坚持和完善生态文

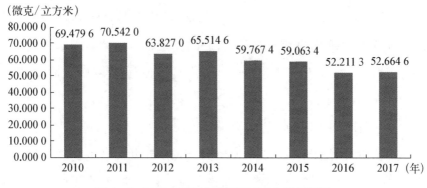

图 1-4 2010—2017 年中国 PM2.5 年均暴露量
(世界银行 2020 年数据)①

————————————

① https://databank.shihang.org/reports.aspx? source = 2&series = EN. ATM. PM25. MC. M3&country=#.

明制度体系,促进人与自然和谐共生。"十九届五中全会报告中提出"十四五"时期经济社会发展六个方面的主要目标,生态文明建设实现新进步,国土空间开发保护格局得到优化,生产生活方式绿色转型成效显著,能源资源配置更加合理、利用效率大幅提高,主要污染物排放总量持续减少,生态环境持续改善,生态安全屏障更加牢固,城乡人居环境明显改善。重要举措包括:推动绿色发展,促进自然和谐共生,完善生态文明领域统筹协调机制,构建生态文明体系促进经济社会发展全面绿色转型等。

雾霾污染的空间相关特征决定了我国治理雾霾污染需要实施区域联防联控政策。习近平总书记在 2018 年 5 月召开的全国生态环境保护大会上强调,要把解决突出生态环境问题作为民生优先领域,坚决打赢蓝天保卫战,这是重中之重。要以空气质量明显改善为刚性要求,强化联防联控,基本消除重污染天气。2018 年全国 338 个地级及以上城市(以下简称"338 个城市")自《打赢蓝天保卫战三年行动计划》(以下简称《三年行动计划》)实施后,193 个城市的优良天数比例大于 80%,同比增加 18 个。细颗粒物(PM2.5)污染水平得到有效遏制,年均浓度与超标城市比例继续下降。图 1-5 呈现了我国环境污染治理中的重点城市的雾霾的平均浓度的差异性,表明我国城市整体雾霾水平虽有提升,治理效果显著,但各城市由于产业结构等因素,存在较大的差异性。其中河北省(石家庄、邯郸等地)仍然是雾霾的重度地区,西安、郑州、乌鲁木齐、天津、济南、郑州等地区的 PM2.5 浓度仍然居高不下。

根据《中国统计年鉴(2020)》2017 年(城市废气中主要污染物排放情况)数据,[1]图 1-6 显示,各大城市不仅在雾霾指数,在工业二氧化硫排放、生活烟尘排放量和生活二氧化硫排放量上都存在显著差异。其

---

① 国家统计局:《中国统计年鉴(2020)》,http://www.stats.gov.cn/tjsj/ndsj/2020/indexch.htm。

图 1－5 2019 年中国城市 PM2.5 年均暴露量①

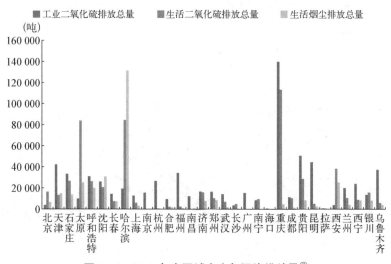

图 1－6 2019 年中国城市空气污染排放量②

中较为突出的是重庆、哈尔滨、太原等地。工业二氧化硫排放量由高到低为重庆、贵阳、昆明、乌鲁木齐、天津。生活烟尘排放量较高地区有哈尔滨和沈阳。三种排放量居高的城市——哈尔滨、重庆和太原,其无论

①② 国家统计局:《中国统计年鉴(2020)》,http://www.stats.gov.cn/tjsj/ndsj/2020/indexch.htm。

在工业二氧化硫和生活烟尘都高于其他几个地区。

2016—2019 年,废气中二氧化硫排放量逐年下降,由 2016 年 854.9 万吨,下降为 2019 年 4 573 万吨,下降 46.5%。其中,工业源二氧化硫排放量逐年下降,从 2016 年的 770.5 万吨,下降为 2019 年的 395.4 万吨,生活源二氧化硫排放量逐年下降,2019 年为 61.3 万吨。虽然自 2019 年全国 337 个地级及以上城市可吸入颗粒物(PM10)平均浓度比 2013 年下降 22.7%。[①]

从近 7 年除夕夜间全国城市环境空气质量变化情况来看(如图 1-7),2021 年除夕夜间全国 339 个城市空气质量总体与上年同期相当,PM2.5 最大小时平均浓度与去年除夕夜间持平,较近 3 年(2018—2020 年)平均下降了 11.9%。峰值期间全国重污染城市数量较

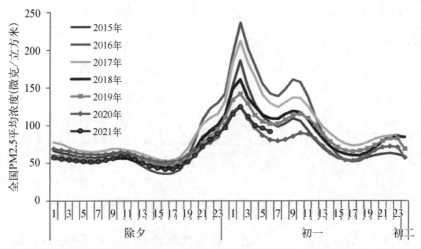

图 1-7 2015—2021 年除夕至初一全国 PM2.5 平均浓度[②]

① 中华人民共和国生态环境部:《2016—2019 年全国生态环境统计公报》,http://www.mee.gov.cn/hjzl/sthjzk/sthjtjnb/202012/P020201214580320276493.pdf。

② 中华人民共和国生态环境部:《2019 中国生态环境状况公报》,http://www.mee.gov.cn/xxgk2018/xxgk/xxgk15/202102/t20210212_821382.html。

去年增加了 8 个,较近 3 年平均减少了 25 个。[①]

四、中国政府空气污染治理历程

党的十四大首次将环境保护作为基本国策,正式写入党代会工作报告,这标志着环境政策已正式设立。从党的十四大到十五大,以"可持续发展"为主要议题,执政党要求在现代化、工业化的进程中注重可持续发展,表明其意识到环境问题与经济快速发展之间的矛盾,实现发展与保护间的协调成为城市治理的重点。在党的十四大和十五大的报告中,环境议题的关键词词频数分别是 4、2,党的十六大和十七大,环境治理作为重要议题从经济发展中剥离出来,提出了人与自然和谐发展的"科学发展观",环境议题的关键词词频分别为 9、17。

党的十八大将生态文明建设纳入中国特色社会主义事业"五位一体"总体布局,"美丽中国""绿水青山就是金山银山""生态兴则文明兴、生态衰则文明衰"等绿色发展观将生态文明建设推向新高度。党的十八大报告中环境议题的词频数继续升高,达到 70。"十二五""十三五"规划文本中,环境议题词频分别为 113 和 216。

党的十九大报告重点突出了生态文明建设,首次提出建设富强民主文明和谐美丽的社会主义现代化强国的目标,提出现代化是人与自然和谐共生的现代化。在 2018 年第八次全国生态环境保护大会中,习近平总书记明确提出了新时代推进生态文明建设的重大意义和重要原则,要自觉把经济社会发展同生态文明建设统筹起来,促进绿色发展方式和生活方式全面形成。2018 年 3 月 13 日,国务院机构改革组建生态环境部、自然资源部,新成立两部门整合分散的环境保护职能,中央

---

① 中华人民共和国生态环境部:《2021 年春节期间(除夕—正月初一)我国城市空气质量状况》,http://www.mee.gov.cn/xxgk2018/xxgk/xxgk15/202102/t20210212_821382.html。

政府和各级政府加大了环境治理的投入。在党的十九大报告中的词频数达到 83，印证了政府环境治理体系完善和治理能力提升。

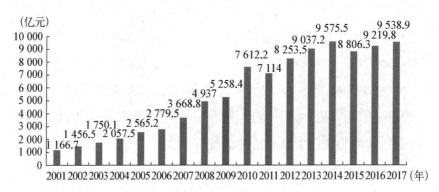

图 1－8　2001—2017 年中国环境污染治理投资总额①

由图 1－8 可见，中国环境治理的投资总额翻倍增长，由 2001 年的 1 166.7 亿元，到 2014 年达到最高为 9 575.5 亿元，投资总额的增长表明我国中央政府和地方政府对环境治理的重视，也表明了政府环境治理的决心。

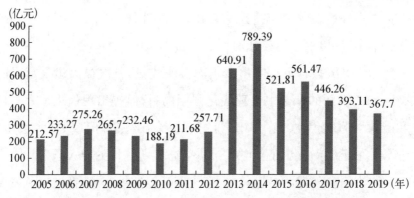

图 1－9　2005—2019 年中国工业污染治理中的废气投资②

①　国家统计局：《中国环境统计年鉴（2019）》，http：//data. stats. gov. cn/easyquery. htm? cn＝C01.
②　国家统计局：《中国统计年鉴（2020）》，http：//www. stats. gov. cn/tjsj/ndsj/2020/indexch. htmhttp：//www. stats. gov. cn/tjsj/ndsj/2019/indexch.

由图1-9可见，中国工业污染治理中的废气投入也呈现上升趋势，在2014年达到最高，为789.39亿元。从整体上看，与环境治理的投资总额保持一致，虽然在2016年以后呈现下降趋势，证明在美丽中国引领下工业废气污染的治理投入虽然下降，但是效果有所提升。

2017年实施行政处罚案件23.3万件，罚款金额115.8亿元。157个城市环境空气质量达标，占全部城市数的46.6％，180个城市环境空气质量超标，占53.4％。2018年，全国实施行政处罚案件18.6万件，罚款数额152.8亿元，比2017年上升32％，是新环境保护法实施前（2014年）的4.8倍。[①] 2019年全国实施行政处罚案件16.28万件，罚款数额118.78亿元。毋庸置疑，随着政府对环境治理工作的重视，处罚力度增强，2020年我国空气污染有了大幅度改善。[②]

五、中国居民环境风险感知变迁

2014年4月通过了新修订的《中华人民共和国环境保护法》，对信息公开和公众参与做出了明确规定。2015年7月，环境保护部又颁布了《环境保护公众参与办法》，进一步明确了环境保护公众参与的原则。

根据《2016—2019年中国环境状况公报》，[③] 2016年、2017年、2018年、2019年环境突发事件起数分别为304、302、286、261。虽然从下降的数字呈现了环境突发事件数量的下降，环境突发事件发

---

① 中华人民共和国生态环境部：《中国生态环境状况公报（2018）》，http://www.mee.gov.cn/hjzl/sthjzk/zghjzkgb/201905/P020190619587632630618.pdf。

② 中华人民共和国生态环境部：《2019中国生态环境状况公报》，http://www.mee.gov.cn/xxgk2018/xxgk/xxgk15/202102/t20210212_821382.html。

③ 中华人民共和国生态环境部：《2016—2019年中国环境状况公报》，http://www.mee.gov.cn/hjzl/sthjzk/sthjtjnb/202012/P020201214580320276493.pdf。

生的频率降低,彰显了中央、地方政府环境治理效果,但是持续的高发、频发构成现阶段环境治理的主要矛盾。由此印证公众的环境风险抗争依然存在,公众环境风险感知较低,仍然构成了政府环境治理主要现实问题。

根据《2004—2016 年中国环境状况公报》,如图 1-10 所示,环境问题来信数量呈现大幅度递减趋势,群众来访数量小幅下降(中间空档:由于缺失《2007—2010 年全国环境公报》的群众来信总数和群众来访总数)。2011 年公众来信总数/封数量达到顶峰,为 201 631 封,虽然 2011年后明显下降,但是 2014 年、2015 年逐年增加。公众来访批/次在 2011 年达到最高,近年来虽然有减少趋势,但是并不显著。2016 年共受理群众举报 3.3 万件,[①]2017 年受理群众环境举报 13.5 万件,直接推动解决 8 万个群众身边的环境问题。[②] 2018 年举报数量猛增,全国"12369"环保举报联网管理平台受理群众举报 71 万余件,2019 年受理群众举报53.1万余件,全国处置突发环境事件 263 起。[③] 以上数据表明,公众的举报环境问题数量也成倍增长。客观空气质量提升和政府环境治理绩效完善并不能从根本上降低公众风险感知,引导公众理性风险感知与应对行为。因此,如何满足人民日益增长的优美生态环境需要,让良好生态环境成为提升人民群众获得感的增长点,成为政府、组织、社会的共同努力目标。

以上数据表明,中国空气质量持续提升,与中国政府环境治理不断完善,公众环境举报数量持续增长,环境改善与公众环境风险感知

---

① 中华人民共和国生态环境部:《中国环境状况公报(2016)》,http://www.mee.gov.cn/hjzl/sthjkzgb/201706/P020170605833655914077.pdf。

② 中华人民共和国生态环境部:《中国生态环境状况公报(2017)》,http://www.mee.gov.cn/hjzl/sthjzk/zghjzkgb/201805/P020180531534645032372.pdf。

③ 中华人民共和国生态环境部:《2019 中国生态环境状况公报》,http://www.mee.gov.cn/hjzl/sthjzk/sthjtjnb/202012/P020201214580320276493.pdf。

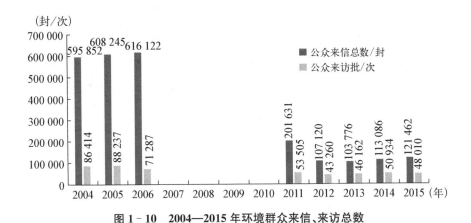

图 1-10 2004—2015 年环境群众来信、来访总数

增强相比较,说明环境质量提升并没有降低公众的环境风险感知,反而增强了公众的风险感知,激发了群众对公共环境问题的参与。

2006 年国家环境保护总局发布《环境影响评价公民参与暂行办法》,作为中国环境领域的第一个公民参与的规范性文件,对公民参与的要求,组织形式等进行了详细的规定,为公民参与环境影响评价提供了较为可靠的依据。2019 年中央和各级地方政府大力开展宣传和舆论引导,积极回应社会关切,发布《公民生态环境行为规范(试行)》,启动"美丽中国,我是行动者"主题实践活动,开展全国低碳日宣传活动,制定《环境影响评价公众参与办法》,鼓励和规范公众参与环境影响评价。全国首批 124 家环保设施和城市污水垃圾处理设施向公众开放 5 218 次。2018 年,全国生态环境质量持续改善,主要污染物排放总量和单位国内生产总值二氧化碳排放量下降,早期公众对环境的利益诉求通过环境组织力量得以表达。1978 年 5 月,由政府部门发起成立第一家环保民间组织——中国环境科学学会。截至 2015 年底,中国的环保民间组织共 2 768 家,总人数达到 22.4 万人,与全国 31.5 万家民间组织、3 000 万人组织规模相比,处于中下游。

根据以上问题,本书力图在参考国内外相关研究成果的基础上,结合转型期中国实际空气污染等环境问题,从社会学的视角综合分析中国城市居民的环境风险感知及其对环境行为的影响机制,期望通过寻求公众环境风险感知症结所在,唤醒人们对环境问题的关注,激发公众理性环境风险感知和环境自觉,动员社会力量提升公众环境行为意愿,缓解环境污染问题。

第二节　研究价值与内容

一、研究价值

本书立足环境风险感知,深入分析中国面临的经济高速增长和环境污染间的矛盾,传统的环境治理模式受到极大的挑战,需要从微观、宏观相结合的视角分析居民环境风险感知及应对行为,通过深入分析环境感知的影响因素、路径,探寻环境风险感知对环境行为的影响机制等问题,进而找到有效方法引导城市居民环境风险感知,规避主客观环境风险诱因,降低居民自身脆弱性,探索沟通机制、信任机制、政策机制互动下如何有效引导理性环境风险感知,激发居民自发、科学应对行为,进而探寻公众环境行为引导策略,制定适宜的环境政策。

（一）拓展环境风险感知与环境行为研究视角,克服视角单一和理论薄弱

本书在国内外理论和文献的基础上,通过全面深入的调查获得翔实的一手资料,借助于定量和定性研究方法对资料进行分析,不仅系统

梳理了近30年西方相关文献和理论,而且从转型期中国实际出发,界定环境风险感知和环境行为内涵、维度、量表,构建中国环境风险感知对应对行为的中层理论。

(二)构建环境风险感知多维度视角的影响因素和影响路径

通过实证研究验证研究假设,系统诠释转型期多地区、多层面、多角度的城市居民风险感知状况、形成及差异,并探究风险感知差异性背后的不同逻辑。

(三)融合社会资本、人际信任、系统信任、社会放大框架、社会表征等理论,构建中国情境下风险感知对应对行为的影响路径和影响机制

理解转型期中国环境风险感知与行为差异化的问题,探讨环境风险感知在媒体建构路径、社会建构路径和制度建构路径下"放大""缩小"应对行为,并揭示了风险感知对环境行为背后的四大影响机制:契约维系机制、人际沟通机制、压力缓冲机制、风险信息机制。

(四)基于研究结论提出政策建议

虽然本书立足于雾霾风险感知对应对行为的影响机制,但是其研究结论并不限于环境问题的解决和政策建议的提出。中国转型社会必然面临大规模的社会关系的调整,进而引发大量社会问题,社会问题与环境问题的交织,增进环境风险感知对环境行为的复杂逻辑和影响机制。中国环境治理已经迈入了复合型环境治理新阶段,明晰环境风险感知与行为关系成为这一时期的迫切要求。对环境风险感知对应对行为影响机制的深入研究能为构建自我调整、自我消化、自我创新的环境治理之路提供环境政策建议,切实推进生态文明建设。

二、研究内容

(一) 研究对象

本书的研究对象是城市居民的环境风险感知、居民环境行为。本书认为居民环境风险感知是指居民面对不同环境问题,在工作、生活、健康和心理层面所表现的主观感受和评价;居民环境应对行为是指狭义环境行为,居民针对不同的环境问题和事件表现出有利于改善环境问题及正确面对环境事件的行为。居民环境风险感知不仅受到心理因素、情境因素、客观环境等因素的影响,同时在沟通机制,即信息传播渠道(政治参与、社会互动、媒体报道)、政策机制(经济规制、社会规制)和信任系统(政府、专家、市场)及三种机制互动下对公域、私域环境行为施加干预和影响过程。

(二) 研究内容

采用传统的文献法和计量分析法(Citespace、社会网络分析法等方法)对近 20 年国内外环境风险感知、环境行为及风险感知对应对行为的影响机制的文献进行详尽梳理和可视化分析,归纳总结风险感知和应对行为领域的研究进展和不足,借鉴了已有研究成果的理论,并尽力避免和已有研究重复,力图在研究内容上具有创新性。

基于已有的文献,结合我国的现阶段的环境突出问题—雾霾问题进行实证研究。通过访谈法对居民的雾霾风险感知和应对行为的影响因素进行分析,结合 2017 年 1—12 月的微博动态数据,运用大数据分析,呈现雾霾风险感知和应对行为的时空分析。基于以上分析,提出环境风险感知、应对行为的内涵和维度,构建风险感知对应对行为的影响机制假设模型,并设计"环境风险感知""应对行为"及相关变量的量表,设计问卷。通过"2017 年城市化与新移民调查",基于 10 个城市 5 000 份样本的随机调查数据,对题项的信度、效度进行评估。

选取雾霾问题作为环境风险感知研究的切入点,呈现城市居民环境风险感知与应对行为的现状,运用多元线性回归、多层线性模型比较深入分析居民环境风险感知多维度的影响因素和影响路径。运用结构方程模型和 Bootstrapping 等中介效果检验方法,较为深入探究环境风险感知对应对行为的影响路径和影响机制。上述问题的研究主题新颖,研究方法科学。本书的研究发现对推进环境风险感知对应对行为的影响机制具有理论意义,为科学、有效引导居民理性环境风险感知和应对行为有现实意义。本书研究内容主要分为九个部分。

第一章 绪论。本章呈现研究背景、研究价值、研究内容和研究方法特色。

第二章 文献回溯与理论构筑。采用文献法和计量分析法(Citespace、社会网络分析法等方法)对近 20 年国内外环境风险感知、环境行为及风险感知对应对行为的影响机制的文献进行详尽梳理和可视化分析,归纳总结风险感知和应对行为领域的研究进展和不足。

第三章 研究设计与理论框架。基于已有文献归纳风险感知和环境行为的研究现状及不足,运用访谈、微博大数据分析,提出环境风险感知和应对行为的内涵和维度。通过对居民深入访谈,结合 2017 年 1—12 月的微博动态数据,呈现雾霾风险感知和应对行为的内涵、维度和时空分布,进而构建环境风险感知对应对行为的影响机制假设模型,并设计"环境风险感知""应对行为"及相关变量的量表。通过"2017 年城市化与新移民调查",基于 10 个城市 5 000 份样本的随机调查数据,对题项的信度、效度进行评估。

第四章 居民环境风险感知与应对行为。基于调查问卷的数据,分析居民雾霾风险感知、应对行为的特征、人口统计学差异及地区差异。

第五章　多维视角下环境风险感知的影响因素。从心理因素、信任因素、社会因素等三个层面分析居民环境风险感知影响因素。基于主客观数据,检验多维度风险感知的影响因素假设模型,发现心理因素、信任因素、社会因素、客观雾霾污染程度构成了雾霾风险感知的影响因素。

第六章　人际信任、人际沟通与环境风险感知。运用结构方程分析差序化的人际信任对环境风险感知的影响路径,研究发现周围人信任、亲近人信任通过人际沟通,对雾霾风险感知产生正向效应,陌生人信任对雾霾风险感知产生直接负向效应,并探究起差异背后的人际沟通机制。本书提出并构建人际信任对环境风险感知的影响路径。基于信任—信心—合作(TCC)理论的情感启发效应,构建环境风险感知的影响路径假设模型,发现人际信任中,亲近人、周围人和陌生人信任对雾霾风险感知出现了差异性的影响。在"熟人社会"和"陌生人社会"两种不同情景下,环境风险感知存在不同生成逻辑,亲近人信任和周围人信任通过人际沟通进而"放大"风险感知,表明了情感启发内在逻辑,而陌生人信任"缩小"风险感知,表明了契约维系的内在逻辑。

第七章　社会资本、环境风险感知与应对行为。借助于结构方程模型和 Bootstrapping 等中介效果检验方法,发现政府环境效能感、社区环境效能感、非官方媒体影响力、政治参与意愿和社区组织参与意愿对环境风险感知和应对行为之间的关系有着"放大"效应。但是,官方媒体影响力起到"缩小"效应,由此构建了环境风险感知对应对行为的多维度路径模型:媒体建构路径、制度建构路径和社会建构路径。基于风险社会放大框架、防护性行为决策模型、社会资本、社会治理等理论构建风险感知对应对行为的影响机制假设模型。研究发现陌生人通过环境风险感知对应对行为产生了完全中介效应,验证"熟人社会"转向"陌生人社会"下,契约机制替代了情感启发机制,对风险感知及应对行为产生效应。社会网络基于人际沟通机制通过风险感知对应对行为产生效应,而社会支持基于压力缓冲机制通过风险感知对应对行为产生效应。政府信任和组织信任基于风险信息机制通过风险感知对应对行为产生效应。

第八章 环境风险感知对应对行为的影响机制。本章节提出并构建了环境风险感知对应对行为的影响路径。基于风险社会放大框架和社会表征理论构建环境风险感知对应对行为的影响路径假设模型,研究发现了风险感知对应对行为有三条路经。第一,媒体建构路径。官方新媒体在风险感知和应对行为的影响路径发挥着"缩小",而非官方新媒体中发挥着"放大"的效应。第二,制度建构路径。政府环境治理效能感和社区环境效能感在环境风险感知对应对行为的影响路径中起到了"放大"效应。第三,社会建构路径。政治参与和社会参与意愿在风险感知对应对行为的路径中发挥了"放大"的效应。风险感知对政府参与和社会参与的效应是相反的。两类参与虽然都是自下而上的参与形式,但是反映了不同的逻辑,风险感知并不能促进公众通过正式制度路径寻求解决,而是通过非正式参与寻求解决,进一步表明,社会建构路径中的不同逻辑:正式制度逻辑和非正式制度的逻辑。

第九章 总结与展望。基于前面八章的研究成果和发现,归纳本书的研究结论,并基于结论提出政策和建议。对策建议部分由理论创新到制度设计,再到机制创新和工具优化的逻辑,从微观个体和宏观政策两个层面思考,兼顾对策建议的战略性和可操作性。本书从环境风险治理、风险沟通机制上提出对策及思考,尽可能对环境风险治理中出现的"头痛医头,脚痛医脚"等问题,从环境治理的宏观和微观视角探究引导理性环境风险感知和应对行为的媒体、制度、社会路径,构建契约机制、沟通机制、压力缓冲机制、信息传播机制。基于以上的结论提出环境风险沟通机制、风险信任机制,培育公众参与机制。

第三节　研究方法

一、研究方法特色

本书采用以定量研究为主的混合研究方法,研究方法特色体现在:"量化为主,质性为辅";量化研究以质性研究为基础;"静态"和"动态"数据结合,"主观"和"客观"数据结合。

(一)质性研究

采取扎根理论的分析方法,对上海社区居民的环境风险感知和环境应对行为进行比较全面深入的调查分析。在研究过程中,对上海3个区(金山区、松江区、杨浦区)的50位居民进行了环境风险感知和环境应对行为的深度访谈,掌握了上海居民对雾霾问题认知和行为的一手资料,并通过文本分析、Nvivo软件分析,基于扎根理论的研究方法,呈现居民环境风险感知的词汇云、维度和影响因素。质性研究基于已有理论并结合中国城市雾霾实际问题,深刻理解环境风险感知的现实状况和存在的问题,为后期的调查问卷的设计奠定基础。

(二)量化研究

搭载上海大学的"2017年城市化与新移民调查"问卷,通过对10个城市5 000份原始样本的随机数据,运用多元回归、结构方程模型和中介模型等统计方法,分析环境风险感知的影响因素、影响路径,环境风险感知对行为的影响路径,深入分析沟通机制、政策机制、信任机制互动下风险感知对环境行为的影响机制。

(三)"静态"和"动态"数据结合

为了确认居民雾霾风险感知的维度和影响因素,本书基于 2017 年 1 月 1 日—12 月 30 日期间的微博,采用 topic model 文本挖掘技术,对网民的雾霾风险感知和应对行为进行了对比分析。研究结果呈现了网民雾霾严重程度感知、对健康危害感知、对生活影响感知、对心理影响感知四个维度的空间和时间上的分布,以及应对行为的时空分布,为调查问卷的设计和后期数据结果的分析提供参考。

(四)"主观"和"客观"数据结合

基于主观的调查数据和 33 个区县级的 PM2.5 客观数据分析,运用多元回归、多层线性模型将"宏观"因素和"微观"因素在同一框架中,分析多维度视角下的居民环境风险感知的影响因素。

二、数据采集特色

(一)访谈法

对上海金山区、松江区、杨浦区等 3 个区的 50 位居民进行深度访谈,了解居民对雾霾风险认知、态度、行为表现,环境健康的利益诉求,政府雾霾治理效能感和对政府环境治理的意见。

(二)大数据分析法

采用 2017 年 1—12 月的全国的微博数据为分析样本,通过人工筛选选定 30 个主题词,根据词汇云分析,对雾霾风险感知的维度进行分类,从雾霾严重程度、雾霾健康危害、雾霾生活影响和雾霾心理影响等四个维度分析其时空分布,进而为后期问卷设计、变量测量和政策分析提供参考。

(三)问卷调查法

搭载上海大学的"2017 年城市化与新移民调查"随机抽样问卷调查,对 10 个城市 5 000 份原始样本分析,全面呈现了城市居民的风险感知和环境行为的人口统计学差异、时空分布、社会阶层及社会资本特征。

三、突出特色和主要建树

(一)研究视角创新

国内外较为关注环境行为和环境风险感知的研究,但是风险感知对应对行为的影响机制研究较少涉及,本书从环境社会学视角切入,综合其他学科相关理论,分析城市居民环境风险感知对应对行为的影响路径和影响机制,强化了人际信任、社会信任对环境风险感知和应对行为的路径研究,并将沟通机制、政策机制和信任机制整合在一个框架,探讨风险感知对应对行为的影响。不仅拓展了环境社会学的视角,而且弥补环境风险感知、环境行为理论和实证研究中的不足。

(二)研究方法创新

采用混合研究方法,注重质性研究和量化研究的结合。研究报告是基于理论和文献研究,结合深入的实地调查和深度访谈基础上,并运用大数据分析呈现环境风险感知与应对行为的时空差异,构建理论模

型和问卷设计。通过问卷调查方式，分析城市居民环境风险感知与应
对行为现状、风险感知的影响因素和路径，并深入探究风险感知对应对
行为的影响路径。

（三）观点创新

本书侧重于社会学的视角，重点关注人际信任、系统信任等变量对
环境风险感知和应对行为的影响机制。国内外文献较少涉及人际信任
对风险感知和应对行为的影响。本书遵循从理论创新到制度设计，再
到机制创新和工具优化的逻辑，从微观个体和宏观政策两个层面思考
环境风险感知对应对行为的影响机制，兼顾对策建议的战略性和可操
作性。从环境风险治理、风险沟通机制上提出对策及思考，从环境治理
的宏观和微观视角探究引导理性环境风险感知和应对行为的媒体、制
度、社会路径，构建契约机制、沟通机制、压力缓冲机制、信息传播机制
和公众参与机制。

第二章 文献回顾与理论构筑

第一节 环境风险感知文献计量分析

一、研究方法与样本来源

本书对国外风险感知已有的研究成果运用 CiteSpace 软件分析。该软件是由陈超美教授于 2004 年开发的,在国内外得到了广泛应用和关注。从应用领域来看,主要包括图书情报学、管理学、科技政策、教育学以及具体的技术科学。从功能来看,主要是基于知识图谱、引文分析,关键词共词网络分析,作者共被引与作者合作网络分析等,寻找标志性文献、主流主题,科学呈现学科演化过程,探索学科发展,有助于深入理解某一研究领域。本部分主要运用知识图谱法、共词分析法,绘制时区视图、聚类图等,进而归纳国外环境行为研究热点、演进趋势、作者和机构及研究走向。

知识图谱分析的准确度取决于文献检索的质量,检索式的合理构建是准确获取数据的前提。为把握文献进入的科学性,研究以 WOS 为数据库,比较"篇名""主题""关键词"的检索方法,经比较后发现"篇名"收集文献数据较为准确,因此选择如下检索策略:篇名="Environmental risk perception","Environment risk perception"(环境风险感知)

"Ecological risk perception"，"Ecology risk perception"（生态风险感知），"risk perception"（风险感知）分别与"climate change"（气候变化），"water"（水），"Air pollution"（空气），"nuclear power"（核能），"Source"（资源），"Waste"（浪费），"Sustainability"（可持续性）等关键词进行检索，共搜集到 495 篇文献，阅读收集的文献内容，并对文献结果进行筛查和比较，删除与本书主题不相关和重复文献，最终保留 1982—2019 年公开发表的 415 篇环境风险感知的相关论文（检索的时间截至 2019 年 3 月 1 日）。将 415 条数据以 TXT 格式导出，运用 CiteSpace 对数据进行可视化分析，通过聚类视图（Cluster View）、时间现视图（Time Line View）、时区视图（Time Zone Views），突现词等纵向回顾环境风险感知半个多世纪的发展历程，横向比研究热点及前沿、呈现风险感知研究中存在的难点和瓶颈，并探讨未来的发展趋势。

在 Citespace5.3 界面中，设置时间跨度为 1982—2019 年，分析时间切片（Time Slice）选择为 1 年，分析项目选择方法（Selection Criteria）选择"Top N＝50"，也就是每年出现频率最高的前 50 个术语或者文献，Node Type 分别选择"Keyword""Author""Institution"（"关键词""作者""机构"）为网络节点类型，依次进行关键词共现分析、作者分析、机构分析，并生成可视化知识图谱。选择最小生成树（Minimum Spanning Tree）算法精简网络[1]进行分析。

二、环境风险感知研究历程

根据 1982—2019 年 415 篇环境风险感知论文发表数量统计

---

[1]　Chen C. "CiteSpace Ⅱ：Detecting and Visualizing Emerging Trends and Transient Patterns in Scientific Literature". *Journal of the American Society for Information Science and Technology*，2006，(3)：359－377.

图(图 2-1)所示,环境风险感知研究基本呈现为四个阶段:

(一) 起步阶段(1982—1991),这 10 年间,风险感知研究处于起步阶段,文章数量有限,文章类型属于单一学科领域的探讨,集中于风险感知概念的界定和描述性分析。

(二) 震荡徘徊阶段(1992—2001),这 10 年间,震荡中前行。

(三) 稳定增长阶段(2002—2011),这 10 年间,研究者不断关注风险感知研究,环境风险感知研究逐渐走向独立研究领域,研究领域有了显著的拓展。

(四) 快速发展阶段(2012—2019),这 8 年间,环境风险感知研究成果迅猛发展,脱离于风险感知研究,研究热点不断增加,研究深度和广度有了新的发展。

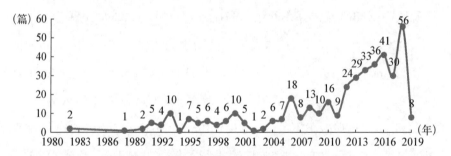

图 2-1　1982—2019 年环境风险感知论文发表数量统计图

突现值(Bursts Strength)代表关键词的突现率,是特定年代(突现时间)论文增多的关键词。由表 2-1 可以发现,环境风险感知研究主要可以分为四个阶段:

(一) 风险感知研究初期

研究领域集中在自然学科及与自然科学交叉的社会学科。研究主题延续了风险感知研究,属于心理学的研究范畴,因此早期的风险感知研究隶属于两大学科——风险治理和感知研究。这一阶段中的突现词从突现词（风险感知、态度、交流、行为）（Risk perception，Attitude，Communication，Behavior）可以发现，心理学奠定了环境风险感知研究的基础。

（二）环境风险感知研究广度的拓展

由传统的风险研究、心理学研究过渡到环境科学和健康研究。"公众对环境类的风险感知"过渡到"环境问题引发的风险感知"进一步拓展为"环境问题所引发的健康风险感知"。而这一环境范畴也由"自然环境"转为"自然与社会环境"。突现词为健康、种族（Health，Race）等。

（三）环境风险感知研究深度的拓展

由于环境问题本身的复杂性，环境风险感知研究主题不能聚焦，研究者不断通过实证研究，验证环境风险感知背后的影响因素，逐渐转向环境风险感知影响因素研究，开始了跨学科研究及并进一步制定相关的环境政策。如信任、风险放大理论、决策制定、政策（Trust，Social amplification，Decision making，Policy）。

（四）环境风险感知视角多元化阶段

随着公众对环境问题、个人健康的持续关注，环境风险感知热点进一步迁移，不仅仅局限于风险感知影响因素，更加关注环境风险感知的文化视角、世界观及对时间、地理空间迁移下环境风险感知的关注。这一阶段的突现词：文化、世界观、变化性（Culture，Worldview，Variability）。

表 2 - 1 1982—2019 年环境风险感知相关研究领域突现词

序号	突 现 词	突现时间	突 现 值
1	Risk perception	1995—2008	10.407 3
2	Attitude	1996—2013	3.721 4
3	Communication	2000—2004	2.237 3
4	Health	2004—2009	3.586 6
5	Behavior	2006—2007	3.071 6
6	Race	2006—2007	2.473 3
7	Impact	2008—2012	1.953 8
8	Trust	2009—2010	2.052 5
9	Social amplification	2011—2014	2.675 2
10	Decision making	2012—2015	2.427
11	Culture	2014—2018	2.182 5
12	Worldview	2013—2014	2.024 7
13	Policy	2014—2015	2.871 5
14	Variability	2015—2016	2.553 9

三、环境风险感知关键词及聚类共现可视化分析

(一) 环境风险感知关键词频次和中心性

通过对表 2-2 环境风险感知研究领域高频关键词的分析发现,关键词频次由高到低为: 风险感知、气候变化、态度、行为、交流、适应性、管理、知识、脆弱性、健康、影响、美国、模型、信仰、信任、空气污染、性别、感知到的风险、信息、视角。环境风险感知研究关键词的中心性由高到低为: 风险感知、态度、感知到的风险、气候变化、性别、行为、健康、影响、信息。由此可见,环境风险感知关键词频次与中心性有着较高的一致性。风险感知的频次和中心性都很高,说明环境风险感知研究基

本是在风险感知研究基础上发展和演进。其中五个关键词的频次和中心性都较高,依次为:气候变化、态度、行为、健康和影响。这说明环境风险感知的研究主题较为集中,环境主题主要聚焦在气候变化和健康的研究上,研究热点集中在个体态度和行为之间的差异及影响因素。

表 2-2　WOS 论文中的环境风险感知研究的关键词、频次、中心性

序号	关　键　词	频次	中心性	序号	关　键　词	频次	中心性
1	Risk perception	137	0.23	11	Impact	26	0.1
2	Climate change	78	0.15	12	United states	22	0.04
3	Attitude	48	0.16	13	Model	21	0.02
4	Behavior	38	0.1	14	Belief	19	0.05
5	Communication	35	0.04	15	Trust	19	0.04
6	Adaptation	33	0.08	16	Air pollution	19	0.06
7	Management	32	0.03	17	Gender	18	0.11
8	Knowledge	29	0.04	18	Perceived risk	17	0.16
9	Vulnerability	27	0.05	19	Information	17	0.09
10	Health	27	0.1	20	Perspective	17	0.05

(二)环境风险感知研究热点可视化分析

在 citespace5.3 界面中,时间区间选择为 1982—2019 年,Node type 选择"Keyword",阈值设置为 Top 50 per slice,以及(2,8,2.0),将设定条件为满足关键词出现次数大于 2,关键词共现次数大于 8,关键词间相似系数大于 0.2,选择 MST(最小生成树)算法精简网络,最后得到 61 个节点,95 条连线的关键词聚类共现知识图谱(图 2-2)。关键词之间的连线代表两个关键词经常出现在同一篇文献,连线越粗,共现频次越高。由图 2-2 所示,风险感知(risk perception)、气候变化(climate change)、态度(attitude)、行为(behavior)、健康(health)、

影响(impact)十字架的字体和厚度最大,与其他关键词的连线较多。说明以上关键词频次高,而且具有较高的中心性,研究主题与热点保持一致,验证了表2-2中的研究结论。

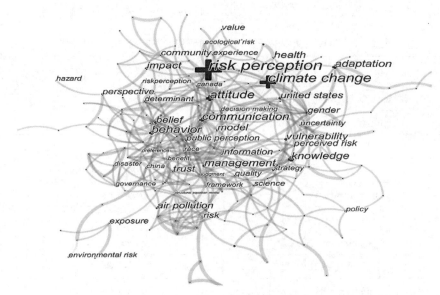

图2-2　1982—2019年环境风险感知关键词聚类共现知识图谱

（三）环境风险感知研究热点迁移

为探寻1982—2019年间研究热点的变化,通过 CiteSpace 关键词聚类的时间现视图(Time Line View)呈现环境风险感知研究热点的阶段性特征。时间线视图能够显示形成的知识聚类,聚类之间的关系及其随着时间的演变变化关系。自动聚类标签视图是在默认视图基础上,根据引用聚类的相关引用文献,通过算法提取标签词,用来表征对应于一定知识基础研究前沿。[①]

① 陈悦、陈朝美等:《引文空间分析原理与运用》,科学出版社2004年版,第11—12页。

由环境风险感知关键词时间现视图(图2-3)发现,共提取了12个聚类标签,其中环境风险感知研究领域的标签分别为:地区、环境风险、核能工厂、新核能工厂、核废弃物管理、安全风险、案例研究、能源保护行为、澳大利亚水资源风险感知、清洁产品、互换性方法、变化的风险感知。聚类♯0"地区"呈现了环境风险感知的地理空间。聚类♯1"环境风险"呈现环境风险感知的研究主题。聚类♯2"核能工厂"、♯3"新核能工厂"、♯4"核废弃物管理"、♯5"安全风险"呈现了环境风险感知研究主题对"核能"的持续关注。聚类♯7"能源保护行为"针对环境风险感知的行为展开研究。聚类♯6"案例研究"、聚类♯11"互换性方法"表明环境风险感知研究在研究方法上主要集中在案例研究和量化的研究方法。从聚类♯12"变化的风险感知"可见环境风险感知的探索研究成为未来的研究趋势。综上,1982—2019年的37年间,环境风险感知研究持续性较强,其中环境风险这一聚类研究时间持续性长,并呈现了风险感知、行为、态度等多个研究热点,同时每个时间点的关键词虽有变化,但是有着很强的关联性,说明风险感知研究主

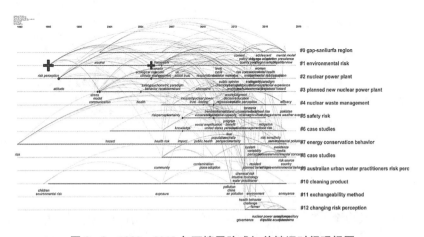

图2-3 1982—2019年环境风险感知关键词时间现视图

题具有较强的延续性。

  CiteSpace 软件的时区视图（Time Zone View）呈现了环境风险感知研究趋势（图 2‑4），按照时间序列呈现的高频关键词依次是风险、风险感知、环境风险。由此说明了环境风险感知早期的演进过程，1982—1991 年的 10 年间，是风险—风险感知—环境风险的研究历程。1992—2001 年间高频关键词按照时间序列依次为态度、交流、模型、酒、灾害。2002—2011 年间高频关键词按照时间序列依次为气候变化、健康、行为、生态风险、暴露、管理、性别、不确定性、知识、影响、信任、脆弱性、适应性、信息。这一期间关键词之间的关联度较高，高频关键字不断增加、研究主题呈现多元化特征。2012—2019 年间，高频关键词按照时间序列依次是视角、信仰、空气污染、可感知的风险、价值观，公众感知、经验、策略。这一阶段中环境风险感知研究的质量和数量都有了明显的激增，关键词密集凸显，较为分散、但是关键词之间的关联性密集，凸显的几个关键词，如信仰、视角、价值观，并引导环境风险感知研究对文化视角和多元视角的综合性研究。

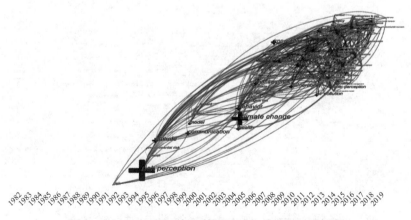

图 2‑4　1982—2019 年环境风险感知关键词时区视图

四、环境风险感知研究机构、作者分析

在 CiteSpace5.3 界面中,时间区间选择 1982—2019 年,Node type 选择"Institution"(机构),最后得到 35 个节点、15 条链接线、密度 0.025 2 的研究机构图谱(图 2-5)。节点越大,研究机构字体越大,说明该机构总体频次越高。机构之间的连线代表机构有合作,连线越粗,共现频次越高。前 12 所研究机构为:不列颠哥伦比亚大学(University of British Columbia)、蒙纳士大学(Monash University)、格里菲斯大学(Griffith University)、佛罗里达州立大学(Florida State University)、清华大学(Tsinghua University)、密歇根州立大学(Michigan State University)、康奈尔大学(Cornell University)、渥太华大学(University of Ottawa)、瓦格宁根大学(Wageningen University)、昆士兰大学(The University of Queensland)、耶鲁大学(Yale University)、中国社会科学院(Chinese Academic of Science)。这 12 所机构集中在美国、澳大利亚、英国、荷兰、加拿大、中国。其中中国清华大学和中国社会科学院的研

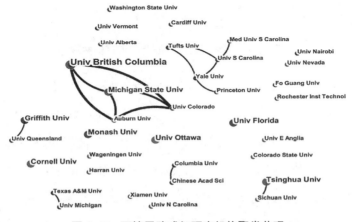

图 2-5 环境风险感知研究机构聚类共现

究成果在国际上较为集中。

在 CiteSpace5.3 界面中,时间区间选择 1982—2019 年,Node type 选择"Author"(作者),最后得到 18 个节点、21 条链接线、密度 0.137 3 的研究作者图谱(图 2－6)。节点越大,作者字体越大,说明该作者发表论文的频次越高。作者之间的连线代表两个作者有合作,图 2－6 表明,作者之间连线不粗,共现频次不高。丽贝卡·露丝布朗(Rebekah Ruth Brown)、克鲁斯基(Daniel Krewski)、詹妮弗·李(Jennifer E. C. Lee)、路易斯(Louise Lemyre)、梅雷迪思(Meredith Frances Dobbie)、米歇尔·特纳(Michelle C. Turner),都得到了全球风险领域的认可。同时,中国的环境问题研究也受到了全球的关注。

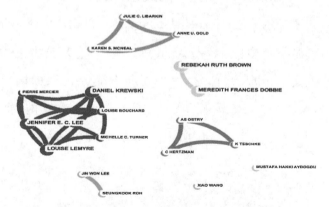

图 2－6　环境风险感知研究作者聚类共现

在 CiteSpace5.3 界面中,时间区间选择 1982—2019 年,Node type 选择"Cited Reference"(参考文献),最后得到 261 个节点、619 条链接线、密度 0.018 2 的共被引文献图谱(图 2－7)。共被引文献是指与文献同时被作为参考文献引用的文献,作为进一步研究的基础。节点为年轮状,节点越大,共被引文献字体越大,说明该参考文献共被引文献总体频次越高。共被引文献之间的连线代表两个共被引文献经常出现在同一篇文章里,连线越粗,共现频次越高。瓦辛格尔(Wachinger G)、莱瑟罗维茨(Leiserowitz A)、Yale University(耶鲁大学)、惠特马什(Whitmarsh)、斯彭斯(Spence)、斯乔尔格(Sjoberg)、惠特马什(Whitmarsh L)、范德尔(Van der L)、麦克莱特(Mccright)得到全球风险领域的认可。同时中国人民大学张磊作为参考文献共引排在第 31位,说明环境风险感知研究中,西方的环境风险感知研究早,较为成熟且引用率较高,奠定了环境风险感知研究的基础。

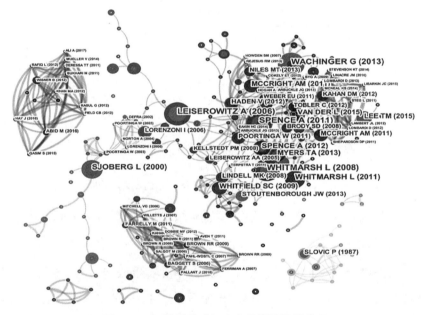

图 2-7 环境风险感知研究共被引聚类共现

在 CiteSpace5.3 界面中,时间区间选择 1982—2019 年,Node type 选择"Author"(参考文献),最后得到 49 个节点、85 条链接线、密度 0.072 3的 WOS 学科分类聚类共现图谱(图 2-8)。由图可见环境风险感知的研究领域主要集中在环境科学、环境科学与生态、环境与职业健康、环境研究等领域。不同学科之间联系紧密,呈现多学科交叉研究的趋势。

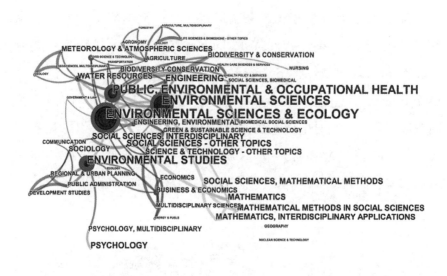

图 2-8 环境风险感知研究类别聚类共现图

五、环境风险感知的知识谱系——多维尺度统计分析

多维尺度（Multi-dimensional Scaling，MDS）分析是一种分析某学科知识群结构关系的常用方法，其基本原理是将相似的关键词聚为一个类别，即通过测定关键词之间的二维平面距离反映其相似程度，相似度高的关键词聚集为同类，从而形成学科领域知识群。本研究将环境风险感知的高频关键词相异矩阵导入 SPSS 分析软件中，采用EUCLIDEAN 距离模型对环境风险感知领域的高频关键词相异矩阵进行降维分析，构建环境风险感知多维尺度分析图（图 2-9）。图 2-9 横坐标（左端）呈现个体微观，（右端）呈现整体宏观。纵坐标（上端）呈现主观，（下端）呈现客观，并将环境风险感知研究流派呈现在四个维度的知识谱系：个体客观维度、个体主观维度、社会文化维度和技术决定维度。虽然横坐标上、下两部分存在一定割裂，但是上、下两部分中的二

维结构基本融合，表明主客观维度存在割裂，个体微观与整体宏观逐步融合。

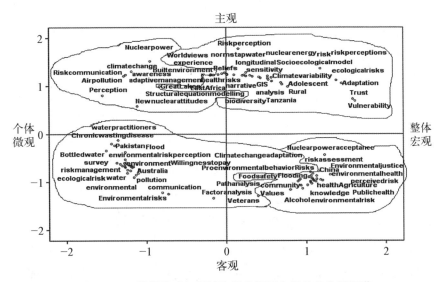

图 2-9 环境风险感知领域高频关键词多维尺度分析图谱

吉登斯的结构二重性理论试图超越主观主义与客观主义、宏观与微观的二元对立思维方式。因此，环境风险感知知识谱系分为两类：实存论（realism）和建构论（constructivism）。"实存论"预设风险在本质上是客观存在的，通过计算来确定风险源并控制风险；"建构论"则强调风险是建构的产物，随着时间、空间不断变化。[①] 图 2-9 不仅呈现环境风险感知研究二维知识谱系，更重要的是彰显了跨学科不同研究流派之间的融合沟通。

六、总结与思考

本书选取 1982—2019 年间西方环境风险感知的 415 篇国外文献，

---

① 王刚、宋锴业：《西方环境风险感知：研究进路、细分论域与学术反思》，《中国人口·资源与环境》2018 年第 8 期。

根据其发展历程将其分为四个阶段演进过程,运用共词分析对关键词进行共词聚类树状图和多维尺度分析,识别西方环境风险感知的九个研究流派,聚类为四类知识谱系:个体客观维度、个体主观维度、社会文化维度和技术决定维度,并由于主客观割裂,将环境风险感知知识谱系分为"实存论"和"建构论"两大维度。通过社会网络图谱分析,进一步验证跨学科环境风险感知研究的热点较为凸显,关系较为紧密,呈现出跨学科的交叉,气候变化、空气污染成为研究中的热点主题。本书基于以上研究发现归纳其演进历程、热点、流派和知识谱系,并尝试对跨学科的西方环境风险感知研究进行归纳和总结。

环境风险感知研究成为生态学、环境科学、管理学、心理学、人类学、社会学、政治学和公共管理学等诸多学科研究者探讨的热门话题之一,有着明显学科交叉性和跨学科特征,在跨学科、多维度研究下,环境风险感知的研究者共同面对这一研究领域的不同研究流派及不同学科所引领的理论体系和方法论问题。如何来审视跨学科视角下不同研究流派,及"实存论"和"建构论"二维知识图谱,成为环境风险研究者所共同面对的问题和挑战。多学科的融合使环境风险感知与环境问题、个体情感、社会网络、系统信任、风险沟通、健康等联系在一起,完善了环境风险感知研究的多学科对话格局,体现在以下几个方面:

（一）概念由分异走向统一

早期不同学科研究者对环境风险感知的概念呈现明显差异。以自然科学为代表的"实存论"认为环境风险感知是人类的主观意识,直觉、能动地反映外在客观风险的过程。[①] "建构论"强调风险认知的主观性

---

① Starr C. R., Whipple C. "Philosophical Basis for Risk Analysis". *Annual Review of Energy*, 1976(1): 621 – 661.

及非逻辑性,指出风险感知受个体特征、心理和文化的影响。[1] 后期研究者认识到客观环境风险不能被看作独立于主观的经验、心理、社会文化、伦理道德等方面的纯粹的客观实在,进而推进综合研究。"实存论"和"建构论"研究者逐渐认同"环境风险感知"是个体对外界环境中各种客观风险的主观感受和认识。雷恩[2](Renn)认为风险感知既是一种社会建构物,也是一种真实的再现。泰勒(Taylor)[3]等人主张舍弃风险认知的客观主义视角和建构主义视角的二分法。

(二) 微观个体和宏观整体不断融合

由于客观风险的多元性、复杂性、动态性和不可预测性,"实存论"逐渐转向关注不同类型风险属性、风险源、脆弱性及风险评估方法,试图通过科学工具和方法,理性测量和评估对个案风险进行研究,有助于政府进行风险决策和管理。"建构论"心理测量范式从早期关注个体转向群体,文化理论流派则路径相反,从整体回归个体研究。在建构主义影响下,风险社会放大框架、价值观理论、跨文化比较等理论不断将微观个体与宏观整体进行融合,体现了跨学科的融合。

(三) 多学科理论的整合

每个学科都有独具特色的理论和方法论体系,每个学科都立足本学科的理论和方法尝试与其他学科进行交叉和融合,使得环境风险感知研究领域不断成熟和壮大。"实存论"随着研究深入,借鉴"建构论"

---

① Slovic P. "Perceived Risk, Trust, and Democracy". *Risk Analysis*, 1993(6): 674-683.
② Renn O. "Concepts of Risk: An Interdisciplinary Review Part 2: Integrative Approaches". 2008.
③ Taylor P., Zinn J. "The Current Significance of Risk". 2006.

的视角,从单纯关注风险事件本身,逐渐关注风险事件引发的全面后果,包括社会风险稳定评估、风险沟通,进而预测风险事件概率和程度。"建构论"的心理测量范式建立在自然科学和心理学学科基础上,不断汲取人类学、社会学、公共管理学的相关理论,借鉴了文化理论、世界观理论、风险社会放大框架、社会网络等理论,开始关注社会、政治、文化等综合因素对环境风险感知的影响。查(Cha)通过实证研究发现,环境风险属性和社会、文化等特征交织构成了环境风险感知影响因素。[1]

西方环境风险感知的实证和理论研究验证"实存论"和"建构论",两者分别在微观个体和宏观整体有着交叉和融合。但是多学科路径下,环境风险感知的不同研究流派也饱受争议和批评。自然科学的逻辑起点是客观主义,而社会科学的逻辑起点是主观主义。认识论的差异决定了科学理性和社会理性两者很难实质融合。在风险的论争中变得清晰的,是在处理文明危险可能性这一问题上在科学理性和社会理性之间的断裂和缺口,双方都在绕开对方谈论问题。[2]因此,"实存论"和"建构论"两者之间不仅存在较大差异,也表现出各自的局限,体现在以下几个方面:

1."实存论"按照事件发生的平均频率或建模计算的数据来表征事件的"损害概率"及其"客观性",从而为政策制定和风险管理实践提供较为可靠的依据和标准。但其受到一定质疑:首先,无法规避"专家至上"的学科视角局限,其认为公众环境风险感知是缺乏专业知识的、充满感性和偏见的。公众在环境风险感知中是被动"信息加工者",风险治理就是通过风险沟通缩小风险偏差。其次,存在一定理论缺陷,风险

---

① Cha Y J. "An Analysis of Nuclear Risk Perception: With Focus on Developing Effective Policy Alternatives". *International Review of Public Administration*, 2004, 8(2): 33 - 47.

② 张贵祥:《危险认知的两种哲学视角及其融合趋势》,《自然辩证法通讯》2016年第4期。

计算公式中局限在物质损害，忽略对公众心理、价值观、文化等方面的损害，从而导致政策制定中忽略社会公平和公正，违背公众的社会价值和生活方式、缺乏政治合法性等。

2. "建构论"的心理测量范式建立在自然科学风险分析基础上，依托理性行为理论描绘"人格画像"，并且结合了其他研究流派对不同个体和群体的风险感知进行描述，但是存在一定的局限：首先，其"人格画像"所采用的聚类分析和数据分散分析方法遭到研究者的质疑；其次，恐惧度和熟悉度二维因子图不能包含所有的"风险源"；再次，由于风险不确定性，风险会随着时间、空间变化而变化，心理测量范式往往基于过去的经验，往往无法预测风险严重性和发生的可能性，因此其结论往往缺乏一定科学性和有效性。文化理论虽然通过网格与群体两个维度将风险群体分为四类文化类型，但缺乏文化类型标准的界定和可操作的测量标准，导致无法运用在实践。环境风险感知世界观量表仅适用于欧美和西方发达国家，卡汉[①]（Kahan）也提出了迪克的测量文化认知量表本身存在的信效度问题，缺乏发展中国家和落后地区的调查，陷入相对主义的泥潭。

由此可见，环境风险感知的跨学科研究推动了环境风险感知演进。在"概念阐释""对象统一""理论整合"等方面，使环境风险感知研究呈现相互渗透、彼此交融的研究态势。环境风险感知的多学科演进路径虽然表面上并无"排他性"，研究者也尝试将不同研究流派和理论进行了简单的整合，但是由于"实存论"和"建构论"的互异性，两者割裂成为难以逾越的鸿沟。风险抉择者和政策制定者如果将风险看成一事件或活动的客观属性，风险治理将基于风险的概率和级

----

① Kahan D M. *Cultural Cognition as a Conception of the Cultural Theory of Risk*. 2012.

别的"客观"标准来治理风险,并分配资源去降低风险。如果被视为主观属性,风险治理活动将按照不同的标准制定,优先权应当反映社会价值和生活方式偏好。

第二节　环境风险感知内涵、范式与理论

一、环境风险感知内涵

环境风险感知的研究缘起于风险感知(risk perception),而风险感知的理论起源于对"风险"的理解。早期"风险"被理解为人类的行为、情况或事件可能导致影响人类价值的各个方面后果的可能性。这一定义表明了人类行动或者事件之间的因果联系,并阐释非宿命论的风险视角,人类可以通过修正行为或改变事件从而减缓灾难所造成的影响。[①] 风险既是可描述的又是规范的定义,其包括了因果关系分析,可能是科学的、事件引发的、宗教的或者神秘的。[②③] 但是风险定义中也预设通过改变导致事件发生的原因可以降低不好结果的发生。在大多数情况下,"风险"是指不期望发生事件的危险,而不是期望的结果的机会。因此,风险可以被定义为在特定事件框架下,导致灾难发生的物理或社会或经济损失、损害、损失的可能性。"灾难"是指对人、自然和人

---

① Appelbaum R. P. "The Future is Made, not Predicted: Technocratic Planners vs. Public Interests". *Society*, 1977(5): 49-53.

② Douglas M. *Risk Acceptability According to the Social Sciences*. Russell Sage Foundation, New York, 1985.

③ Wildavsky A. "The Comparative Study of Risk Perception: a Beginning". In: *Bayerische Rueck: Risk — A Construct*, Munchen: Knesebeck, 1993: 179-196.

造设施造成伤害的情景、事件或物质。"人"的风险可能是居民、工作中的员工、潜在危险制造的消费者、旅客、乘客或整个社会的利益相关者。风险感知指的是公众对自己（或自己拥有条件、环境）所面临或可能面临的危险的判断和评估。经验和信仰都要考虑进去。不同学科对风险的认知存在较大的差异。如 Fischhoff 和 Slovic 等在 *How safe is safe enough? A Psychometric Study of Attitudes Towards Technological Risks and Benefits*[①] 中的定义是：风险感知是人们对待风险的态度与主观判断。风险来临，公众对风险会产生过高或过低的判断，过高判断会导致焦虑心理和恐慌行为。

自然科学中对于"风险"的理解与社会科学存在较大的差异，比如采用不同的专业术语描述"风险感知"，自然科学习惯采用"真实"（real）或"实事"（actual），而社会科学倾向于使用风险感知。[②] 不同学科的专家们或者通过精确的量化数据，或者通过质性扎根研究对风险进行描述，都是对"现实"风险的反思。自然科学采用量化的风险评估方法，将"真实"风险基于模型的估计，将其标记为"统计的""概率的"或"预测的"风险，然后可以将其与感知风险进行对比。如图 2 - 10 所示，风险感知结构包括：信息处理中启发或偏见；统计数据相关研究、个体或者社会风险接受度、真实风险行为相关研究、风险交流的应用、跨文化差异相关研究。

社会科学的风险感知研究建立在建构主义的视角，往往存在较大争议。由于风险行为所造成的实际损失仅仅是风险感知结构中的一

---

① Fischhoff B., Slovic P., Lichtenstein S, et al. "How Safe is Safe Enough? A Psychometric Study of Attitudes Towards Technological Risks and Benefits". *Policy Sciences*, 1978.

② Rohrmann B. Risk Perception Research: Review and Documentation. Update, Studies in Risk Communication, 1999, Vol.69., http://www.kfa-juelich.de/mut/heftelhefL69.pdf.

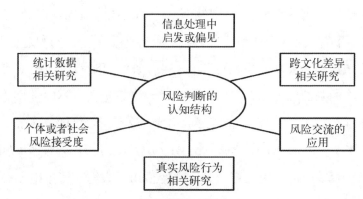

图 2-10　风险感知研究领域议题①

个部分。建构的风险感知不与实际损失相一致。损害和损失总是真实的,但预测这类事件发生的可能性取决于在人类知识和信仰领域构建的心理模型。自然科学的学者往往认为"感知风险"是指感知的风险水平或程度,其实这仅仅是风险感知的一个方面。风险感知研究包括以下几个方面:客观存在风险和主观建构的风险。其中自然科学主要从"客观存在"层面研究"现实"或"真实"风险。在"主观建构"层面中社会科学强调个人对风险判断,强调风险评估模型的构建。

二、环境风险感知研究范式

某些环境风险可能演变为社会风险,甚至是政治风险,而某些环境风险则不会演变为社会风险。环境风险究竟是否会演变为社会风险,并非因为其现实的风险大小,而在很大程度上根源于公众"环境风险感知"(Environmental risk perception)的差异。所谓环境风险感知,是指"在信息有限和不确定的背景下,个人或某一特定群体对环境风险的直

---

① Renn O., Rohrmann B. *Cross-Cultural Risk Perception*. Springer US, 2000.

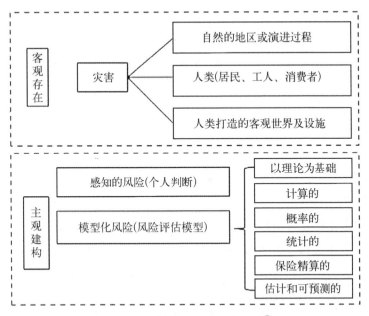

图 2 - 11 风险感知研究的类型[①]

观判断"。[②] 不同学科的研究者提出了不同的概念界定,但大都强调环境风险感知是公众面对客观环境风险的主观判断和直接感受。[③][④] 环境风险感知(有研究称之为风险认知)研究分为五类取向:

(一) 风险技术范式

Starr(1969)认为风险感知是居民对风险的可接受程度,不仅与传统的风险和收益相关,还与公众的主观层面相关。刘金平(2006)将其

———————

① Renn O., Rohrmann B. *Cross-Cultural Risk Perception.* Springer US, 2000.

② Slovic P. "Perception of Risk". *Science*, 1987, 236: 280 - 285.

③ Sjoberg L. How Cognitive is Risk Perception? A Discussion of the Psychometric and Cultural Theory Approaches. Paper Presented to the 4th European Congress of Psychology, Athens, 2 - 7 July, 1995. Center for Risk Research, Stockholm School of Economics.

④ Kasperson R. E., Renn O., Slovic P., Brown H. S., Eemel J., Goble R., Kasperson L X & Ratick S. "The Social Amplification of Risk: A Conceptual Framework". *Risk Analysis*, 1988, 8: 177 -187.

定义为人们对客观风险的态度和直觉判断,包括人们对风险的评价和反映,并根据危险等级、危害程度、自愿接受程度、社会控制能力和人群风险了解程度等五个风险特征,调查公众环境风险感知的状况。这种观点认为风险取决于负面事件发生的概率与该事件后果量级的乘积,强调客观性,忽视了人的主观性及外部性。

(二) 心理测量范式

Slovic(1987)认为风险感知是人们在描述和评价某些有害活动、新科技及其潜在危害时做出的判断。张海燕(2010)提出环境风险感知是人们对人类活动导致的环境变化对其生存的自然环境和人文环境带来的各种影响的心理感受程度和认知。该范式弥补了风险技术范式的主观缺失,但却忽视了个体间差异和社会文化的影响。

(三) 文化理论范式

Douglas 和 Wildavsky(1988)认为风险感知是个体所在道德社会文化的一种反映,文化信仰和世界观决定了风险感知。世界观(文化偏见)决定个体对风险的感知。段红霞(2009)从文化差异视角分析中、美两国对风险认知的差异。洪大用、范叶超(2013)通过 ISSP2010 和 CGSS2010 的数据比较分析,发现经济发展和后物质价值观影响公众环境风险认知。

(四) 跨学科综合理论范式

综合理论范式包括风险社会放大框架(SARF)和社会表征理论。Kaspersion(1988)认为风险感知与风险应对行为相互作用,导致风险"放大"并产生涟漪效应。Machlis 和 Rosa(1990)认为风险社会放大框架正如一种网络,整合现有的多种风险观点将实证数据进行系统化解释。但是,风险社会放大框架适用于整体描述,缺乏对现象的解释机制。

(五) 社会表征理论(SRT)

Gervais 等(1999)强调社会表征理论反映个体间的互动和风险的行为模式,探究因果关系和表征成分之间的内在联系,不同社会文化的个体和群体通过互动和交流形成不同的风险表征,从而产生不同的风险应对行为。

三、环境风险感知研究相关理论

20 世纪 60 年代末,由于科学界和公众对核能的风险和收益的看法存在分歧,环境风险感知逐渐成为焦点议题。回顾西方学界对环境风险感知的研究历程,主要包括以下几种理论:"风险决定论""个体自主论""文化影响论"和"风险社会放大框架"。

(一) 风险决定论

研究者采用"因子分析"、回归方程和结构方程模型对风险感知的概念进行研究,发现三个因子:风险恐惧度(dreadfulness of risks)、风险熟悉度(degree of knowledge of and familiarity with the hazard)、风险暴露的人数(the number of exposed people)。斯洛维克、利奇特因斯坦和菲什霍夫[1][2][3]通过对 81 种风险进行因子分析,认为呈现风险感知

① Fischhoff B., Slovic P., Lichtenstein S., et al. "How Safe is Safe Enough? A Psychometric Study of Attitudes Towards Technological Risks and Benefits". *Policy Sciences*, 1978, 9(2): 127 – 152.

② Lichtenstein S., Slovic P., Fischhoff B., et al. "Judged Frequency of Lethal Events". *Journal of Experimental Psychology Human Learning & Memory*, 1978, 4(6): 551 – 578.

③ Luise Vassie, Slovic P., Fischhoff B., et al. "Facts and Fears: Understanding Perceived Risk". 1980.

的二维因子图分别为恐惧度和熟悉度。后期很多学者在实证层面对其进行了验证，①并发现二维因子图中不仅可以找到不同类型的"风险源"，并从中衍生出新的因子维度和理论模型。"风险源"的分类是基于风险属性、个体风险承担类型及其产生后果，重点关注风险承担者所受到的风险，包括风险水平、风险特征、风险收益、个人与风险的关系和风险可接受性。②"风险属性"形塑公众环境风险感知，包括预期死亡人数、风险预期值、风险情景和风险源特征等。风险属性特征体现在利益相关者的可控性、自愿性、熟悉度、恐惧度、风险分担与利益分配的不公平性、人为性、风险责任性（对造成危害个人或机构的潜在惩罚与谴责）。近年来，风险属性重点关注环境正义、环境公平，如差别暴露程度决定风险感知，并被认为是不可接受的。③

公众不仅过滤和加工信息，同时筛选各类风险信息，并根据判断进行行为选择。风险信息传递通过两条路径：信息处理的中心路径和外围路径。④ 在中心路径模式下，信息接收者采纳两类评估：评价信息真实性的概率；评价信息重要性的权重。早期研究者认为环境风险感知与个人对"表达性偏好"（expressed preference）有关，个人的风险判断并不是建立在期望值的基础上，而是风险发生概率和影响程度的乘积。⑤ 如果风险损失高，人们选择规避风险；但是如果风险收益高，人们

---

① Slovic P., Fischhoff B., Lichtenstein S. "Characterizing Perceived Risk". *Social Science Electronic Publishing*, 2012.

② Lopes L. L. *Risk Perception and the Perceived Public//The Social Response to Environmental Risk*. 1992.

③ Kasperson R. E. "Acceptability of Human Risk". *Environmental Health Perspectives*, 1983, 52(OCT): 15-20.

④ Petty R. E., Cacioppo J. T. "The Elaboration Likelihood Model of Persuasion". *Advances in Consumer Research*, 1984, 19(4): 123-205.

⑤ León O. G., Lopes L. L. "Risk Preference and Feedback". *Bulletin of the Psychonomic Society*, 1988, 26(4): 343-346.

就会倾向于冒风险。[①]"风险偏差"的研究者认为个体的风险认知是基于个体经验和对环境熟悉程度，与概率信息所推断的风险认知存在较大偏差，以此来校准个人判断。[②]风险管理者逐渐意识到风险偏差存在公众的认知中，并引发公众风险感知和行为变化。

（二）个体自主论

"个体自主论"认为，个体特征的差异是影响公众环境风险感知最重要的因素之一（Dominicis，et al.，2015）。有研究认为，不同个体一方面会因为性别、年龄、种族、教育程度、居住地区、收入水平等外在特征的不同而产生差异化的环境风险感知（adeola，2007；Macias，2016；Roder，et al.，2016；Wang，et al.，2016）。比如，与其他种族相比，白人对环境风险的感知更低（Laws，et al.，2015）；教育程度较低的个体更容易产生高环境风险感知（Rundmo and Nordfj ran，2017），不同个体也会因为情感、人格特质（Jani，2011）等内在心理特征的差异而产生不同的环境风险感知。例如，查尔文等（chauvin，et al.，2007）发现，具有亲和性人格的个体对环境风险感知产生正向影响；李欧贝克尼和朱肯斯（Liobikiene and Jukeys，2016）则指出，有自我超越价值取向的个体对环境风险的感知更强。而在核电这一特殊环境风险感知的研究中，"个体自主论"的解释逻辑也被研究者普遍认同。例如，亚姆和维格诺威（Yim and Vaganov，2003）指出，教育水平更高的个体对核环境风险的感知往往较低。

---

① Luce R. D., Weber E. U. "An Axiomatic Theory of Conjoint, Expected Risk". *Journal of Mathematical Psychology*, 1986, 30(2): 188 - 205.

② Richard Eiser J., Bostrom A., Burton I., et al. "Risk Interpretation and Action: A Conceptual Framework for Responses to Natural Hazards". *International Journal of Disaster Risk Reduction*, 2012, 1(1): 5 - 16.

(三) 文化影响论

社会文化特征对公众环境风险感知的影响始于道格拉斯和维达维斯基(Douglas and Wildavsky)提出的"风险文化理论"。[①] 该理论基于不同的信仰和文化世界观,将社会群体划分为平等主义者、宿命论主义者、等级主义者和个人主义者,不同社会群体对环境风险的感知并不相同。施瓦茨(Schwartz)和汤普森进一步将其发展,生成五类不同文化价值群:企业家(Entrepreneur)、平等主义者(Egalitarian)、官僚主义者(Bureaucrats)、阶层公众(Atomized Individuals)和宿命论者(hermit)。宿命论者处于中心位置,不同群体的社会凝聚、社会融入和社会认同程度存在差异。[②] 迪克比较了三种"文化偏见"的风险感知,即个人主义(individualism)、平等主义(egalitarianism)和等级主义(hierarchy),"平等主义者"更倾向于规避风险,提出风险感知的文化取向与世界观理论相结合,构建了文化认知量表。[③] 邓拉普(Dunlap)在 2000 年改造了"新环境范式量表"提出的"新生态范式量表"(new environmental paradigm scale,NEP),用了 15 个项目来衡量人们的生态价值观。[④] 各国的研究者通过跨国数据验证了普世价值观、NEP 环境价值观和精神信仰对环境风险感知有重要的影响。"社会信任"属于心理变量,其文化属性被跨学科研究者广泛重视和认同。

公众环境风险感知取决于其对创造风险的机构发布信息的信任程

---

① Douglas M. &·Wildavsky A. 1982. *Risk and Culture: An Essay on the Selection of Technical and Environmental Dangers.* Berkeley: University of California Press.

② Renn O. "Risk Communication: Towards a Rational Discourse with the Public". *Journal of Hazardous Materials*, 1992, 29(3): 465 – 519.

③ Dake K. "Myths of Nature: Culture and the Social Construction of Risk". *The Journal of Social Issues*, 1992, 48(4): 21 – 37.

④ Dunlap R. E., Liere K. D. V., Mertig A. G., et al. "New Trends in Measuring Environmental Attitudes: Measuring Endorsement of the New Ecological Paradigm: A Revised NEP Scale". *Journal of Social Issues*, 2010, 56(3): 425 – 442.

度。西方国家同样面临现代社会中信息发布者的复杂性和信任缺失。[①]

(四) 风险社会放大框架

1988 年，Kasperson 等[②]提出了风险社会放大框架来研究风险。"风险放大"的概念是建立在与事件相关的理论基础上的危害与心理、社会、制度和文化进程相互作用，并以这种方式提高或降低个人和社会对风险感知，形塑风险行为。个人或团体收集和响应关于风险的信息，并产生行为反应，这一过程被称为"放大台"。放大台可以是个人、团体或机构。风险放大效应在个人作为普通公民的角色和作为雇员或社会团体和事业单位的成员。行为反应和沟通反应过程很可能会引发二次效应，其范围超出了受原始危害事件影响的人。次要影响是被社会群体和个人感知进而在另一阶段的放大可能产生三级影响。影响可能会扩散或"涟漪"到其他主体、过界扩散或其他风险领域。每一个阶段的影响不仅会向外传播并产生政策影响，也可能触发（风险放大）或阻碍（风险减弱）降低风险的变化。

利用这一社会风险放大的概念，Renn[③]调查了风险放大过程中五类变量之间的函数关系。第一类变量包括 128 个危险事件（事件）的物理后果将人类或环境暴露于物理伤害之下；第二类变量指的是这 128 个事件的新闻报道量；第三类变量涉及个人对这些事件的看法；第四类

[①] Earle T., Siegrist, M. "Trust, Confidence and Cooperation Model: A Framework for Understanding the Relation, between Trust and Risk Perception". *International Journal of Global Environmental Issues*, 2008, 8(1): 17 - 29.

[②] Kasperson R. E., Renn O., Slovic P., Brown H. S., Eemel J., Goble R., Kasperson L. X. & Ratick S. "The Social Amplification of Risk: A Conceptual Framework". *Risk Analysis*, 1988, 8: 177 - 187.

[③] Renn O. "Concepts of Risk: A Classification". In: Krimsky, S. & Golding, D. (Eds.) *Social Theories of Risk*, Praeger, Westport, CT, 1992a: 53 - 79.

变量描述了公众的反应(个体行为意向和群体动员潜能)对这些危害的反应;第五类变量包含了通过文件和德尔菲专家小组对事件造成的社会经济和政治影响。Renn 等人的研究调查了这些变量类别之间的因果关系。

这项研究最有趣的结果是,伤亡人数与绝大多数物质层面变量的关系非常微弱。物质层面的风险预测指标是风险暴露,而不是其他类型风险。风险暴露会导致恐惧,也与媒体报道高度相关。它对预期行动的直接影响很小,这表明客观风险是通过风险感知对个体行为产生影响。风险暴露与社会影响之间并没有联系。然而,尽管这两个变量最初的相关性很高,[①]风险暴露了通过媒体和其他方式塑造了社会风险体验感知和个人行为。这些数据反映了社会风险放大模型。

已有研究的解释逻辑大都是聚焦于一个侧面,同时是一种静态分析,即把可能产生高环境风险感知的既有条件作为归因的起点,并将其视为一成不变的要素,进而试图在某一结构性因素与民众的环境风险感知之间建立一种机械化、程式化的因果联系,缺乏对情境因素的考虑。

纵览已有文献,学界虽然从不同视角进行了较为深入的探讨,但鲜见融合不同解释逻辑的系统性研究。换言之,环境风险感知的影响因素的四类研究范式没有实现有效融合。此外,每一种解释逻辑的理论尚未进行系统检验,还可能存在对解释要素的疏漏,这也是本研究力图弥补和突破之处。

已有研究虽然指出公众的环境风险感知是个体特征、风险特征和社会文化特征等多变量的共同作用,但已有对环境风险感知影响因素的研究还缺乏一个科学、系统的分析框架,尤其是环境风险感知各个影

---

① Renn O. "The Social Arena Concept of Risk Debates". In: Krimsky, S. & Golding, D. (Eds.) *Social Theories of Risk*, Praeger, Westport, CT, 1992: 170 - 197.

响因素之间复杂的交互关系和内在影响机理的研究。

第三节　环境风险感知影响因素

斯洛维奇、菲斯霍夫和里斯滕斯坦[1][2][3]做了风险感知的二维因子结构图,很多研究做了重复性检验,结论基本一致(图2-12)。风险感知的影响因子有三类:风险的可怕程度、风险的了解程度和熟悉程度以及受影响的人数。1987年,Slovic从15种风险特征中提取出了两类风险因子,即未知风险和恐惧风险。不同的风险因子分布在二维的四个维度中。如图2-12所示,早期的风险研究主要围绕技术风险和客观风险。根据风险发生的概率和所造成的严重程度进行排序。随着研究的深入,技术风险导致人为风险被研究所关注,出现风险研究主流,其复杂性和不确定性超越了技术风险二维的维度。

Sjöberg于2000年对风险感知的影响因素做了细致研究,[4]研究发现,技术风险是风险感知中的重要因素,但是在许多研究中其并不是主要的影响因素。心理测量范式是风险感知影响因素的主流范式,其对环境风险感知的解释值方差为20%左右。但是增加"非自然因素"可以大大提升心理测量范式的解释力。文化理论解释超过5%—10%的风险感知的方差,价值观等因素对风险感知的解释力也并不高,很多研究

---

[1] Fischhoff B., Slovic P., Lichtenstein S., et al. "How Safe is Safe Enough? A Psychometric Study of Attitudes Towards Technological Risks and Benefits". *Policy Sciences*, 1978, 9(2): 127-152.

[2] Slovic P., Fischhoff B., Lichtenstein S. "Facts and Fears: Understanding Perceived Risk". *Policy & Practice in Health & Safety*, 2000, 3(sup1): 65-102.

[3] Slovic P., Fischhoff B., Lichtenstein S. "Characterizing Perceived Risk". *Social Science Electronic Publishing*, 2012.

[4] Lennart Sjöberg. "Factors in Risk Perception". *Risk Analysis*, 2000, 20(1): 1-12.

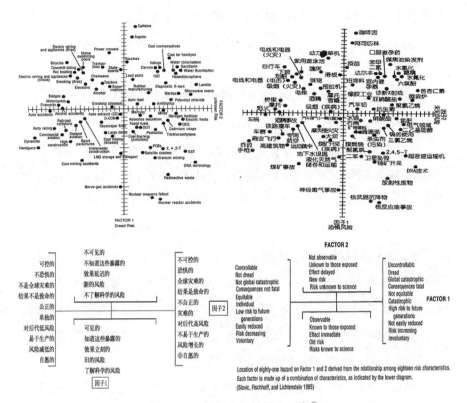

图 2 - 12 风险感知的影响因素[1]

提出了态度、风险敏感性和特定恐惧可以解释风险感知 30％—40％的方差，对风险感知有较高的影响力。

一、人口因素：个体差异与群体差异

（一）个体差异

Dominicis 等人[2]在 2015 年提出，公众个体差异是环境风险感知的

---

① Rohrmann B., Renn O. *Risk Perception Research*. 2000.

② De Dominicis S., Fornara F., Ganucci Cancellieri U., et al. "We are at Risk, and so What? Place Attachment, Environmental Risk Perceptions and Preventive Coping Behaviours". *Journal of Environmental Psychology*, 2015, 43: 66 - 78.

重要影响因素之一。环境风险感知社会人口学特征差异包括以下个体差异要素：

1. 性别方面

女性对环境风险的感知水平更高。[1] 为了保护孩子免受环境风险，女性往往被默认成为完全确定的性别角色，例如承担比男性对家庭健康和决策更多的责任。[2] 相关研究显示，女性环境风险感知更高，已有研究已经证明了这一观点。女性更加相信环境质量对幸福的重要性。在保护行动方面，43％的女性采取了三项或更多措施来减少环境风险对自己及其子女所造成的负面影响。该研究有助于我们了解女性及家庭主妇对环境风险感知和相关保护行为的影响，并有助于制定更多以情境为中心的风险管理和沟通策略。[3] Flynn（2004）发现白人男性的健康风险感知低于女性，被称为"白人男性"效应。这可以通过白人男性对社会的更大控制感来解释，白人男性无论是否采取保护措施，都认为健康风险较低。[4] 国内研究与国外的研究结论有一定差异，不同性别承担的环境风险呈现较大差异。[5] 大多数研究者发现女性风险感知高于男性，[6]但是也有研究发现男性和女性之间的风险感知并不存在显著差异。[7]

[1] Slovic P. "Trust, Emotion, Sex, Politics, and Science: Surveying the Risk-Assessment Battlefield". *Risk Analysis: An International Journal*, 1999, 19(4): 689 - 701.

[2] Knaak S. J. "Contextualising Risk, Constructing Choice: Breastfeeding and Good Mothering in Risk Society". *Health, Risk & Society*, 2010, 12(4): 345 - 355.

[3] Laferriere K. A., Crighton E. J., Baxter J., Lemyre L., Masuda J. R. & Ursitti F. "Examining Inequities in Children's Environmental Health: Results of a Survey on the Risk Perceptions and Protective Actions of New Mothers". *Journal of Risk Research*, 2016 (19): 3, 271 - 287.

[4] Flynn J., Slovic P., Mertz C. K. "Gender, Race, and Perception of Environmental Health Risks". *Risk Analysis*, 1994: 14.

[5] 王朝科：《性别与环境：研究环境问题的新视角》，《山西财经大学学报》2003年第3期。

[6] 王刚、徐雅倩：《公众风险感知的影响因素：一个利益与信息的双维审视——来自L市的实证分析》，《东北大学学报（社会科学版）》2020年第1期。

[7] 聂伟：《社会经济地位与环境风险分配——基于厦门垃圾处理的实证研究》，《中国地质大学学报（社会科学版）》2013年第4期。

2. 教育水平与环境风险感知

教育水平越高的人更容易感受到空气污染给健康带来的不良影响。对这一问题也存在较大的争议,教育水平较低的公众,其环境风险感知较高。[1] 受教育程度较低的公众往往也对环境威胁产生较高焦虑,这与媒体对这一群体的影响有关,而受教育程度较高的公众则倾向于依赖更客观和科学的证据来研究环境健康风险的影响。换句话说,女性和受教育程度低的被访者比其他人更容易感知环境健康风险。[2] 我国学者与国外的研究结论基本一致,教育水平与环境风险感知呈现负相关,教育水平较高者风险感知较高。[3]

3. 社会经济地位与环境风险感知

收入高的群体对空气质量更为关注。[4] 为了更好地了解母亲在社会经济和地理背景下的环境风险感知和相关保护行动,K. A. Laferriere 等人在加拿大安大略省的两个公共卫生单位招募的新母亲(606 名)中进行了电话调查。分析显示,大约一半的受访者对环境风险表示有中度或高度关注,影响环境风险感知的因素包括较低的收入和较低的感知控制水平。[5] 贫困一直存在,且被确定为与较高风险感知相关的重要变量,但是也有研究认为具有更多权力的利益相关者具有

---

① Rundmo T., NordfjöRn T. "Does Risk Perception Really Exist?". *Safety Science*, 2017, 93(Complete): 230 - 240.

② Lai J. C., Tao J. "Perception of Environmental Hazards in Hong Kong Chinese". *Risk Anal*, 2003, 23: 669 - 684.

③ Higgins R. R. "Race & Environmental Equity: An Overview of the Environmental Justice Issue in the Policy Process". *Polity*, 1993, 26(2): 281 - 300.
夏志红:《从社会排斥的视角分析中国公众环境权益的缺失》,《中国人口·资源与环境》2008 年第 2 期。

④ Howel D., Moffatt S., Prince H., et al. "Urban Air Quality in North-East England: Exploring the Influences on Local Views and Perceptions". *Risk Analysis: An Official Publication of the Society for Risk Analysis*, 2002, 22(1): 121 - 130.

⑤ Laferriere K. A., Crighton E. J., Baxter J., et al. "Examining Inequities in Children's Environmental Health: Results of a Survey on the Risk Perceptions and Protective Actions of New Mothers". *Journal of Risk Research*, 2016, 19: 3, 271 - 287.

较低的风险感知。[1] 环境公正理论认为环境风险分配的不平等,验证了社会经济地位与环境风险感知有着重要的关联性,但是我国的相关定量研究相对有限。低收入群体承受更严重的水污染和空气污染,在实际工作环境中,更容易暴露于严重的化学有毒气体和物理风险中。[2] 然而有一些研究发现,经济地位和废物排放并非线性关系——低收入和高收入地区的环境风险明显低于中等收入地区。[3] 夏志红研究发现环境风险感知与社会分层的变迁有着显著相关性,社会经济地位高者将环境风险转化于底层的阶层。[4] 聂伟以厦门垃圾处理的实证调查为例,发现社会经济地位中仅有收入与环境风险感知有显著关系,教育、性别和民族与其无相关关系。[5]

4. 年龄与环境风险感知

一些研究表明,公众对风险感知的理解不同,但是性别、受教育年限、单位性质对环境风险感知的影响不具有统计学显著性。龚文娟、沈姗通过实证研究发现,性别、教育程度和单位性质对公众风险感知不存在显著差异,年龄越低、收入越低、居住距离越近,风险感知越强。[6] 我国的研究存在较大的差异,聂伟研究提出了年龄较大者风险感知较弱,年龄较低者的风险感知较强。[7]

---

① Karen Bickerstaff. "Risk Perception Research: Socio-cultural Perspectives on the Public Experience of Air Pollution". *Environment International*, 30(6): 800–840.

② David R. Williams. "Socioeconomic Differentials in Health: A Review and Redirection". *Social Psychology Quarterly*, 1990, 53(2).

③ Higgins R. R. "Race & Environmental Equity: An Overview of the Environmental Justice Issue in the Policy Process". *Polity*, 1993, 26(2): 281–300.

④ 夏志红:《从社会排斥的视角分析中国公众环境权益的缺失》,《中国人口·资源与环境》2008 年第 2 期。

⑤⑦ 聂伟:《社会经济地位与环境风险分配——基于厦门垃圾处理的实证研究》,《中国地质大学学报(社会科学版)》2013 年第 4 期。

⑥ 龚文娟、沈姗:《系统信任对环境风险认知的影响——以公众对垃圾处理的风险认知为例》,《长白学刊》2016 年第 5 期。

5. 情感因素

国内外研究者发现，不同个体的情感，如公众个体的人格特质[①]等心理特征的差异进而产生不同的环境风险感知。Chauvin 等提出有亲和性人格特质的公众，其具有较高的环境风险感知，[②]Enrico 等研究发现具有较强自我超越价值观的公众，其环境风险的感知较强。[③] 而 Covello 等阐释了愤怒（outrage factors）对环境风险感知有着显著的正向作用。[④]

（二）群体差异

道格拉斯和维尔德夫斯基[⑤]提出了一种风险文化理论。个体依据不同的偏好（文化世界观），进而产生了不同的环境风险感知和反应，被划分为"群体"和"网格"两组空间（如图 2-13）。

"群体"维度反映了个人对社会结构的聚合度，其促进了强有力的社会纽带、集体认同和合作（高群体），而不是强调个人差异、独立或者竞争关系（低群体）。"网格"维度反映了对基于角色或阶级的社会分层（高网格）的明显，而不是基于性别、年龄或种族，将社会中的所有个人排除在社会角色之外的信念（低网格）。风险文化论者通常依据团体内聚合度的强弱以及团体内阶层鲜明度将文化分为四种类型文化世界

① Jani A. "Escalation of Commitment in Troubled IT Projects: Influence of Project Risk Factors and Self-efficacy on the Perception of Risk and the Commitment to a Failing Project". *International Journal of Project Management*, 2011, 29(7): 934-945.

② Chauvin B., Danièle Hermand, Mullet E. "Risk Perception and Personality Facets". *Risk Analysis: An Official Publication of the Society for Risk Analysis*, 2007, 27(1): 171-185.

③ Enrico Rubaltelli, Sara Scrimin, Ughetta Moscardino, et al. "Media Exposure to Terrorism and People's Risk Perception: The Role of Environmental Sensitivity and Psychophysiological Response to Stress". *British Journal of Psychology*, 2018: 109.

④ Covello V. T. "Best Practices in Public Health Risk and Crisis Communication". *J Health Communication*, 8(sup1): 5-8.

⑤ Douglas M. & Wildavsky A. *Risk and Culture: An Essay on the Selection of Technical and Environmental Dangers*. Berkeley: University of California Press, 1982.

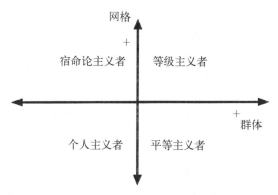

图 2‑13　风险文化理论框架①

观：平等主义者(聚合度强但阶层也不明显的团体,属于平等型文化)、宿命论主义者(聚合度弱与阶层鲜明的团体,属于宿命型文化)、等级主义者(聚合度强与阶层极鲜明的团体,属于官僚型文化)和个人主义者(聚合度弱与阶层不鲜明的团体,属于市场竞争型文化)。②

　　Xue、Wen 等以 2001—2014 年间发表的 129 篇文化世界观维度和环境风险感知的实证研究文献为样本,对其进行元分析发现,以上四类文化世界观与风险感知具有相关性。研究发现平等主义者风险感知最高,其环境风险感知高于其他几类($r=0.25$),而等级主义和个人主义者的环境风险感知相对较高,与环境风险感知有一定相关性(分别为 $r=0.18$ 和 $r=0.17$)。宿命论主义者与环境风险感知没有明显的相关性($r=0.03$)。研究发现了个人偏好的文化世界观是环境风险感知的重要决定因素。四类世界观中有三类是基于文化理论的,而且个人主义或等级主义很少受到外在环境威胁,平等主义倾向较高的人群会感

----

① Thompson M., Ellis R., & Wildavsky A. *Cultural theory*. Boulder, CO: Westview Press, 1990.

② Xue, Wen, Hine, Donald W., Loi, Natasha M., et al. "Cultural Worldviews and Environmental Risk Perceptions: A Meta-analysis". *Journal of Environmental Psychology*, 2014, 40: 249–258.

受更多的风险。根据文化理论,个人主义者和等级主义者不愿意承认风险,因为会导致其受到监管,威胁其个人利益,并可能有损于自身阶层的现有权力结构。平等主义者倾向于从本质上怀疑并推动风险的放大,并认为利益相关者的活动对环境构成了威胁。[1]

风险感知的元分析中的主要发现是风险感知与自然危害呈正相关,但与人类活动相关的危害(即多种原因和人为产生的危害)呈负相关。等级主义者致力于维护当前社会系统中存在的权力结构和不平等。因此,等级主义者的风险感知和自然灾害之间存在显著的正相关,与等级和环境感知的整体影响相反,自然灾害(如风暴、森林、干旱)可能通过引入经济不稳定和社会动荡而构成对现存社会秩序的潜在威胁。等级主义者可能更愿意承认自然威胁的潜在影响,而不需要将当前的经济和社会系统显式地复杂化,作为威胁产生过程中的潜在因果因素。第二个重要发现是,宿命论主义者倾向较高者认为与自然灾害相关的风险比人为风险更大,不相信其他人提供的环境风险信息,且不会在没有经验的情况下相信各种渠道所提供信息的真实性,形成了较大风险偏差和偏见。给他们带来了一系列不平等的风险,他们倾向于去构建这些风险。[2]

二、环境因素:风险暴露、空间距离与地点效应

(一) 风险暴露

环境风险类型较多,不同类型的环境风险感知差异较大。早期风险感知的研究者主要聚焦在风险源的研究,也就是风险本身的类型。

---

[1] Dake K. "Myths of Nature: Culture and the Social Construction of Risk". *Journal of Social Issues*, 1992(48), 21 - 37.

[2] Xue, Wen, Hine, Donald W., Loi, Natasha M., et al. "Cultural Worldviews and Environmental Risk Perceptions: A Meta-analysis". *Journal of Environmental Psychology*, 2014, 40: 249 - 258.

风险的异质性决定了风险感知的程度。国内外学者主要从管理学、环境科学研究风险感知，关注风险本身的特性。风险感知的判断主要依据受访者对风险的认知。特定风险源主要从两个维度来判断风险：规模大小和风险接受程度。接受程度上，研究者主要关注自愿和非自愿的。心理测量范式将风险的类型归为五类：生活方式、技术风险、自然危险、职业风险和体育类风险。[①]

公众一致认为空气污染所导致的风险感知较高。呼吸是人类生存的基本需求，人们在日常生活中很难避免空气污染的影响，从而对身体健康造成威胁，甚至直接造成慢性呼吸系统疾病。Chen 等 2012 年对中国 17 个城市二氧化硫短期接触和日死亡率进行研究和大气颗粒物污染与日均死亡率的关系。研究发现，公众长期暴露于被污染的空气环境中，会减少寿命甚至造成死亡病例的发生。[②] 风险感知风险是关于风险的特征和严重程度的主观判断，它的形成受到多方面的影响。已有的研究发现，空气污染物浓度与感知风险有显著联系，但后续研究发现它们之间的相关性并不强，[③]风险感知还受到其他多种因素的影响，特别是心理和社会的各种因素。但是，在日常生活中，居民往往通过自己对周围环境的观察，[④]或者根据已有经历直接产生感官感受。[⑤] 另外

[①]　Rohrmann B., Renn O. *Risk Perception Research*. 2000.

[②]　Chen Y., Ebenstein A., Greenstone M., et al. "Evidence on the Impact of Sustained Exposure to Air Pollution on Life Expectancy from China's Huai River Policy". *Social Science Electronic Publishing*. 2013，110(32). 12936 – 12941.

[③]　Chattopadhyay P. K., Som B., Mukhopadhyay P. "Air Pollution and Health Hazards in Human Subjects: Physiological and Self-report indices". *Journal of Environmental Psychology*，1995，15(4)：327 – 331.

[④]　Forsberg B., Stjernberg N., Wall S. "People Can Detect Poor Air Quality Well Below Guideline Concentrations: A Prevalence Study of Annoyance Reactions and Air Pollution from Traffic". *Occupational and Environmental Medicine*，1997，54(1)：44 – 48.

[⑤]　Johnson B. B. "Experience with Urban Air Pollution in Paterson, New Jersey and Implications for Air Pollution Communication". *Risk Analysis*，2012，32(1)：39 – 53.

有很多研究者提出风险感知与健康状况有着显著的相关性,[1]即公众的健康状况较低,则环境风险感知较强。[2] 还有研究者认为,媒体报道空气质量的指数[3]等以及报道环境污染的媒体影响力对公众的环境风险感知有着显著的影响。[4]

鉴于风险感知在公众对环境暴露的反应中起着关键作用,Minerva(2010)等学者对墨西哥某矿区进行了定量研究,目的是通过描述成年居民环境风险感知和环境知识,研究两者与健康、疾病和死亡之间的联系。结果表明,约30%的居民确定采矿活动和所产生的污染是他们最关心的问题。超过20%的受访者认为他们自身的疾病与接触锰有关,影响居民风险感知的因素包括居住社区、年龄组(41—60岁)和慢性病的报告。[5] 法兰克福机场周围190名居民接受了有关交通噪声(飞机、道路交通)、身心健康感知、环境质量感知和噪声敏感性的调查,研究发现,噪声敏感性与身体健康感知相关,但与心理健康感知无关。[6]

(二) 空间距离

自贝克在20世纪80年代提出的"风险社会"理论以来,特别是环

① Liu Xiaojun, Zhu Hui, Hu Yongxin, et al. "Public's Health Risk Awareness on Urban Air Pollution in Chinese Megacities: The Cases of Shanghai, Wuhan and Nanchang". *International Journal of Environmental Research & Public Health*, 13(9): 845-880.

② Dr. Rosemary J. Day. "Traffic-related Air Pollution and Perceived Health Risk: Lay Assessment of an Everyday Hazard". *Health Risk & Society*, 2006, 8(3): 305-322.

③ Wahlberg, Anders A. F., "Sjoberg, Lennart. Risk Perception and the Media". *Journal of Risk Research*, 3(1): 31-50.

④ Geoffrey D., Gooch. "Environmental Concern and the Swedish Press: A Case Study of the Effects of Newspaper Reporting, Personal Experience and Social Interaction on the Public's Perception of Environmental Risks". *European Journal of Communication*, 1996.

⑤ Minerva Catalán-Vázquez, Schilmann A, Horacio Riojas-Rodríguez. "Perceived Health Risks of Manganese in the Molango Mining District, Mexico". *Risk Analysis*, 2010, 30(4): 619-634.

⑥ Marks A., Griefahn B. "Associations between Noise Sensitivity and Sleep, Subjectively Evaluated Sleep Quality, Annoyance, and Performance after Exposure to Nocturnal Traffic Noise". 2007, 9(34): 1-7.

境污染及引发健康风险被人们日益关注，且其与技术、社会和政治的变化联系在一起。自 20 世纪初以来，全球经历系列自然、环境灾难等，如 2003 年 SARS、2007 年禽流感、2008 年的雪灾和汶川地震、2020 年全球经历了由新型冠状病毒感染的肺炎疫情，人们面临的风险比过去多很多。现代风险意识不是关于我们自己的经历，也不是关于伤害和死亡，而是关于不确定的未来。因此，风险感知的主要焦点是与风险相关的未来威胁和灾难的可能性。然而，公众的风险感知与时间和空间距离有关，而这两个维度在环境风险感知中通常很突出。根据认知心理学，人们在物体的构造方面感知事物，而他们的构造不仅取决于物体的实际属性，还决定于观察者的身体、心理距离。心理上遥远的物体是那些在现实无法直接体验的物体。直接经验与时间的即时性、概率的可靠性和空间接近性有关。时间、概率和空间的距离同样会影响人们的预测、评估和行为，因为它们都会导致人们依赖更高层次的建构，故虽不否认每个维度的独特性，但一些学者认为心理距离在各种距离维度中的重要意义。[1] 有学者提出了概率、时间和空间权衡模型，在这个多维框架中讨论了环境风险感知问题，验证了"时间和空间距离是环境风险感知的不确定性来源"这一观点。[2]

　　中国台湾地区三所大学学者对台湾台中城市焚烧炉的居民风险感知进行研究，发现了态度和规避行为之间的关系。研究对象分为暴露组和对照组，暴露组由居住在焚化炉附近的 514 名居民组成，对照组由 264 名年龄相近的人组成。研究结果表明，暴露组和对照组在焚烧炉的风险感知和态度方面没有显著差异。然而，与对照组相比，暴露组

　　[1] Trope Y., Liberman N. "Construal-level Theory of Psychological Distance". *Psychological Review*, 2010, 117(2): 440-463.

　　[2] She, Shengxiang, Lu, Qiang, Ma, Chaoqun. "A probability-time & Space Trade-off Model in Environmental Risk Perception". *Journal of Risk Research*, 15(2): 223-234.

显示出在一年内移动或在未来某个时间移动具有更高的愿望。[1]

(三) 空间效应

20 世纪 60 年代初期,研究者发现公众环境风险感知状况随着地域分布不同而呈现一定规律的空间效应,环境风险是暴露人群的重要压力来源。公众认为所生活的地区存在污染,同时也否认其他地区对所在城市所造成的污染,对大气污染的认知还存在污名效应(stigma effect),即一旦遭遇过重工业污染和雾霾指数超标,城市的形象会被污名化,进而带来负面效应。[2] 风险认知中的污名效应和空间效应实际体现的是人们对该地区的经济水平、制约因素、机遇、环境等方面的综合判断,受当地社会经济因素的影响。[3]

生活在受污染地区的人可能会担心污染,但是居住在污染源附近的人也有可能低估健康风险。[4] 如果其中一个假设被证实,健康风险感知将证实暴露与健康结果之间的复杂因素。人们与地区之间的社会联系影响着他们对于当地空气质量的态度。人们对自己居住的地区社会归属感和文化归属感、地区依恋越强,就越维护地区形象,从而否认空气污染问题的存在。[5] 当人们对社区缺乏归属感,则会将一系列负面印

①　Ping-Yi, Lin, Shu-Ping, et al. "Environmental Health Risks Perception, Attitude, and Avoidance Behaviour Toward Municipal Solid Waste Incinerator". *International Journal of Environmental Health Research*, 2018.

②　Bush J., Moffatt S, Dunn C. "Even the Birds Round Here Cough: Stigma, Air Pollution and Health in Teesside". *Health & Place*, 2001, 7(1): 47 – 56.

③　A., Irwin P., et al. "Faulty Environments and Risk Reasoning: The Local Understanding of Industrial Hazards". *Environment and Planning A*, 1999.

④　Samuel D. Brody B. Mitchell Peck, Wesley E. Highfield, et al. "Examining Localized Patterns of Air Quality Perception in Texas: A Spatial and Statistical Analysis". *Risk Analysis An Official Publication of the Society for Risk Analysis*, 2010, 24(6): 1561 – 1574.

⑤　Ngo N., Kokoyo S., Klopp J. "Why Participation Matters for Air Quality Studies: Risk Perceptions, Understandings of Air Pollution and Mobilization in a Poor Neighborhood in Nairobi, Kenya". *Public Health*, 2015.

象都归罪于这个地区。同时,地区的综合环境直接影响人们对当地空气质量的判断,而综合环境与社会经济水平密切相关。例如较贫穷的社区周围常被认为空气质量较差。[1] Elliot等[2]研究发现公众环境风险感知往往在居住区的整体环境判断基础上形成。公众判断不仅来自客观环境的空气指标,还会与社区其他指标综合考量。

三、政府与媒体信息:我该相信谁?

公众对PM2.5信息的信任度也会显著影响他们的风险感知。[3] 当人们感到对生活环境无法掌控时,公众对风险感知的不可控性会增进公众的焦虑感知。[4] 政府的官方信息发布可以增进公众的环境风险感知。有研究发现,空气污染预警可以影响公众风险感知,并改变风险应对行为。但是也有研究发现,政府的污染预警并不能有效地促进人们行为的改变,官方发布空气数据并不能直接被公众所接受,进而增进公众的风险感知。Bickerstaff等[5]研究发现,仅3.4%的公众根据媒体发布的空气污染指数来判断出行方式和应对行为。虽然官方公布空气数据,但是公众并不仅仅将数据作为出行的参考数据。Johnson在新泽西州帕特森地区研究发现,4%的公众根据官方空气质量指数(AQI)作为判断空气质量的依据。[6] Semenza的研究中指出,仅1/3的波特兰和休斯敦的居民知道

① Kim M., Yi O., Kim H. "The Role of Differences in Individual and Community Attributes in Perceived Air Quality". *Science of the Total Environment*, 2012, 425: 20–26.

② "The Power of Perception: Health Risk Attributed to Air Pollution in an Urban Industrial Neighborhood". *Risk Analysis*, 1999, 19(4): 621–634.

③ 曾贤刚、许志华、虞慧怡:《基于信息源信任度的PM2.5健康风险认知研究》,《中国环境科学》2015年第10期。

④ Chung I. J. "Social Amplification of Risk in the Internet Environment". *Risk Analysis: An Official Publication of the Society for Risk Analysis*, 2011, 31(12): 1883–1896.

⑤ Bickerstaff K., Walker G. "Public Understandings of Air Pollution: The 'Localization' of Environmental Risk". *Global Environmental Change*, 2001, 11(2): 133–145.

⑥ Johnson B. B. "Experience with Urban Air Pollution in Paterson, New Jersey and Implications for Air Pollution Communication". *Risk Analysis*, 2012, 32(1): 39–53.

当地的大气污染预警报告。[①] 虽然公众对官方空气质量数据并不作为主要出行依据，但是非官方媒体关于大气污染问题的评述和报道逐渐对人们的风险认知造成越来越大的影响，例如信息的报道方式和频率、信息的措辞表述和发布渠道等都是重要的影响因素。[②③] 媒体侧重报道负面事件，或者夸大风险的严重程度，因而往往使公众过高评价风险。

网络和新兴媒体（如微博、博客）的产生，极大地促进信息流动和交换频次，在很大程度上推动了风险的社会放大效应。[④] 网络媒体的发展促进了人们的信息交流，在很大程度上推动了风险感知的社会放大效应。[⑤] Scheufele认为环境风险感知的传播路径中存在信息输入、输出，进而形成媒体框架和受众框架。[⑥] 媒体对环境风险感知的影响一直是学界研究的重点。媒体通过强调、选择事件的某些方面对事件进行特殊的解释，这种框架行为对受众的信息处理[⑦]进而影响公众的风险感知、行为选择。我国风险与媒介传播的关系研究开展较早，验证了国外的媒介框架理论对风险感知的影响。研究发现普通民众常常是被告知

① Semenza J. C., Wilson D. J., Parra J., et al. "Public Perception and Behavior Change in Relationship to Hot Weather and Air Pollution". *Environmental Research*, 2008, 107 (3): 401-411.

② Brody S. D., Peck B. M., Highfield W. E. "Examining Localized Patterns of Air Quality Perception in Texas: A Spatial and Statistical Analysis". *Risk Analysis*, 2004, 24 (6): 1561-1574.

③ Sandman P. M., Weinstein N. D., Miller P. "High Risk or Low: How Location on a Risk Ladder Affects Perceived Risk". *Risk Analysis*, 1994, 14(1): 35-45.

④ Wahlberg A. A. F., Sjoberg L. "Risk Perception and the Media". *Journal of Risk Research*, 2000, 3(1): 31-50.

⑤ Liu L., He P., Zhang B., et al. "Red and Green: Public Perception and Air Quality Information in Urban China". *Environment: Science and Policy for Sustainable Development*, 2012, 54(3): 44-49.

⑥ Scheufele D. A. "Framing As a Theory of Media Effects". *Journal of Communication*, 1999, 49(1): 103-122.

⑦ Valkenburg P. M., Semetko H. A., De Vreese C. H. "The Effects of News Frames on Readers: Thoughts and Recall". *Communication Research*, 1999, 26(5): 550-569.

和说服的对象，媒体报道风险议题更多采用政府、专家、科技精英和媒体自身作为主要信源，民众在消息来源中所占比例微乎其微。余红等通过风险感知验证了媒体报道对公众环境风险感知的影响路径。与自然灾难相比，公众更加容易放大人为风险。不同风险类型，公众的风险承载体放大路径不同，雾霾风险感知容易被媒体所放大，媒介框架和风险承载体框架是影响风险感知的关键因素。[①]

大多数学者认同媒介对风险感知的建构，并通过实证研究进行验证。Kasperson 等人研究验证了风险放大框架理论中社会放大站的存在，其中媒介产生了重要作用。环境风险感知和媒介之间不仅有强相关关系（系数 0.43），而且媒介构建了风险的放大站，进而形塑了行为的应对。[②] 但是，存在较大争议是新媒介与传统媒介对风险感知的影响。谢晓非等也通过对比电视媒介和网页媒介对个人风险感知的影响，发现电视新闻传播比人际传播的影响更大。[③] 屈晓妍提出互联网使用对风险感知的影响力并不显著，新媒介与传统媒介并没有呈现出风险感知的较大差异。[④] 曾繁旭等提出传统媒体与新媒体在风险放大效应中存在较大差异。传统媒介所建构的风险议题呈现较多中立态度，而新媒体由于传播激进态度放大了风险的感知。[⑤] 罗茜等通过对 CGSS2010 的数据分析发现传统媒介对公众的环境风险感知有着显著的影响，新媒介却没有显著影响。[⑥] 周全等通过对 CGSS2013 数据分

[①]　余红、张雯：《媒体报道如何影响风险感知：以环境风险为例》，《新闻大学》2017 年第 6 期。

[②]　Kasperson R. E. "The Social Amplification of Risk and Low-level Radiation". *Bulletin of the Atomic Scientists*，2012，68(3)：59 - 66.

[③]　谢晓非、李洁、于清源：《怎样会让我们感觉更危险——风险沟通渠道分析》，《心理学报》2008 年第 4 期。

[④]　屈晓妍：《互联网使用与公众的社会风险感知》，《新闻与传播评论》2011 年第 00 期。

[⑤]　曾繁旭、戴佳、王宇琦：《技术风险 VS 感知风险：传播过程与风险社会放大》，《现代传播（中国传媒大学学报）》2015 年第 3 期。

[⑥]　罗茜、沈阳：《媒介使用、社会网络与环境风险感知——基于 CGSS2010 数据的实证研究》，《新媒体与社会》2017 年第 3 期。

析发现了媒介使用频率可以增进环境风险感知,进而促进亲环境行为产生。[1]

国内外关于新媒体对环境风险感知影响的文献较多。大多数研究将媒体使用作为主要的自变量,包括媒体接触程度、媒体类型、信息呈现方式和信息类型。其研究方法包括实验法、内容分析法和问卷调查法。不同研究方法所侧重的研究方向也有所不同。其中实验法大多用于测试不同的媒介类型、不同的信息呈现方式、不同的信息类型对公众风险感知的影响。内容分析法主要用于分析不同媒介的报道内容对受众风险感知的影响。而问卷调查法和深度访谈法则多用于调查受众的媒介接触程度、满意度以及公众媒体使用,或者某一特定媒介所产生的认知、情绪和行为反应对风险感知的影响。在环境风险感知研究中,大多数研究者认为传统媒体和新媒体对环境风险感知产生差异性影响,传统媒体具有单项传递信息的特点,新媒体具有多向信息流动的特点。

四、信任因素:制度信任与社会信任如何影响感知?

在过去30年里,信任成为社会科学领域的热点问题。卢曼提出,信任是一个社会复杂性的简化机制,分为人际信任和系统信任。其中系统信任是交往的普泛化媒介,是复杂性的简化载体,个体信任是普遍个体的一种形式,其构成系统信任。[2]虽然系统信任成为主要话题,吉登斯认为系统信任取代人际信任,成为现代社会的主要信任形式,依据对系统的信任来克服或避免因不确定的时空所导致的不信任现象。[3]

---

① 周全、汤书昆:《媒介使用与中国公众的亲环境行为:环境知识与环境风险感知的多重中介效应分析》,《中国地质大学学报(社会科学版)》2017年第5期。
② 尼克拉斯·卢曼:《信任》,瞿铁鹏、李强译,上海世纪出版集团2005年版,第30—40页。
③ 吉登斯:《现代性的后果》,田禾译,译林出版社2000年版,第18—32页。

许多信任的研究者对信任作了不同的定义，Rousseau 等基于心理学和风险研究提出信任是一种心理状态，包括基于对他人意图或行为的积极期望而接受弱点的意图。[①]

"信任"属于心理变量，其文化属性被不同学科研究者广泛认同。Freudenburg[②] 和 Earle 等[③]是最早认识到信任对风险感知的重要意义的研究者。[④] 环境风险感知心理测量范式的创世人 Slovic 首先提出了信任的"不对称性原则"（asymmetry principle of trust），即失去信任比获得信任更容易，公众更容易相信消极事件，不对称性是由于公众心理倾向上的负面效应所导致的。"不对称性原则"是指消极事件降低信任的程度，强于积极事件提高信任的程度。Earle 和 Cvetkovic 则认为"不对称原则"是有局限性的，缺乏对灾害和信息类型考量，存在"极端主义偏见"，因此在 Slovic 基础上提出了信任二维结构，即社会信任和信心。Earle、Cvetkovic 和 Siegrist 认为信任包括社会信任和信心，社会信任基于共享的价值观是对称的，信心是不对称的，因此提出了信任的对称性原则。Slovic 的经典研究带动了其他研究者对信任不对称性的关注。不同研究者对该研究进行了验证并进一步深化。Earle、Cvetkovich 和 Siegrist 等人通过三种理论：SVS（Salient value similarity）模型、TCC（trust-confidence-cooperation）模型、功能性（functioning）理论，对信任的不对称性提出了反驳，提出了信任的"对称性原则"（symmetry principle）。尽管不同研究者之间对于信任

---

① Rousseau D. M., Sitkin S. B., Burt R. S., et al. "Not so Different After all: A Cross-discipline View of Trust". *Academy of Management Review*, 1998, 23(3): 393－404.

② Freudenburg W. R. "Risk and Recreancy: Weber, the Division of Labor, and the Rationality of Risk Perceptions". *Social Forces*, 1993, 71(4): 909－932.

③ Earle T. C., & Cvetkovich, G. T. *Social Trust: Toward Acosmopolitan Society*. Westport, CT: Praeger, 1995.

④ Rae Zimmerman. "Social Trust and the Management of Risk". 26(1): 289－290.

的维度和信任的功能存在着很大的争论,如"不对称"或"对称"的争议,主要是由于信任结构的不一致。前者将信任看成是一维的,而后者认为信任是二维的。

Earle 和 Cvetkovich[1] 提出了 SVS 模型。SVS 表达了具体的情景下显著价值观(Salient values)和价值观相似性(Value similarity)。信任是情感上的社会契约,显著的价值观由具体情境中个体应遵循的重要目标意识和重要过程意识构成。当不存在显著价值观时,就会缺乏信任,其表现行为加强了原有的信任和不信任,[2]这体现了信任价值观的相似性,信任不会随着新信息的出现而不断改变。

Earle 和 Siegrist 提出了 TCC 模型。[3] TCC 模型将信任和信心进行了区分,信任是指社会关系所共享的价值观,往往是直觉的、情感的,具有一定弹性、维持性和对称性,往往不会立即破坏。而信心是基于经历或者证据的,相信未来事件会按照期望发生,有客观的行为标准,一旦不符合标准立即会破坏信心,属于不对称原则。信任、信心和合作(TCC)模型假设信任和信心影响合作意愿[4][5](Siegrist,2019;Siegrist,Earle & Gutscher,2003)。TCC 表明,信任是基于对意图和价值观相似性的判断。[6]

---

① Earle T. C. & Cvetkovich G. "Culture, Cosmopolitanism, and Risk Management". *Risk Analysis*,1997,17(1):55-65.

② Cvetkovich G. & Winter P. L. "Trust and Social Representations of the Management of Threatened and Endangered Species". *Environment and Behavior*,2003,35(2):286-307.

③ Earle T. C. & Siegrist M. "Morality Information, Performance Information, and the Distinction between Trust and Confidence". *Journal of Applied Social Psychology*,2006,36:383-416.

④ Siegrist M. "Trust and Risk Perception:A Critical Review of the Literature". *Risk Analysis*,2019(4).

⑤ Siegrist M.,Earle T. C. and Gutscher H. "Test of a Trust and Confidence Model in the Applied Context of Electromagnetic Field (EMF) Risks". *Risk Analysis*,2003,Vol.23,705-716.

⑥ Earle T. C. & Cvetkovich G. T. *Social trust:Toward acosmopolitan society*. Westport, CT:Praeger,1995.

功能性理论的代表人物 Cvetkovich 和 Winter[①] 采用信任的功能性来解释信任两组结构。根据信息加工的方式和表征类别的差异,分为内隐加工和外显加工。信息的内隐加工是内隐的、快速的,外显加工是外显和较慢的。信任属于内隐信息加工方式,具有对称性和情感性。信心属于外显加工方式,一旦不符合标准就立即被破坏,具有不对称性。信息加工是基于感知、印象,由于"输入"被改变,进而态度判断或采取相应行动。

Siegrist[②] 通过对 1990—2018 年发表的 225 篇关于"风险感知与信任之间的关系"的论文作为研究对象进行分析,发现了信任对风险感知有着重要的预测力。研究表明,虽然研究者对这一研究结论存在一定的争议,但是主要根源在于涉及信任如何被操作化,根据风险感知所涉及的四个问题,以及用于测量信任的方法,[③④]信任与风险感知之间的关系受到公众的环境知识影响。信任本身分为普遍信任(general trust)、社会信任(social trust)和信心(confidence)等三种类型。[⑤]其中普遍信任与风险感知之间的关系较低,对于环境知识匮乏的人群,其信任越高,风险感知越低,呈现负相关。

社会信任在一定情景下,既不是普遍信任也不是人际信任。[⑥] 公

---

① Cvetkovich G. & Winter P. L. "Trust and Social Representations of the Management of Threatened and Endangered Species". *Environment and Behavior*, 2003, 35(2), 286-307.

②⑤ Siegrist M. "Trust and Risk Perception: A Critical Review of the Literature". *Risk Analysis*, 2019(4).

③ Earle T. C. "Distinguishing Trust from Confidence: Manageable Difficulties, Worth the Effort. Reply to: Trust and Confidence: The Difficulties in Distinguishing the Two Concepts in Research". *Risk Analysis*, 2010a, 30: 1025-1027.

④ Earle T. C., Siegrist M. & Gutscher H. Trust, Risk Perception, and the TCC Model of Cooperation. In M. Siegrist, T. C. Earle, & H. Gutscher (Eds.), *Trust in Cooperative Risk Management: Uncertainty and Scepticism in the Public Mind*, 2007: 1-49. London: Earthscan.

⑥ Johnson-George C. & Swap C. W. "Measurement of Specific Interpersonal Trust: Construction and Validation of a Scale to Assess Trust in a Specific Other". *Journal of Personality and Social Psychology*, 1982, 43(6): 1306-1317.

众所信任的是建立在过去曾经能够处理信息或者掌握技术和专业的人或机构。Earle 和 Siegrist(2006)对信任和信心进行了对比。信任是有弹性的,具有维持性。而信心有具体的行为标准,一旦不符合标准,就会被立即破坏,支持不对称性原则。然而,他们又未明确从理论基础上对信任和信心进行区分,仍然以对积极和消极信息的信任判断作为其研究前提。因此他们的研究结果表现出了有条件的不对称性。

第四节　环境风险感知与应对行为

环境风险感知近几年成为研究的热点,结合了心理学、社会学、公共管理、传媒学等各学科交叉研究的热点问题。但是风险感知和应对行为之间的关系一直以来成为国内外学者争论的话题。环境风险感知是否会影响公众的应对行为呢? 风险感知与应对行为之间的关系如何? 如果其影响确实存在,那么环境风险感知通过什么机制影响公众的应对行为? 目前环境风险感知对应对行为的研究集中风险社会放大框架理论,而对其他情景变量关注少。那么,不同影响因素如何影响环境风险感知,是否对环境应对行为效果有所差别?

已有研究缺乏深入探讨风险感知对环境行为的影响机制。环境风险感知对环境行为之间关系研究存在较大争议,已有文献忽视文化变迁、环境规制、差别暴露、风险沟通、信任等因素在影响路径上的效应,缺乏从多地区、多层面、多角度的视角探讨社会转型期的环境感知对公众应对行为的影响机制。本书在对环境风险感知对应对行为的影响机制进行研究时,不仅验证已有理论框架,同时探索风险感知对公众应对行为的影响路径。

一、环境应对行为

20 世纪 60 年代末,学术界将关注点逐渐转向环境行为的研究,环境行为的研究成果数量增加,质量在不断提升。不同的文献中对环境行为内涵的阐释和使用的名词各不相同,主要包括"亲环境行为"(pro-environmental behaviors)[1]、"负责任的环境行为"(responsible environmental behaviors)[2]、"环境负责行为"(environmentally responsible behaviors)[3]、"生态行为"(ecological behaviors)[4]、"环保行为"(conservation behaviors),[5]以及"生态消费行为"(ecological consumer behaviour)。[6]随着研究的深入,环境行为研究也由早期对一般意义的环境行为的研究逐渐走向对具体环境行为的研究,如微观层面环境移民,洪大用等对空气污染诱致的居民迁出意向分异研究,[7]日常具体环境保护行为、水环境问题与居民行动策略等进行研究[8];如中观层面农村洁净型生活用

---

[1]　Bamberg S. & Möser G. "Twenty Years after Hines, Hungerford, and Tomera: A New Meta-analysis of Psycho-social Determinants of Pro-environmental Behavior". *Journal of Environmental Psychology*,2007,27(1):14 – 25.

[2]　Hines J. M. Hungerford H. R. & Tomera A. N. "Analysis and Synthesis of Research on Responsible Environmental Behavior: A Meta-analysis". *Journal of Environmental Education*,1987,18(2):1 – 8.

[3]　De Young R. "Changing Behavior and Making it Stick: the Conceptualization and Management of Conservation Behavior". *Journal of Environment and Behavior*,1993,25:485 – 505.

[4]　Kaiser F. G. "A General Measure of Ecological Behavior". *Journal of Applied Social Psychology*,1998,28(5):395 – 422.

[5]　Gosling E. & Williams K. J. H. "Connectedness to Nature, Place Attachment and Conservation Behavior: Testing Connectedness Theory Among Farmers". *Journal of Environmental Psychology*,2010,30:298 – 304.

[6]　Fraj E., Martinez E. "Influence of Personality on Ecological Consumer Behaviour". *Journal of Consumer Behaviour*,2006,5(3):167 – 181.

[7]　洪大用、范叶超、李佩繁:《地位差异、适应性与绩效期待——空气污染诱致的居民迁出意向分异研究》,《社会学研究》2016 年第 3 期。

[8]　李长安、郭俊辉、陈倩倩、胡查平:《生活垃圾分类回收中居民的差异化参与机制研究——基于杭城试点与非试点社区的对比》,《干旱区资源与环境》2018 年第 8 期。

煤行为等关于绿色生活方式研究，①环境运动研究的具体表现"环境抗争""邻避行动"，环境抗争中的居民"缺席"抑或"在场"等②；如宏观层面政府雾霾治理行为、企业环境行为、大气协同治理。

海恩斯等认为负责任环境行为是基于个人责任感和价值观的意识行为。③ 继承了海恩斯等人对环境行为的研究元分析，班贝克等人在此基础上综合了 2004—2014 年的 66 篇环境行为文章，提出"环境行为被视为关心他人、下一代和其他物种的亲社会活动后的混合物（如防止空气污染，气候变化可能导致的风险）以及利益活动（如追求最大限度地减少自己的健康风险的一种策略）"。④ 斯特恩认为"环境负责任行为是个体和群体对环境变化和对环境改善施加直接或间接的影响"。⑤ 另有很多学者认为，环境行为应有利于资源保护，改善环境的行为结果。⑥ 斯德哥与弗莱克提出"亲环境行为是有利于自然环境，提升环境质量，或者尽可能减少环境破坏"。⑦ 克罗姆斯和阿耶尔曼认为"环境行为是个体所采取的有意识的努力行为，用以减缓环境所带来的负面影响"。⑧

① 陆益龙：《水环境问题、环保态度与居民的行动策略——2010CGSS 数据的分析》，《山东社会科学》2015 年第 1 期。
② 谭爽：《"缺席"抑或"在场"？我国邻避抗争中的环境 NGO——以垃圾焚烧厂反建事件为切片的观察》，《吉首大学学报（社会科学版）》2018 年第 2 期。
③ Hines J. M., Hungerford H. R. & Tomera A. N. "Analysis and Synthesis of Research on Responsible Environmental Behaviour: A Meta-analysis". *Journal of Environmental Education*, 1987, 18(2): 1-8.
④ Bamberg S. & Möser G. "Twenty Years after Hines, Hungerford, and Tomera: A New Meta-analysis of Psycho-social Determinants of Pro-environmental Behavior". *Journal of Environmental Psychology*, 2007, 27(1): 14-25.
⑤ Stern P. C. "Toward a Coherent Theory of Environmentally Significant Behavior". *Journal of Social Issues*, 2000, 56(3): 407-424.
⑥ Kaiser F. G. "A General Measure of Ecological Behavior". *Journal of Applied Social Psychology*, 1998, 28(5): 395-422.
⑦ Steg L. & Vlek C. "Encouraging Pro-environmental Behavior: An Integrative Review and Research Agenda". *Journal of Environmental Psychology*, 2008, 29(3): 309-317.
⑧ Kollmuss A. & Agyeman J. "Mind the Gap: Why Do People Act Environmentally and What are the Barriers to Pro-environmental Behavior?" *Journal of Environmental Education Research*, 2002, 8(3): 239-260.

胡舒和茹斯提出负责任的环境行为是"个体采取一系列保护或改善环境的负责任的行动,不仅有利于实施者本人,也有利于社会、他人"。[①]

国外研究者基于不同的视角对环境行为的内涵作了界定,有两方面的争议:

(一)关于环境行为主体的界定,围绕环境行为属于个体的行为还是群体行为。大部分学者认同环境行为是个体的行为,也有少部分学者认为环境行为是个体和群体共同的行为。

(二)环境行为具体行动范畴存在较大争议。部分学者认为,环境行为是指有利于环境改善和促进环境问题的解决、减少环境破坏,也就是对环境施加的直接影响。另有学者认为不仅包含直接作用,而且包含间接作用。而这种间接行为有可能是隐性的环境行为,短期内对环境并没有影响,后期会暴露出环境的问题。不同学者对环境问题的认知存在一定的差异,因此对环境行为也就存在范畴上的差异。

由于环境行为研究起步较晚,心理学在环境行为研究中处于垄断地位,心理学视角在概念中有所体现,如对亲环境行为和负责任的环境行为都基于心理学视角界定环境行为概念。但是随着其他研究视角的引入,环境行为的概念和内涵也从单一维度走向多维。从总体上看,西方环境行为的内涵主要是指正面意义的环境行为,而中国环境行为主要分为广义和狭义。广义的环境行为不仅包括保护行为,也包括破坏行为,是指能够影响生态环境品质或者环境保护的行为。而狭义的环境行为仅指环境保护行为。

---

① Hsu S. J., Roth R. E. "An Assessment of Environmental Literacy and Analysis of Predictors of Responsible Environmental Behavior Held by Secondary Teachers in the Hualien Area of Taiwan". *Journal of Environmental Education Research*, 1998, 4(3): 229-249.

我国学者大部分采用狭义的环境行为，即环境保护行为。孙岩在其博士论文中提出"环境行为是采取有助于改善、增进或维持环境品质的行动，在生活中身体力行，达到社会可持续发展的目的"。[①] 张兴莲等人认为"环境行为是人们具有环境知识、态度和技能之后必须采取的行动、参与各种环境问题的解决所采取的行动"。[②] 龚文娟指出"环境行为是人们试图通过各种途径保护环境并在实践中表现出的有利于环境的行为"。[③] 彭远春指出"环境行为即环境保护行为，强调日常生活的行为结果对改善环境状况与提升环境质量的正向作用。"因此，他认为环境行为是指个体在日常生活中主动采取的、有助于环境状况改善与环境质量提升的行为。[④] 狭义环境行为都强调个体主动参与，个体行为结果对改善环境状况与提升环境质量的正向作用，付诸行动来解决和防范生态环境问题。持这种观点的学者，主要基于个体日常生活中的正向环境行为。

在广义环境行为方面，王芳提出"环境行为是作用于环境并对环境造成影响的人类社会行为和各种行为主体之间的互动行为，这种互动包括直接和间接的作用"。[⑤] 崔凤更加强调环境行为的社会性，认为"环境行为应该基于特定环境行为与特定社会因素相关，在一定的社会关系下影响社会关系的社会行为"。[⑥] 广义环境行为认为居民促进和破坏

① 孙岩、宋金波、宋丹荣：《城市居民环境行为影响因素的实证研究》，《管理学报》2012年第1期。
② 张兴莲、郭友、倪佳：《中学生环境行为调查报告》，《首都师范大学学报（自然科学版）》2004年第25期。
③ 龚文娟：《中国城市居民环境友好行为之性别差异分析》，《妇女研究论丛》2008年第6期。
④ 彭远春：《我国环境行为研究述评》，《社会科学研究》2011年第1期。
⑤ 王芳：《理性的困境：转型期环境问题的社会根源探析：环境行为的一种视角》，《华东理工大学学报（哲学社会科学版）》2007年第1期。
⑥ 崔凤、唐国建：《环境社会学：关于环境行为的社会学阐释》，《社会科学辑刊》2010年第3期。

都属于环境行为,在两种对立的环境行为背后却有着复杂的成因,而各种复杂因素存在互动并对行为造成了直接和间接的作用。

本书的环境行为不是以上一般意义的环境行为,是在特定情景下的环境应对行为。李华强在调查汶川地震后,将公众的应对行为分为积极应对行为、防御应对行为和利他应对行为。[①] 代豪提出,雾霾天气下的应对行为分为积极应对行为和防御性行为。其中,积极应对行为包括关注身体健康、出现咳嗽症状及时就医、与朋友和家人谈论雾霾天气;防御性行为包括减少外出、减少晨练或者其他户外运动和出行戴口罩等。[②] 李盈霞将面对台风时的应对行为分为积极应对行为、规避行为和冒险行为等三类,积极行为包括登陆前撤离、应急包准备和制订应急计划,规避行为包括祈祷、恐惧行为;冒险行为包括正常出门不受台风的影响。[③]

环境应对行为是针对具体的环境问题而采取的行为,较一般意义的环境行为其更具有情景性。人们通常会采取相关行动和预防性行为来应对环境风险所带来的问题,在西方国家,人们面对空气污染时,往往采取减少室外业余活动、待在室内、关闭窗户及清新室内等措施。耿言虎提出"抗争型自保"和"隔离型自保":抗争型自保是指采取主动对抗,企图消灭风险源或者逼迫风险制造者主动采取措施消除风险的行为;隔离型自保是指个体对环境健康风险采取自我隔离措施,以求降低或消除风险对自身影响的行为,是在短期内无法消除环境健康风险的情况下,不得已采取的相对"消极"的风险应对行为。[④]

---

① 李华强、范春梅、贾建民等:《突发性灾害中的公众风险感知与应急管理——以5·12汶川地震为例》,《管理世界》2009年第6期。

② 代豪:《雾霾天气下公众风险认知与应对行为研究》,华东师范大学硕士论文,2015年。

③ 李盈霞:《公众对台风灾害的风险感知和应对行为研究》,西安交通大学硕士论文,2015年。

④ 耿言虎:《隔离型自保:个体环境健康风险的市场化应对》,《河北学刊》2018年第2期。

本书提出的应对行为属于隔离型自保行为,具有个体利益化、被动性、弥散性、自发性的倾向。与一般意义的环境保护行为相比较,隔离型的自保行为具有消极性,并没有针对具体的环境问题采取措施,减缓环境风险源或改善环境状况。由环境问题所引发的环境风险感知增强所带来的焦虑,进而导致过度的隔离性自保行为产生,这类行为并不能从根本上解决环境问题,反而会产生很多非预期后果,引发环境污染的负外部性。本书所指的隔离型自保行为简称为应对行为。由于环境风险本身的不确定性,环境风险感知的巨大差异性和模糊性,往往受到一系列因素影响,进而产生应对行为迟缓、滞后,甚至存在知行难以统一的问题。

二、风险感知与应对行为相关关系

公众对环境风险感知在很大程度上影响着他们的环境行为,以往研究发现,如果个体感知的环境污染可能带来的风险和威胁,他们会采取规避风险的行动,更加关注环境问题,遵守环境规范,并且更愿意致力于环境保护和解决环境问题。有研究采用结构方程模型,建立健康感知风险与环境行为之间的关系,以及对政府环境信任与感知风险之间的关系。高风险感知更容易产生环境行为,在实践层面已成为不可争议的事实,但是在研究领域,环境风险感知与环境行为研究一直以来存在较大争论。风险感知对环境行为的影响有以下观点:

(一) 风险感知与行为呈现负相关

Sitkin 和 Weingart 认为个体做出的风险决策与他们的感知风险水平呈现负相关。风险感知与环境行为之间不存在相关关系或者预测关系。[①] Wachinger 提出"风险感知悖论",居民的自然灾难感知对求生行为和缓和行为的预测力均不显著,并得出了结论,高风险感知不一定会导致个体的应急准备行为,也并不能够引发缓和行为。[②] 学者王琪延等通过对环境意识调查,发现了环境风险感知不断增强,但是环境保护行为在减少。[③] 通过对中国的 CGSS 2003 年、2010 年、2013 年这三年的数据进行比较,彭远春发现,环境意识不断增强,环境行为不断减少。[④]

(二) 风险感知与环境行为之间存在显著正相关

Lindell 等通过对居民的三类环境风险的行为选择进行研究,发现风险先前经验作为中介效应存在,风险感知与风险应对行为之间有正相关关系。[⑤] Homburg 和 Stolberg 提出了环境行为认知压力理论的改进版,自我效能、环境风险感知、需求评估和聚焦问题解决可以解释亲环境行为。[⑥] Frank Wimmer 通过价值态度系统模型,得出环境风险后果意识增强可显著增强环境行为。[⑦] 洪大用等发现全球环境问题感知、当地环境问题感知与环境行为有着显著的正相关。[⑧] 相关数据分析结

---

① Sitkin S. B., Weingart L. R. "Determinants of Risky Decision-Making Behavior: A Test of the Mediating Role of Risk Perceptions and Propensity". *The Academy of Management Journal*, 1995, 38(6): 1573 - 1592.

② Wachinger G., Renn O., Begg C., et al. "The Risk Perception Paradox-Implications for Governance and Communication of Natural Hazards". *Risk Analysis*, 2013, 33(6): 1049 - 1065.

③ 王琪延、罗栋:《经济高速成长期下的国民环境意识——基于北京市民环境意识抽样调查资料》,《中国统计》2010 年第 1 期。

④ 彭远春:《城市居民环境行为研究》,光明日报出版社 2013 年版。

⑤ Lindell M. K., Hwang S. N. "Households' Perceived Personal Risk and Responses in a Multi-hazard Environment". *Risk Analysis An Official Publication of the Society for Risk Analysis*, 2010, 28(2): 539 - 556.

⑥ Homburg A., Stolberg A. "Explaining Pro-Environmental Behavior with A Cognitive Theory of Stress". *Journal of Environmental Psychology*, 2006, 26(1): 1 - 14.

⑦ Frank Wimmer, Thorsten Quandt. "Living in the Risk Society", 1992.

⑧ 洪大用、范叶超:《公众环境风险认知与环保倾向的国际比较及其理论启示》,《社会科学研究》2013 年第 6 期。

果发现,环境风险感知对环境行为具有显著的正向效应。环境污染感知和生态衰退感知与公域环境行为有着显著正向效应。但是,生态衰退感知与私域环境行为有着显著负向效应,表明感知与行为之间有着较为复杂的关系。[①②]

风险感知与环境行为之间存在正相关,但是预测力较弱。[③④] Sjoberg 认为风险感知与行为之间的微弱关系表明了两者关系的复杂性,且因受到多重因素的影响,抑制了高风险感知的人的行动。[⑤] 有研究者认为风险感知与应对行为不存在显著的直接效应,而是受到其他因素的影响。Mileti 等通过对灾害风险的调查,发现信息传播在公众感知与行为应对中起到了中介作用。[⑥] 增加风险知识和风险感知不能直接转化为风险应对行为,风险先前经验明显增进了个人有准备的行为。[⑦] Bourque 等人发现风险感知与应对行为虽然有着显著关系,但是其中的环境知识、有效性反应和信息是主要的中介效应,中介效应显著,风险感知对于应对行为没有直接效应。

Alex 通过实证研究,在路径分析中发现了社会规范的中介效应。风险感知通过社会规范在风险感知对洪水保险购买行为之间有一定中

① Homburg A., Stolberg A. "Explaining Pro-Environmental Behavior with A Cognitive Theory of Stress". *Journal of Environmental Psychology*, 2006, 26(1): 1 - 14.

② 王晓楠、刘琳:《中国居民环境行为意愿的多层分析——基于 2013 年 CSS 数据的实证分析》,《吉首大学学报(社会科学版)》2017 年第 1 期。

③ Baldassare M., Katz C. "The Personal Threat of Environmental Problems as Predictor of Environmental Practices". *Environment & Behavior*, 24(5): 602 - 616.

④ Hass J. W., Bagley G. S., Rogers R. W. "Coping with the Energy Crisis: Effects of Fear Appeals upon Attitudes toward Energy Consumption". *Journal of Applied Psychology*, 1975, 60(6): 754 - 756.

⑤ Sjoberg L. "Factors in Risk Perception". *Risk Analysis*, 2000, 20(1): 1 - 11.

⑥ Mileti S., Fitzpatrick C. "The Causal Sequence of Risk Communication in the Parkfield Earthquake Prediction Experiment". *Risk Analysis*, 2010, 12(3): 394.

⑦ Ronald W. Perry, Michael K. Lindell. "Volcanic Risk Perception and Adjustment in a Multi-hazard Environment". *Journal of Volcanology & Geothermal Research*, 172(3 - 4): 170 - 178.

介作用。[①] Lindell 等认为风险感知与应对行为之间的关系存在较大争议，其主要原因来自对风险感知的定义和测量。如果风险根据可能性、严重性来测量，则运用理性行为理论(TRA)来解释，认为行为态度比对灾难或环境态度具有较强的预测力。[②] Eiser 等人也认为风险与应对行为之间的差异性来自个体，往往根据个人的经验、情感、价值观和人际互动等形塑风险感知，从而获取知识和自我保护的能力，根据具体情景采用最小化风险的行为选择。[③] Bubeck 等人运用保护动机理论(PMT)阐释风险感知与应对行为之间的关系，考量个体风险感知根据政府采取减缓措施后的反馈做出应对措施。[④]

以上的文献分析表明，公众环境风险感知与应对行为之间的关系存在很大争议。大部分研究者认为，不同的灾害的类型、客观环境等影响风险感知与应对行为，使风险感知与应对行为之间关系较为复杂，表现为感知的增强和行为上的滞后。风险感知可能是应对行为的一个必要预测，但不是充分的预测，说明存在其他因素作为中介变量影响风险感知对行为的预测，如人口统计特征、个体经验、情景、情绪、知识、信息、信任等。因此，需要通过实证研究，验证在特定情景下，风险感知的形成及其影响因素，进而探索在特定情景下的感知风险在客观环境、风险信息、社会信任、媒体影响力等主客观因素的干

---

① Lo，Alex Y. "The Role of Social Norms in Climate Adaptation：Mediating Risk Perception and Flood Insurance Purchase". *Global Environmental Change*，2013，23（5）：1249－1257.

② Lindell M. K.，Whitney D. J. "Correlates of Household Seismic Hazard Adjustment Adoption". *Risk Analysis: An Official Publication of the Society for Risk Analysis*，2000，20(1)：13－26.

③ Eiser J. R.，Bostrom A.，Burton L.，Johnston, et al. "Risk Interpretation and Action：A Conceptual Framework for Responses to Natural Hazards". *International Journal of Disaster Risk Reduction*，2012，1：5－16.

④ Bubeck P.，Botzen W. J. W.，Aerts J. C. J. H. "A Review of Risk Perceptions and Other Factors that Influence Flood Mitigation Behavior". *Risk Analysis*，2012，32(9)：431－450.

预和作用下形塑公众的应对行为。已有研究对感知风险对应对行为的影响机制研究较少，更多强调风险感知的作用，对于这一路径背后的复杂形成过程关注较少，本书致力于研究风险感知对于应对行为的不同影响路径，进而引导公众的理性感知和科学的行为，有利于政府的相关环境政策制定，可为其提供参考。

三、风险感知与应对行为

对于环境风险感知对公众应对行为的关系研究相对较少。胡向南等提出了"风险感知"到"应对行为"的双重路径："风险感知—认知评价—应对行为""风险感知—情感—应对行为"。[①] 大量研究表明，风险感知的增强，行为上缩小，从而深化风险"放大"的含义。从中国的实际出发，中国公众对环境风险严重性和威胁性的认知不断增强，但是风险应对的行为却滞后于这种强烈的风险感知。

(一) 风险社会放大框架

风险社会放大框架（Social amplification risk framework，SARF）最早由 Kasperson 于 1988 年提出。[②] 风险社会放大框架的提出建立在技术决定论和文化世界观理论的基础之上，其提出具有一定现实意义。在实践中，专家认为较低的风险往往被公众强烈关注，但是被专家认为相对较高的风险却往往被公众所忽略。权威专家和政府的风险发布并不一定得到公众的理解，公众与政府和专家对风险的理解存在较大差异，导致风险沟通过程中的困难。虽然技术和文化领域对风险感知做

---

① 胡向南、郭雪松、陶方易：《集体行为视阈下"风险感知—应对行为"影响路径研究——以西安市幸福路综合拆迁改造项目为例》，《风险灾害危机研究》2017 年第 2 期。

② Kasperson R. E., Renn O., Slovic P., et al. "The Social Amplification of Risk: A Conceptual Framework". *Journal of Risk Analysis*, 1988, 8(2): 177–187.

了深入分析,但是往往视角具有一定局限性,很难进行全方面的综合分析,而且两种理论将风险视为静态不变的状态。技术决定论代表人物Star 认为风险可以通过事件发生的概率乘以事件后果的量级,对风险进行科学排序,体现了风险本身的客观性和主观性的结合,但是这种排序往往仅能够被专家所认可,对于普通公众的感知却较少涉及。心理测量范式的专家 Fischoff 在 1978 年从认知视角分析个体和群体的心理因素对风险感知的影响。文化世界观理论的代表认为 Douglas 提出的风险建构理论,从社会、文化、制度等构建风险感知,其缺乏对客观因素的考量,与技术决定论形成了对立的观点。

风险社会放大框架的基本观点是,认同技术决定论、文化世界观和心理测量范式相关理论,并认为风险事件在心理、社会、文化过程中可以增强或者减弱公众的风险感知和应对行为。个体或者群体行为模式转而导致次级的社会或经济后果,但是也会增加或减少物理风险本身。社会放大分为三个层面:

第一层效应,风险感知的建构过程,对社区、社会和经济宏观层面构成一定的影响,风险通过信息系统和风险信号的放大站(个体和社会放大)被放大或者缩小,进而产生行为反应。

第二层效应,行为反应转而对风险产生次级影响,包括心理感知效应、图像和态度,同时对经济产生影响,对政治和社会带来压力(政治制定和群体性事件)。

第三层的效应被称为"涟漪效应",[①]涟漪效应向外扩散,接下来的次级影响被社会群体和个体感知。风险社会放大框架的内涵如图 2 - 14 所示。

---

① 　Renn O., Burns W. J., Kasperson J. X., et al. "The Social Amplification of Risk: Theoretical Foundations and Empirical Applications". *The Journal of Social Issues*, 1992, 48(4): 137 - 160.

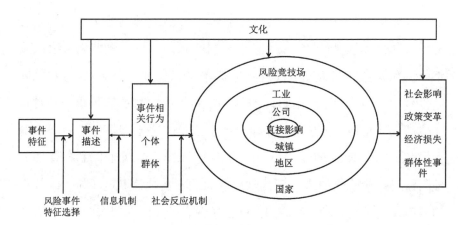

图 2-14　风险社会放大框架概念简图①

　　风险社会放大框架包括两个机制：风险信息传播机制（信息机制）和社会反应机制。其中，信息机制包括风险的社会经验和非正式沟通网络。信息机制进一步通过四个机制放大风险，形成社会反应机制：

　　1. 启发式和价值观，启发个体以简化机制来评估风险并形成反应。

　　2. 社会群体关系，群体的性质会影响成员的反应。

　　3. 信号值，是指事件本身的阐释或者事件的发展过程。

　　4. 污名化，是指与不良的社会群体或个体相联系的负面意向，它会导致人们对被污名化的人或环境的回避行为，以至于引发社会和政策方面的后果。

　　除了这四个放大机制外，社会信任成为第五大机制，也就是说，如果公众对政府、企业、机构、专家不信任，那么风险很容易被放大或者缩小。②

　　① Roger E. Kasperson, Ortwin Renn, Paul Slovic, et al. "The Social Amplification of Risk: A Conceptual Framework". 8(2): 177-187.

　　② Kasperson R. E. "The Social Amplification of Risk and Low-Level Radiation". *Bulletin of the Atomic Scientists*, 2012, 68(3): 59-66.

随着风险社会放大框架这一理论的深入发展，风险社会放大框架也不断演进，在技术理论、文化世界观理论和心理测量范式的基础上，试图将微观和宏观文化、经济、政治整合在一个框架内。但是，毕竟风险社会框架提出的设想较好，但很难将宏观因素和微观因素整合在一个框架内。风险社会放大框架就如一个网络，其承认风险的客观实在性和社会文化属性。但是，由于框架中的相关因素之间的关系较为复杂、结构庞大，各要素很难进行操作化，也很难运用其解释风险的运行机制，更难通过实证研究进行验证。SARF 早期的放大是指公众对风险事件的逐渐关注和风险感知水平的逐渐升高，后期的放大也包括了缩小。风险社会放大的内部关系很难明确界定，但是在微观层面，其与心理测量范式结合，可以解释个体和社会放大站。

（二）防护性决策模型

Lindell 等提出了防护性决策模型（PADM）被运用到风险管理中，并验证在不同情景下的个体风险感知，早期 PADM 考量个体的行为决策模型，[①]关注个体如何接收外部的风险信息，结合人口统计特征、相关经历和社会经济地位等特征形成感知。模块中关注了风险沟通视角下的信息流，取决公众的信息获取和风险信息的来源以及所采取的应对措施。如图 2 - 15 所示，公众早期主要由环境因素、社会因素、早期信息来源以及接收者本身的特征进行判断，进而形成风险感知、保护性行为的判断和利益相关者判断，进而产生应对的判断，在情景促进和促进阻力的共同作用下产生应对行为。

程鹏在其博士论文中通过对 2013—2014 年的雾霾天气作为研究

---

① Lindell M. K., Perry R. W. "The Protective Action Decision Model: Theoretical Modifications and Additional Evidence". *Risk Analysis*, 2012, 32(4): 616 - 632.

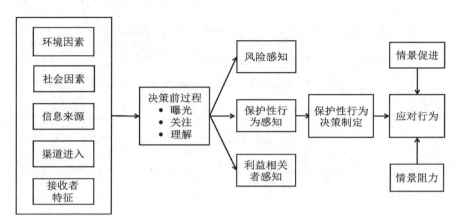

图 2-15　PADM 模型信息流[①]

背景,依据归因理论和 PADM 模型解释了风险感知对应对行为的影响机制。研究发现,公众的风险责任归因对公众的应对行为有显著影响;公众信息接收频率影响公众的感知和行为意向。当信息接收呈现下降时,公众的感知减弱,应对行为减少,但是行为存在一定滞后性。雾霾发生后,政府对公众信息需求的忽略以及缺乏有效沟通,造成了公众心理上的焦虑、不适应等心理反应。因此,政府需要建立灵活、有效的信息释放机制,在雾霾监测预警阶段,需要根据预警平台、专家预测采取风险决策。[②] 在不同阶段,政府需采用不同的沟通方式和手段,有效引导公众的理性应对行为。

（三）信任—信心—合作(TCC)模型

Luhmann 将信任和信心区分开来。信任的复杂性高于信心,而且

---

① Lindell M. K., Perry R. W. "The Protective Action Decision Model: Theoretical Modifications and Additional Evidence". *Risk Analysis*, 2012, 32(4): 616-632.

② 程鹏:《雾霾情景下公众雾霾感知的演化过程及风险应对行为选择研究》,中国科学技术大学博士论文,2017 年。

信任本身具有较多风险承受属性。信心属于熟悉的和已知的、可控制的和被控制的，与人们相信未来的事情会如预期的那样展开有关。信任更具有前瞻性，信心更多关注过去。[1] 社会科学研究者在信任和信心中达成了基本的共识：信任有两种类型，一种是建立在信任者与他人之间关系基础上的信任（关系型信任）；另一种是建立在他人过去行为或未来约束行为基础上的信任（计算型信任）。前者称为信任，与意愿相关；后者称为信心，与能力相关。一般来说，信任比信心更加重要。信任与信心都需要情感启发式进行转化。信任的功能是降低风险的复杂性，没有相关的准确的外部标准，而是通过启发式过程，如果价值相似和情感相似，进而促进信心产生。信心的功能是通过对过去或未来的知识来控制未来的行为。对未来行为约束，较少使用启发式过程，其通过熟悉度进行判断，重点预防。[2]

如图 2-16 基于信任和信心的双重合作模式。信任是建立在社会关系或共同价值观基础上的，表明信任具有良好的意愿。此外，对共同价值观，也会受到一般信任和个体价值观的影响。信心由感知的效能感所决定，由过去的效能、一般信心、社会信任所决定，旨在约束未来。信任—信心—合作（TTC）合作模式框架中，合作是指一个人与另一个人或一群人之间，或一个人与机关/机构之间的任何形式的合作行为。在 TCC 模型中，人所感知的信息分为两类，即感知到与"道德"相关的信息和感知到与"效能"相关的信息。道德信息分为感知道德信息期望和感知道德信息数量。效能信息分为感知绩效信息期望和感知效能信息数量。反映了实体的价值，并反映了代理人的价值性能信息仅仅是

①　Luhmann N. Trust and Power. Chichester：John Wiley & Sons，1979.

②　Timothy C. Earle. "Trust in Risk Management：A Model-Based Review of Empirical Research". 30(4)：541-574.

一个对象(被视为实体)的行为。价值观属性定义了一种价值观相似性关系,而正是在这种关系中,效能信息和它所导致的效能属性及感知效能感才能凸显出来。信任、风险感知与 TCC 合作模式的价值观相似性可能会受到一般信任或陌生人价值观的倾向影响。在 TCC 框架中,信心的基础是过去的效能或旨在限制未来效能。

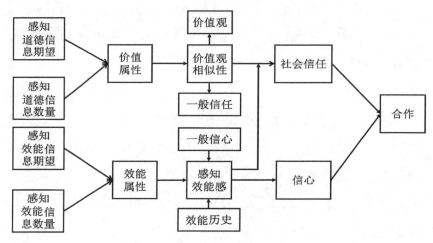

图 2‑16　信任—信心—合作(TCC)模型

TCC 合作模型通过信任和信心演化和相互作用过程实现,验证了社会信任是如何通过道德相关信息演化,而信心是如何通过效能相关信息演化。表明在不稳定政治和经济形式下,TCC 与道德信息不相关时,社会信任在合作中并不起主导作用。当道德信息占主导时,效能信息在"信心合作"机制中作用较小。TCC 合作模式假设信任是基于社会关系,基于共同的价值观。信任可以通过群体内成员的道德、仁慈、正直推断出的价值观的特质和意向,具体通过公平和关爱等指标来测量。

TCC 有三个特点:

1. 所有信任和信心的表达都可以相互解释和联系。

2. 规范。它在很大程度上比现有理论更能确定"信任—信心—合作"所涉及的基本心理机制。

3. 澄清。TCC 模型的核心是对交互作用的明确描述。TCC 模型统一了信任和信心的内涵，并使其更加具体和清晰，从而指出了与社会心理学和应用研究的其他领域可能存在的联系。对于哪些因素可能影响信任—信心关系的强度、如何找到更为科学的中介变量，Katsuya 发现，知识丰富的人以技能为基础，其信任与合作之间的相关关系为（$\beta = 0.27$），信任与风险感知之间的相关关系为（$\beta = -0.38$）。同样，Siegrist 和 Cvetkovich 发现，当公众环境知识较弱时，信任与感知风险的关系更强。[①]

第五节　研究评述与展望

环境风险感知研究成为生态学、环境科学、管理学、心理学、人类学、社会学、政治学和公共管理学等诸多学科研究者探讨的热门话题之一，有着明显学科交叉性和跨学科特征。在跨学科研究下，环境风险感知的研究者面临不同研究流派及不同学科所引领的理论体系和方法论问题。多学科的介入使环境风险感知与具体环境问题、情感、社会网络、信任、健康等联系在一起，完善了环境风险感知研究的多学科对话格局。如何来审视跨学科视角下风险感知对应对行为的影响机制，成为环境风险研究者所共同面对的问题和挑战，体现在以下

---

① Michael Siegrist, George Cvetkovich. "Perception of Hazards: The Role of Social Trust and Knowledge". *Risk Analysis An Official Publication of the Society for Risk Analysis*, 2002, 20(5): 713-720.

几个方面：

一、概念由分异走向统一

早期不同学科研究者对环境风险感知的概念呈现明显差异。以自然科学为代表的"实存论"认为，环境风险感知是人类的主观意识，直觉地、能动地反映外在客观风险的过程。[①] "建构论"强调风险感知的主观性及非逻辑性，指出风险感知受个体特征、心理和文化的影响。[②] 后期研究者认识到客观环境风险不能被看作独立于主观的经验、心理、社会文化、伦理道德等方面纯粹的客观实在，进而推进综合研究。"实存论"和"建构论"研究者逐渐认同"环境风险感知"是个体对外界环境中各种客观风险的主观感受和认识。雷恩(Renn)认为风险感知既是社会建构产物，也是一种真实的再现。[③] 泰勒(Taylor)等人则主张舍弃风险感知的客观主义视角和建构主义视角的二分法。[④]

二、多学科理论的整合

每个学科都有自身独具特色的理论和方法论体系，每个学科都立足本学科的理论和方法尝试与其他学科进行融合。随着研究深入"实存论"、借鉴"建构论"，从单纯关注风险事件本身逐渐开始关注风险事件引发的全面后果，包括社会风险稳定评估、风险沟通，进而预测风险事件概率和程度。"建构论"的心理测量范式建立在自然科学

① Starr C. R., Whipple C. "Philosophical Basis for Risk Analysis". *Annual Review of Energy*, 1976(1): 621 - 661.

② Slovic P. "Perceived Risk, Trust, and Democracy". *Risk Analysis*, 1993(6): 674 - 683.

③ Renn O. " Concepts of Risk: An Interdisciplinary Review — Part 2: Integrative Approaches". *GAIA- Ecological Perspectives on Science and Society*, 2008, 17(2): 196 - 204.

④ Taylor gooby P., Zinn J. *The Current Significance of Risk*. Oxford: Oxford University Press, 2006.

和心理学学科基础上，不断汲取人类学、社会学、公共管理学的相关理论，借鉴了文化理论、世界观理论、风险社会放大框架、社会网络和制度信任等理论，开始关注社会、政治、文化等综合因素对环境风险感知的影响。

三、感知—应对行为的多视角研究

本书的研究对象——环境应对行为，不是传统意义上的环境行为，而是环境风险情景下的风险应对行为。因此，其测量方法不同于已有研究。风险感知对应对行为风险感知在定量研究方法上，从描述性分析到多元回归，并尝试结构方程、中介效应模型，分析感知对应对行为的不同路径。从相关性分析转变为因果推论，进而拓展机制研究。从主观数据扩展主客观数据的综合使用。在质性研究上，从对文化、习俗、生活方式和伦理的关注到规范、政策、社会资本、社会互动等多视角的研究。

四、风险感知—应对行为的多路径研究

在环境风险感知对应对行为的影响机制方面，国内外研究者基于技术决定论、心理测量范式、文化世界观理论，综合运用风险社会放大框架（SARF）、防护性决策模型（PADF）和信任—信心—合作（TCC）模型，试图解决风险感知不断"放大"或"缩小"背后的影响因素，以及风险应对行为相对"滞后"等问题。国内外学者开始关注信息传播途径、社会认同、信任、信心、媒体使用、媒体影响力、社会资本、风险沟通等因素在不同路径中所发挥的作用。

虽然环境风险感知研究开展较早，但是我国相关研究开展较晚，近几年虽有了显著的增长，但是对于风险感知对应对行为的研究相对较

少。国内外风险感知对应对行为的影响机制研究取得了突飞猛进的成果，但也暴露出一些问题：

(一) 亟须构建环境风险感知测量量表

国外的环境风险研究量化研究文章较多，但是测量题项较难统一，存在较大的差异。我国的环境风险感知的测量则多基于 CGSS（全国社会综合调查）2003 年、2010 年、2013 年的公开数据，但对于一般环境问题的严重程度尚停留于对一般意义上环境问题的严重程度的研讨，没有涉及具体的环境问题，将环境问题认知简单替代成环境风险感知，在概念上存在一定的混淆。因此，在未来研究中，一方面可以借鉴西方环境风险感知的测量题项；另一方面，突破数据的屏障，加强质性研究，深入分析中国不同地域、不同文化、不同类型具体环境风险感知，探索其影响因素及其对应对行为的影响机制，进而提出较为科学的建议。

另外，虽然国外有较为权威的环境风险感知测量量表，但是由于环境问题较为复杂，目前的量表还不够成熟。文化世界观理论发现，全球各地区环境风险感知的测量结果差异性较大，量表的信度和效度在不同地区也存在较大问题，这也是未来研究需要关注的问题。研究者需要改进西方环境风险感知的量表，加入本土化元素，构建适应于中国国情的环境风险感知量表。

(二) 我国环境风险感知研究拓展了主题

不仅立足于生态、环境本身，还拓展到科技风险、有毒有害风险、自然灾害风险。从早期关注客观风险，转向关注人为风险。研究内容从聚焦单一生态、环境风险（空气污染、雾霾、水污染等），不断趋于关注叠加和衍生环境风险,如公众健康、企业排污、工程项目环境危害、环境污染事故引发的社会问题(如邻避问题)。

（三）综合运用跨学科研究方法和理论

由定性、定量研究,走向混合方法的运用。环境风险感知的理论延续西方环境风险感知的发展路径,由单一的心理测量范式走向文化理论、价值观理论、风险沟通理论、信任理论、社会资本理论等多学科理论和方法的融合。其概念和影响因素也由单一走向多元。

（四）由于话语体系割裂和关注的对象差异性,环境风险感知的跨学科研究很难做到实质性融合

姜子敬等认为中国的风险社会研究应加强理论自觉,运用实证分析方法阐释中国问题,系统研究中国风险社会的理论深度。[①] 目前我国环境风险感知研究往往集中在"描述概念""简单复制"和"修订理论"方面,重复性研究较多,缺乏适合我国国情的环境风险感知的中层理论和创新性研究。因此,如何借鉴已有成果,将环境风险感知理论本土化,构建中国特色环境风险感知学术话语体系建设,成为中国风险研究者共同思考和亟待解决的问题。

我国环境问题与西方经验有着相似性,但是又具有中国特殊性。范如国认为现代社会是一个具有内生的复杂系统,全球风险社会治理离不开复杂性范式与中国参与。[②] 中国处于转型期,制度风险、技术风险复杂交织,环境问题的情景因素相对特殊,因此,中国环境风险感知

---

① 姜子敬、尹奎杰:《中国风险社会的治理研究:回顾与展望》,《河海大学学报(哲学社会科学版)》2015 年第 6 期。

② 范如国:《"全球风险社会"治理:复杂性范式与中国参与》,《中国社会科学》2017 年第 2 期。

研究需立足中国具体环境问题和风险现状,根植于中国特有文化体系和价值尺度,总结提升中国经验,构建具有中国特色和新时期特征的环境风险感知理论,与国际环境风险感知研究进行比较、对话,实现共融互通、求同存异。

第三章 研究设计与理论框架

第一节 环境风险感知质性分析

在设计调查问卷之前,本研究基于已有文献,设计质性研究访谈提纲。由于环境问题较为复杂,因此,本研究主要围绕环境问题中较为突出的雾霾问题。近几年来,雾霾问题日益成为公众较为关注的主要问题。通过文本分析和"扎根理论",发现了影响城市居民雾霾风险感知的维度和应对行为的影响因素。

本课题组采用质性研究方法中的文本分析和"扎根理论"[①]来探索影响公众环境风险感知的维度及影响因素。首先进行文本分析,在此基础上进行探索分析。通过对文本资料进行开放式编码(open coding)、主轴编码(axial coding)和选择性编码(selective coding)来抽取素材中所隐藏的本质性概念维度及结构。文章分析过程中采用了持续比较(constant comparison)的分析思路,提炼中层理论试图达到理论饱和。

本课题组于 2017 年 12 月—2018 年 1 月通过半结构化问卷对上海市杨浦区、金山区、松江区等 50 名普通民众进行了访谈,获得一手资

---

① "扎根理论"最早由格拉斯和施特劳斯(Glaser and strauss,1967)提出,是在经验资料的基础上自下而上建构实质性理论的质性研究方法(Strauss,1987:5)。

料。选择的居民主要包括杨浦区五角场街道、四平街道、金山区石化街道和松江区泗泾街道附近的居民。而对于访谈对象的选择，采用"理论抽样"(theoretical sampling)的方法，按分析框架和概念发展的要求抽取访谈对象。最终受访者共 50 位，进行面对面约 30 分钟的微信视频访谈。访谈题目包括：你认为哪些因素会影响公众环境风险认知？你认为政府从哪些方面改进治理，可以使公众更客观理性地看待环境风险？征求了被访谈者确认后，课题组对访谈的内容进行录音，并进行加工、整理为文字资料，共 6 万多字。

一、环境风险感知的文本分析

文章的词频统计分析是进行关键词提取的重要步骤，将经过筛选的访谈文本导入 Nvivo 软件进行分析，选择"查询"选项下的"词频"按钮，进行词频分析统计，设置具有最小长度为"2"，分组为"同义词"分组，环境风险感知词云统计结果如图 3-1 所示。通过分析发现，环境、

图 3-1 环境风险感知词云统计图

化工、园区、信任、政府、风险等词出现频次较高,说明公众对居住环境风险感知较高,对居住环境期待较高,尤其居住在化工园区附近居民焦虑感较高,安全感较低,对化工园区引发的安全事故,环境问题所引发的健康安全问题较为关注,对地方政府在化工园区、污染企业的环境政策存在一定的信任危机。

二、环境风险感知的扎根理论分析

本章通过将50位居民环境风险感知的访谈内容为研究内容,以Nvivo11.0质性分析软件作为其辅助工具,通过扎根理论的编码方法探索性的分析,找出公众环境风险感知维度和影响因素。课题组对文字进行编码分析,删除无效记录后作为理论饱和度的检验,将居民访谈内容导入 Nvivo 软件中。对文本的预处理工作主要包括以下几个步骤:(1)50 位居民的访谈内容进行仔细检查,并进行标记;(2)建立节点,并根据 Nvivo 的自由节点功能,将从访谈内容摘录出与主题相关的内容编码到对应的节点中;(3)在自由节点处理后,从 Nvivo 中导出各节点的内容,根据对文献的相关理解对提取的语句内容进行删减和整理,形成规范性的文本内容;(4)对所有在同一个文本内容进行比对分析,去除重复内容和不符合研究内容的文本,确保所得到的语句能够代表所筛选出的内容。质性研究过程如下:

(一)开放式编码

在进行开放式编码时,本章对原始资料逐字逐句分析并进行初始概念化。为尽量减少研究者的主观假设干扰受访者的回答内容,课题组在保留原始的答案基础上进行提取,防止对风险感知的理解产生偏差。由于受访者的专业性不足,很难理解风险感知的内涵,因此在访谈过程中,采用"风险认知"或者"感觉"加以替代,防止访谈内容偏差。另外,因篇幅所限,初始编码仅提 12 个原始语句,概括环境风险感知的研究范畴如表 3-1 所示。

(二) 主轴编码

开放式编码是筛选雾霾风险感知的研究范畴,主轴编码则是将范畴进行确定和界定后,在原始编码的基础上进一步确立范畴。通过上面的分析,我们在原始编码的基础上确立了 12 个主轴编码范畴,范畴代表的意义及对应的开放式编码范畴如表 3-1 所示。

表 3-1　环境风险感知研究范畴确定

一级节点	二级节点	参考点数	三 级 节 点
影响因素	谣言传播	183	谣言传播,群众对于未经证实的说法传播出的信息。这样以讹传讹的说法会造成公众对风险认知的重要影响,导致了信任的危机感
	政府信任	167	公众系统信任水平总体偏低,特别是对政府和市场的信任度走低
	环境要素	89	都表示对与化工企业"共同生存"感到恐慌和厌恶。周围有化工厂,企业造成空气污染
	经济利益驱动	63	注意平衡好发展经济和百姓安居乐业两者之间的关系。雾霾问题暴露出一些地方在追求经济发展过程中存在的问题
	负面信息	178	社会传播的负面消息或情绪对公众环境风险感知的影响较大
环境风险感知维度	生活安全感	153	失去了基本的安全感,这是否说明了这里的环境安全也折射出民众对环境安全的忧虑
	恐慌心理	121	长期生活在这样的环境中,再加上各地发生的化工企业爆炸,空气污染给当地居民难免造成恐慌心理

续表

一级节点	二级节点	参考点数	三　级　节　点
环境风险感知维度	感知偏差	108	公众的环境风险认知,还可能影响公众的风险应对行为
	健康感知	103	公众呼吸疾病增加,身体受到直接影响,看病次数增加
政府治理	信息公开	79	及时公开的信息传递和正确的信息引导是舆情控制的关键,也可以避免公众恐慌导致的人为次生灾害,空气污染导致的非事件直接引起直接或间接性损失
	舆论引导	67	对公众进行进一步认知方面的引导,环境风险的次生风险灾害等级以及公众认知上是一种侧面的辅助
	风险评估	58	政府对于申办企业的审查中必须有环境风险影响评价,坚决从源头遏制高污染、高能耗、高排放、高风险企业的落户

（三）选择性编码

选择性编码是在主轴编码的基础上,进一步处理范畴之间的关联。在 12 个主范畴中挖掘"核心范畴"(core category),分析核心范畴与主范畴,从而确立实质性的理论。本章所确定的核心范畴为"居民环境风险感知",它由影响因素、环境风险感知维度和政府治理等三个主范畴组成。

三、环境风险感知维度

本章通过对原始访谈资料进行扎根理论分析,经过选择性编码后确立三个主范畴:环境风险感知的影响因素、风险感知的维度和政府治理,呈现了居民环境风险感知的理解。进一步分析发现,影响公众环境风险感知的因素可以概括为情景要素、政府信任与信息传播要素。风险感知的维度包括健康风险、工作和生活风险、心理风险。同时,通过对访谈记录的重新编码和概念范畴化后,对理论饱和度的检验,通过了检验表明质性研究结果有较好的理论饱和度。由于本书的主要方法是调查法,质性研究的主要目的是确定居民环境风险感知的研究范畴。通过质性研究基本可以确认,影响公众环境风险感知的因素主要和环境风险感知的维度有关。

第二节　环境风险感知与应对
行为大数据分析

　　为了进一步证实居民对雾霾的风险感知,本研究基于 2017 年 1 月 1 日—12 月 30 日期间的微博数据,并采用 topic model 文本挖掘技术,对网民的雾霾风险感知和雾霾应对行为进行了对比。由于微博原始数据十分庞杂,无效信息极多,对特定议题进行文本分析的最优路径是提前构建出主题数据库,为此本章节首先以"雾霾"为关键词,在微博原始数据库中进行初级筛选操作,经过人工审核优化筛选代码,剔除与雾霾主题相关度不高的文本。最后选定 30 个主题词,对 30 个主题词进行词云分析,如图 3-2 所示:

　　从图 3-2 中可以看出,网民对雾霾热议的城市包括北京,而上海、南京、青岛、西安等城市的网民对雾霾的关注较高,雾霾风险感知具有一定的地域性特征。网民对于雾霾问题最关注的是"天气""空气""大雾""空气质量""污染""冷空气"等气候问题,而"口罩"和"净化器"则是人们最常考虑的应对方式。值得注意的是,在词云图中出现了"大妈"

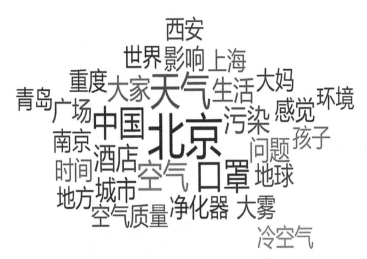

图3-2　2017年全国微博场域中雾霾主题的词云分析

和"孩子"两个群体标签,由此表明,这两类群体可能对雾霾关注较高,或者他们的生活和健康受到雾霾的影响较大。

　　根据主题的词云分析发现,网民对于雾霾风险的感知主要聚焦在严重程度、对健康和生活所带来的负面影响。结合这一特征,下文聚焦雾霾严重程度,雾霾对健康的危害,雾霾对生活、对心理的负面影响,以及网民雾霾应对行为等五个方面进行大数据分析,分析网民在微博上对雾霾风险感知和应对行为的地理空间和时间空间上的分布情况。

一、网民环境风险感知的时空分析

(一)雾霾严重程度地理空间差异

本章节根据访谈资料整理,发现"危险""阴暗""阴霾""严重""严峻""穹顶""灾难"为关键词可代表雾霾严重程度的感知,并以此进行筛选整理为1 730条关于雾霾严重程度感知的微博,通过分析发现不同地区网民对雾霾的严重程度感知有着显著的差异,如图3-3所示。

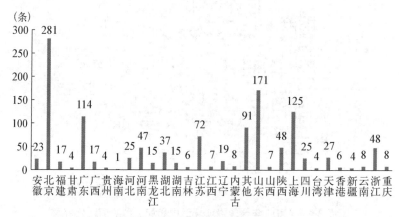

图3-3　2017年全国网民对雾霾严重程度的地理空间分布

全国网民对雾霾严重程度的地理空间分布表明,北京(281)、山东(171)、上海(125)、广东(114)四地的指数均超过100,而海南、新疆、甘肃、台湾、贵州等五地的指数均未超过5。研究发现,经济发达地区或城市雾霾的严重程度感知明显高于经济落后地区或城市,表明经济发达地区的居民更关注雾霾问题。由此表明,居民对雾霾严重程度的感知,不仅与空气质量和PM2.5指数有直接关系,而且与居民所在地区的经济发展程度、居民环境健康意识和生活质量有关。

（二）雾霾严重程度感知的时间差异

为了更好地了解居民对雾霾严重程度感知情况,本书采用居民微博上雾霾严重程度主题词进行时间差异分析,如图3-4所示,2017年全国网民对雾霾严重程度感知情况在12个月中存在较大的差异。网民对雾霾严重程度感知情况的时间分布表明,网民对雾霾严重程度的关注主要集中在 2017 年末的 11 月和 12 月以及年初的 1 月,这与雾霾污染的周期性相关。实际最严重的月份相一致。然而,值得注意的是 3 月和 7 月的关注度也较高。雾霾在冬季较强但是在 7 月的夏季,居民对雾霾关注的具体原因则要考虑空气质量以及大气中污染物质的含量,说明雾霾严重程度并不完全受污染程度的影响。

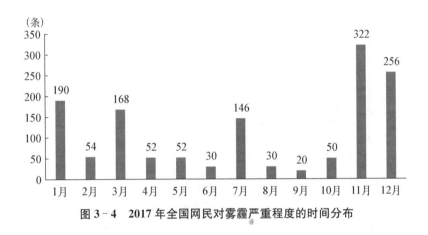

图 3-4　2017 年全国网民对雾霾严重程度的时间分布

（三）雾霾健康危害感知的地理空间差异

本研究以"肺炎""支气管""哮喘""呼吸""癌""身体""眼睛"为雾霾健康危害感知的主题词进行检索,采取人工编码的方式,缩小样本为 1 147 条关于雾霾健康危害感知的微博,并以此为数据集进行分析网民对雾霾的健康危害感知指数的地理空间和时间空间分布。

如图 3-5 所示,网民对雾霾健康危害感知的地理空间分布表明,北京（241）、山东（148）、广东（127）等三省的指数均超过 100,而指数不超过 5 的省市则多达 10 个,包括甘肃、广西、贵州、海南、吉林、内蒙古、宁夏、青海、西藏和新疆。由此发现,居民对雾霾健康危害的感知存在较大的地域差异,北京、山东和广东地区的居民对雾霾健康危害的感知显著高于其他地区,但是中西部地区的雾霾健康危害感知明显较低,一定程度上表明了雾霾健康危害不仅存在地域差异,而且有不平等的差别性暴露问题。

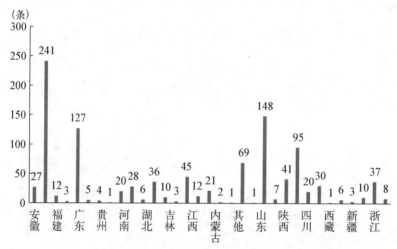

图 3-5　2017 年全国部分城市网民雾霾健康危害感知的地理空间分布

（四）雾霾健康危害感知时间差异

根据空间上的分布,进一步呈现雾霾健康危害感知的时间分布,如图 3-6 所示,2017 年全国网民雾霾健康危害感知在 12 月中分布呈现较大差异。其分布与雾霾的严重程度感知有较大的相似性。11 月、12 月雾霾健康危害感知较高,1 月和 7 月次之。网民对雾霾健康危害的时间分布表明,感知与雾霾污染的周期性有显著相关。雾霾最严重月份的健康危害感知较高,城市均为冬春季污染较重,主要与冬季气候变化、烟花爆竹燃放、用电量增加、燃煤供暖等因素分不开。易善君等研究发现冬季空气质量对居民情感的影响较大,主要原因还是冬季的空气质量较其他季节差,其研究发现了上海市居民在冬季的情感值较高,是受空气质量因素影响最小的季节,究其原因,要考虑到节假日、过年团聚等因素。[①] 这充分地表明空气质量有时并不能对居民的情感起到决定作用,由此说明,7 月的健康危害感知较高与实际的污染程度并不直接相关。

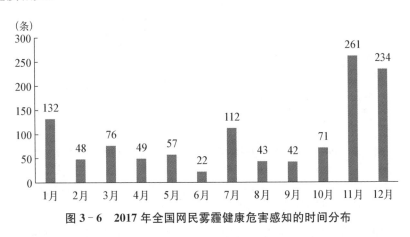

图 3-6　2017 年全国网民雾霾健康危害感知的时间分布

(五) 雾霾生活影响感知地理空间差异

本书以"出门""外出""驾驶""开车""工作""生活""孩子"为雾霾对生活影响感知的主题词进行检索,采取人工编码的方式,缩小样本为 2 148 条关于雾霾生活负面影响感知的微博,并以此为数据集分析网民对雾霾对生活影响感知指数的地理空间和时间空间分布。

如图 3-7 所示,全国网民雾霾生活影响感知的地理空间分布表明,北京(470)、山东(281)、上海(160)、广东(158)等四地的指数均超过 150,而澳门、甘肃、贵州、吉林、宁夏、青海、台湾、西藏等地的指数均未超过 5。数据表明东部地区或城市的网民对雾霾对生活影响感知明显高于西部地区和城市,说明东部地区的居民更关注雾霾对生活所造成的负面影响。

---

① 易善君、李君轶、李秀琴、刘芳菲:《基于微博大数据的空气质量与居民情感相关性对比研究——以西安市和上海市为例》,《干旱区资源与环境》2017 年第 5 期。

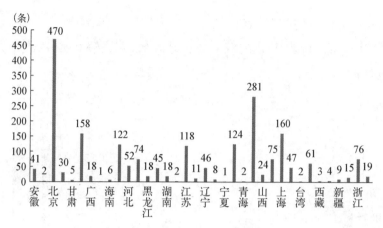

图 3－7　2017 年全国部分城市网民雾霾生活影响感知的地理空间分布

（六）雾霾生活影响感知的时间差异

根据以上分析,进一步呈现网民雾霾生活影响感知的时间空间分布,如图 3－8 所示,2017 年全国网民雾霾生活影响感知在 12 个月中分布呈现较大时间差异性。其分布与雾霾的严重程度感知和健康危害感知有一定的区别。11 月、12 月雾霾生活影响感知较高,1 月、3 月和 10 月次之。说明网民对雾霾生活影响感知与实际客观雾霾严重程度及其周期性有着相关性。

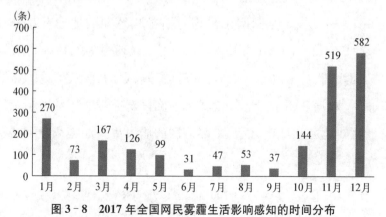

图 3－8　2017 年全国网民雾霾生活影响感知的时间分布

（七）雾霾心理影响感知的地理空间差异

本书以"焦虑""恐惧""愤怒""恐慌""害怕""担心""可怕"为雾霾对心理影响感知的主题词进行检索,采取人工编码的方式,缩小样本为 235 条关于雾霾心理负面影响感知的微博,并以此为数据集分析网民对雾霾对心理影响感知指数的空间和时间分布。

如图 3-9 所示,2017 年全国网民雾霾心理影响感知的地理空间分布表明,北京(50)、上海(25)、山东(21)、广东(16)四地的指数均超过 16,而广西、贵州、海南、黑龙江、内蒙古、西藏、重庆等地的指数均为 1。由此发现,雾霾心理影响地域分布主要集中在大城市和东部地区。

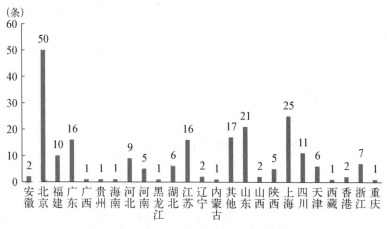

图 3-9　2017 年全国部分城市网民雾霾心理影响感知的地理空间分布

（八）雾霾心理影响感知时间差异

根据空间分析,进一步呈现雾霾心理影响感知在时间空间上的分布,如图 3-10 所示,2017 年全国网民雾霾心理影响感知在 12 个月中分布呈现较大差异。其分布与雾霾的严重程度感知和健康危害感知有一定的区别,但是与生活影响感知有一定相似。11、12月雾霾心理影响感知较高,10月和1月、2月、3月次之,说明网民雾霾心理影响感知与实际雾霾程度及其周期性有着相关性。

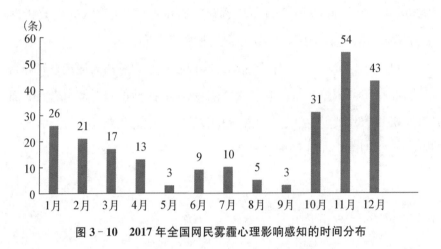

图3‐10 2017年全国网民雾霾心理影响感知的时间分布

二、网民雾霾应对行为的时空分析

(一) 雾霾的应对行为地理空间差异

本章节以"防护""捍卫""逃离""空气净化器""吸氧""移民""环保""节能""烧""消费""购买""迁移""关闭""戴"为雾霾应对行为的主题词进行检索,采取人工编码的方式,整理为1581条关于雾霾应对行为的微博,并以此为数据集进行分析网民对雾霾应对行为的地理空间和时间空间分布。如图3‐11所示,2017年全国网民雾霾应对行为的地理空间分布表明,北京(340)、山东(208)、上海(118)、广东(115)四地的指数均超过115,而甘肃、贵州、海南、青海、台湾、西藏、新疆等地的指数均较低。由此发现,网民雾霾应对行为在地域分布上主要集中在大城市和东部地区。

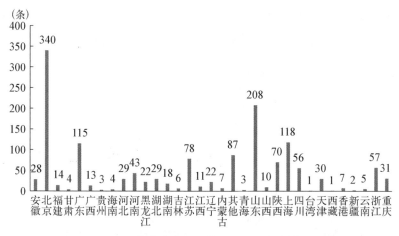

图 3－11　2017 年全国网民雾霾应对行为的地理空间分布

（二）雾霾应对行为的时间差异

根据全国网民雾霾应对行为的时间分布，如图 3－12 所示，2017 年全国网民雾霾应对行为在 12 个月中分布呈现较大差异。其分布与雾霾的严重程度感知和健康危害感知有一定的区别，但是与生活影响感知有一定相似。11 月、12 月雾霾应对行为较高，1 月、3 月和 10 月次之。虽然与前面的时间分布有着一定的相似性，但是在 2 月的雾霾应

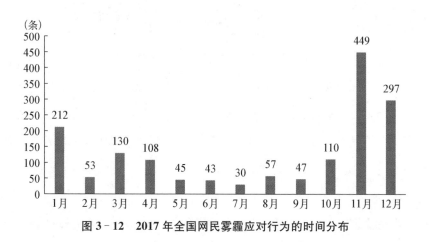

图 3－12　2017 年全国网民雾霾应对行为的时间分布

对行为较低,说明网民雾霾应对行为与实际客观雾霾污染程度有紧密的相关性,但同时,在2月春节期间,网民过年放烟花爆竹的行为,并没有受到实际的雾霾污染影响。

第三节　理论框架

基于已有文献研究,访谈资料分析和大数据微博数据分析,本书构建环境风险感知对应对行为的影响机制模型(见图3-13)。

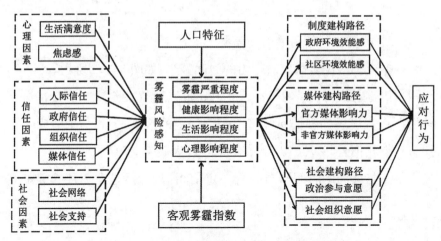

图 3-13　环境风险感知对环境行为影响机制模型

环境风险的感知受到主观和客观因素的影响,主观因素包含心理层面因素——生活满意度、焦虑感;信任因素——人际信任、政府信任、组织信任、媒体信任;社会因素——社会网络和社会支持。客观因素主要是 PM2.5 的浓度。以上因素相互交织影响雾霾风险感知。

环境风险感知分别通过制度建构路径、媒体建构路径和社会建构路径进而影响风险应对行为。其中制度建构路径包括政府环境效能感、社区环境效能感;媒体建构路径包括官方媒体影响力、非官方媒体影响力;社会建构路径包括政治参与意愿和社会组织参与意愿。环境风险感知通过三条路径进而"放大"或"缩小"风险应对行为。人际信任、系统信任和社会资本,可以通过"放大"或"缩小"风险感知进而影响风险应对行为,进而可以呈现信任机制、沟通机制和社会机制可以促进风险感知进而对风险应对行为产生影响。

基于理论框架设计后面各章节内容。

第四章描述我国居民环境风险感知和应对行为的现状。第五章围绕多维度视角下的环境风险感知影响因素进行分析;第六章讲进一步分析差序化人际信任对风险感知的影响路径;第七章探究社会资本通过环境风险感知对应对行为的影响路径;第八章探究环境风险感知对应对行为的影响机制。

第四节　调查方法及数据样本

本书主要是通过问卷调查,在实地调查访谈基础上设计调查问卷,分析居民环境风险感知和应对行为以及风险感知对应对行为的影响机制。客观数据采用《中国空气质量历史数据(2017—2018)》,[①]收集 2017 年 10 月—2018 年 3 月 PM2.5 浓度,计算中度污染以上的天数比例,日平均:指任何一日的平均浓度 24 小时 PM2.5 平均值标准[②]和 PM2.5 检测网给出

---

① 《中国空气质量历史数据》,http://beijingair.sinaapp.com/。
② 生态环境部(原中国环境保护部)起草《环境空气质量标准》(GB 3095 - 2012)于 2012 年 2 月 29 日发布,2015 年在全国 338 个地级及以上城市全面实施,http://img.jingbian.gov.cn/upload/CMSjingbian/201806/201806210853050.pdf。

的标准：优（0—35 $\mu g/m^3$）；良（35—75 $\mu g/m^3$）；轻度污染（75—115 $\mu g/m^3$）；中度污染（115—150 $\mu g/m^3$）；重度污染（150—250 $\mu g/m^3$）；严重污染（大于 250 $\mu g/m^3$），并将空气质量等级 24 小时 PM2.5 平均值标准和 PM2.5 检测网给出的标准作为客观数据的分析值。[①]

由于地区文化、经济、产业结构等差异，每个省、市及每个区县层面的 PM2.5 差异性较大，而这一客观雾霾污染程度的差异导致所在地区的公众雾霾风险感知的差异性。中国的每个城市气象部门都有公开的空气质量发布平台。本书将各地区、城市、监测站的实时和 24 小时平均标准，根据主观问卷中所涉及区县、地区，收集了调查问卷中 10 个城市下属的 33 个区县级所有监测站 PM2.5 的 24 小时平均浓度数据作为雾霾污染程度的分析依据。[②]

2012 年 2 月，国务院同意发布中国环境保护部修订的《环境空气质量标准》增加了 PM2.5 监测指标。该标准增设了 PM2.5 平均浓度限值。雾霾污染程度的主要测量指标依据 PM2.5 浓度。目前，PM2.5 的浓度标准主要依据 2005 年 WHO 发布的《空气质量准则》中对 PM2.5 的 24 小时平均浓度设定了标准值，分为优（0—35 $\mu g/m^3$）、良（35—75 $\mu g/m^3$）、轻度污染（75—115 $\mu g/m^3$）、中度污染（115—150 $\mu g/m^3$）、重度污染（150—250 $\mu g/m^3$）、严重污染（大于 250 $\mu g/m^3$）。

本书将 PM2.5 的 24 小时日均浓度作为分析指标，考虑问卷的调查时间自 2017 年 10 月到 2018 年 3 月左右的时间段线（182 天），因此截取该阶段的 PM2.5 数据是较为科学的。本书以 2017 年 10 月—2018

---

① 生态环境部（原中国环境保护部）起草《环境空气质量标准》（GB 3095–2012）于 2012 年 2 月 29 日发布，2015 年在全国 338 个地级及以上城市全面实施，http://img.jingbian.gov.cn/upload/CMSjingbian/201806/201806210853050.pdf。

② 《全国 PM2.5 的 24 小时监测站的数据》，http://beijingair.sinaapp.com/。

年 3 月 PM2.5 日均浓度高于并包括"中度污染"(115 μg/m³)天数占总天数(182 天)的比例作为分析自变量,代表雾霾污染程度,由式(1)计算。

$$雾霾污染程度 = \frac{\begin{array}{c}区级监测站 PM2.5 日均浓度 \\ 115\ μg/m³\ 以上污染天数''\end{array}}{总天数(182\ 天)} \tag{1}$$

一、调查方法

本书数据是由上海大学的上海社会科学调查中心负责执行的"2017 年城市化与新移民调查"数据。该调查覆盖全国 10 个城市,黑龙江省哈尔滨市、吉林省长春市和延吉市、辽宁省沈阳市和鞍山市、河南省郑州市、天津市、福建省厦门市、广东省广州市、湖南省长沙市。每个城市调查实施地点为 20 个居/村委会,调查对象为在现居住地址内在本市居住满 6 个月及以上,且目前在该地址居住了 7 天或将要居住 7 天以上,并且年龄是 16—65 周岁的中国公民,其中警察、现役军人、无工作(经历)的学生不纳入抽样框内。

本项目采用多阶段混合抽样(Multi-stage Composed Sampling)的方法,即分中心城区、居委会、居民户、居民等四个阶段抽样,每个阶段采取不同的抽样方法。分为三个阶段,第三个阶段中,公众户抽样框的建立采用的是实地绘图抽样方法绘制出村委会或居委会抽样框,抽取相应的家庭户、集体户,最终共抽取 10 个城市中心城区下属的 198 个居委会。每个居/村委会需要成功完成 25 份调查问卷,共计完成 5 300 份调查问卷,在删除无效问卷后的最终有效样本为 5 007份。

本次调查分布在 10 个城市，每个城市配备 5 位地方督导和 25 名访员。每名访问员完成问卷数不超过 20 份。采用入户调查的方式，每位访员成功做好问卷相关文件，入户接触情况登记表、入户抽样页和调查问卷后，按照样本序号由小到大排序，提交所在城市的督导。

二、问卷结构

该调查结构共分为八个模块。其中第八模块的题项设计主要是基于雾霾和环境问题。

（一）个人基本情况，包括受访者性别、出生年份、民族、政治面貌、婚姻状况、教育程度、就业状况、户口、户口性质等。

（二）个人工作创业状况，包括受访者目前工作状况、失业可能性、工作变动情况及其主要原因。

（三）家庭生产生活情况，包括受访者家庭的住房情况、迁移者的社会适应与态度，以及受访者个人及其家庭的收支情况。

（四）社会保障和医疗健康，包括受访者的社会保障情况、生活习惯、基本健康状况等。

（五）社会信任和社会评价，包括受访者社会信任、社会排斥、社会冲突、安全感及公平感等的看法。

（六）社会支持与社区参与，包括受访者的社会支持与社区参与等。

（七）社会活动参与，包括受访者的价值观、政治参与情况及意愿等。

（八）环境与雾霾，包括受访者的雾霾风险感知、雾霾移民、雾霾信息传播、媒体信任、政府信任、雾霾应对行为、环境保护行为等测量量表。

三、调查样本人口学特征

本研究选取性别、年龄、户口、婚姻状况、政治面貌（党员身份）、教育水平、收入等人口学特征变量，作为统计分析中的控制变量，如表 3 - 2 所示。

（一）性别：性别是人口特征变量中非常重要的变量，且相关研究发现在主观感受领域男性和女性通常有显著区别。本研究将男性编码为 0，女性编码为 1。

（二）年龄：本研究将居民的年龄作为连续变量引入模型，由调查年份（2017）减去居民出生年份计算所得。

（三）户籍：本研究主要调研的是 10 个城市的居民，居住地都为城市，没有显著差异。因此，主要考量户籍属性：非农户口和居民户口＝1，农村户口（以前是农村户口）＝0。

（四）婚姻状况：有配偶＝1，包括：同居、初婚有配偶、再婚有配偶。无配偶－0，包括：木婚、分居未离婚、离婚、丧偶。

（五）党员身份：党员＝1，非党员＝0。在 1 233 位一般调查样本中，女性老人 675 位，占 54.7%，男性 558 位，占 45.3%。

（六）教育程度：本研究分为六个等级——小学及以下、初中、高中/专科/职校、大专、大学和硕士及以上，分别由 1—6 作为类别变量。

（七）个人收入：个人年收入在统计中取 e 为底，取对数。

（八）职业类别：职业类型根据职业分类表，为国家机关、党群组织、企业、事业单位负责人，专业技术人员，办事人员和有关人员，商业工作人员、服务性工作人员，农、林、牧、渔、水利业生产人员，生产工人、运输工人和有关人员,警察及军人。将 7 类职业类型合并为服务业和商业、政府部门、专业技术、行政人员和农民工人五种类型,其中参照群体为农民工人。

（九）民族:汉族＝1,非汉族＝0。

表 3－2　调查样本的基本情况

变量	样本总数	变量取值	类　别	频数	百分比（%）
性别	5 007	男＝1,女＝0	男	2 751	54.9
			女	2 256	45.1
年龄	5 007	取值为16—69	25 岁及以下	481	9.6
			26—35 岁	1 178	23.5
			36—45 岁	1 056	21.1
			46—55 岁	1 115	22.3
			56 岁及以上	1 177	23.5
户籍	5 001	非农户口＝1 农村户口＝0	城市	3 645	72.9
			农村	1 356	27.1
婚姻状况	5 007	有配偶＝1 无配偶＝0	有配偶	3 789	75.7
			无配偶	1 218 3 789	24.3
党员身份	4 997	党员＝1 非党员＝0	非党员	4 166	83.4
			党员	831	16.6
教育程度	4 970	教育程度分为六个等级	小学及以下	375	7.5
			初中	1 085	21.8
			高中/专科/职校	1 574	31.7
			大专	906	18.2
			大学	857	17.2
			研究生及以上	173	3.5

续表

变量	样本总数	变量取值	类　　别	频数	百分比（％）
个人年收入	4 810	个人年收入分为六层	100 000 及以下	572	11.9
			100 001—50 000	2 434	50.6
			50 001—100 000	1 267	26.3
			100 001—200 000	388	8.1
			200 001—300 000	80	1.7
			300 001 及以上	69	1.4
职业类别	3 858	五类职业群体	工人和农民	827	21.440
			服务业和商业	1 370	35.510
			政府部门	753	19.520
			专业技术	700	18.140
			行政人员	208	5.390
民族	3 858		汉族	3 634	94.190
			非汉族	224	5.810

　　由表 3－2 发现，本调查性别分布基本合理，男性受访人数略高于女性。男性占比 54.9％。从年龄分布来看，以 16—25 岁人群较少，26—35 岁、36—45 岁、46—55 岁、56—69 岁人群的频数基本都是 1 100 左右，年龄段人口比例相当。户籍人口以城市人口居多，由于本次调查基本在城市，城镇化过程中，部分农村户口转为非农户口，在区分后转的非农户口，统一按照农村户口。婚姻状况基本合理，有配偶人数居多，频数为 3 789，占总数的 75.7％。党员人数较少，频数仅为 831，占总数的 16.6％。样本教育程度的分布基本符合统计分布，高中以下人数较多，占总数的 61％，高中以上学历占总人数的 39％。10个城市的收入水平差异较大，收入分为六个层次，其中大多数集中在 1

万—10万元,占总数的88.8%。

四、调查样本具体职业分布

如表3-3所示,本调查数据样本的职业类型分布合理,其中私有/民营的受访者较多,为1 136人,占总类型的26.4%,其次为国有企业920人,占总数的21.4%,事业单位681人,占总数的15.8%,个体工商户687人,占总数的15.9%。

表3-3 样本的职业分布

职 业 类 型	频 数	百分比(%)
党政机关、人民团体、军队	169	3.9
国有企业及国有控股企业	920	21.4
国有/集体事业单位	681	15.8
集体所有或集体控股企业	247	5.7
私有/民营或私有/民营控股企业	1 136	26.4
三资企业	87	2.0
协会、行会、基金会等社会团体或社会组织	8	0.2
民办非企业单位	129	3.0
社区居委会、村委会等自治组织	70	1.6
个体工商户	687	15.9
其他	25	0.6
无单位	150	3.5
总计	4 309	100.0

如表3-4所示,本调查数据样本的职业类型包括:私有/民营或私有/民营控股企业,三资企业,协会、行会、基金会等社会团体或社会组织,民办非企业单位,社区居委会,村委会等自治组织,个体工商

户等,属于新社会阶层,其中私营企业或外企管理技术人员较多,为 336 人,占总类型的 22.1%。

表 3-4　样本的新社会阶层分布

职 业 类 型	频 数	百分比(%)
私营企业和外资企业的管理技术人员	336	22.1
自由职业人员	112	7.4
中介组织和社会组织从业人员	42	2.8
新媒体从业人员	20	1.3
以上都不是	1 009	66.4
总计	1 519	100.0

第五节　问卷题项设计

一、雾霾风险感知

本书数据分析的因变量是雾霾风险感知,是指人们对于环境问题对健康、工作、生活及心理所造成的影响的认知。本研究借鉴芦慧等[1]对雾霾风险感知的维度划分,从雾霾客观感知严重程度、对身体健康影响、心理健康的影响和对工作与生活的影响等四个维度测量雾霾风险感知。四个维度测量题项分别为"您所在地区下列雾霾问题的严重程度如何?""雾霾问题对您身体健康所造成的影响如何?""雾霾问题对您心理健康所造成的影响如何?""雾霾问题对您日常工

---

① 芦慧、陈红、龙如银:《雾霾围城:双通道视角下的感知对人才流动倾向的影响机制》,《经济管理》2018 年第 11 期。

作和生活所造成的影响如何?"将"没有影响"赋值为 1 分,"影响不大"赋值为 2 分,"说不清"赋值为 3 分,"有影响"赋值为 4 分,"影响很大"赋值为 5 分,如表 3-5 所示。

表 3-5　居民雾霾风险感知测量题项

变量	编码	题　项	赋　值
雾霾风险感知	H3-1	您所在地区下列雾霾问题的严重程度如何?	没有影响=1 影响不大=2 说不清=3 有影响=4 影响很大=5
	H3-2	雾霾问题对您身体健康所造成的影响如何?	
	H3-3	雾霾问题对您心理健康所造成的影响如何?	
	H3-4	雾霾对您日常工作和生活所造成的影响如何?	

二、应对行为

本书设计的另外一个因变量是居民针对雾霾风险的应对行为。测量题项是:"最近一年,您是否因为所在地区环境污染或空气污染从事过下列活动或者行为?"包括 5 个选项:"放弃户外运动,尽量不外出""外出佩戴口罩""减少开窗通风""购买具有防雾霾功能的空气净化器""参加环境组织"。被选项分别为:"经常""偶尔""从不",分别赋值 3、2、1,如表 3-6 所示。

表 3-6　居民雾霾风险应对行为测量题项

测量问题	最近一年,您是否因为所在地区环境污染或空气污染从事过下列活动或者行为?		
变量	编　码	题　项	赋　值
雾霾风险应对行为	H6-1	放弃户外运动,尽量不外出	从不=1 偶尔=2 经常=3
	H6-2	外出佩戴口罩	
	H6-3	减少开窗通风	
	H6-4	购买具有防雾霾功能的空气净化器	
	H6-5	参加环境组织	

三、自变量

（一）新媒体使用

新媒体使用频率，如表3-7所示。具体问题是："最近一年，您使用如下网络应用的频率是？"新媒体类型包括：微信、QQ和微博。"从不"赋值为1分，"每年几次"赋值为2分，"每月几次"赋值为3分，"每周几次"赋值为4分，"每天几次"赋值为5分。

表3-7　新媒体使用频率测量题项

测量问题	最近一年，您使用如下网络应用的频率是？		
变　量	编　码	题　项	赋　值
新媒体使用频率	G4-1	微信	从不=1　每年几次=2 每月几次=3　每周几次=4 每天几次=5
	G4-2	QQ	
	G4-3	微博	

（二）社区环境效能感

社区环境效能感的测量题项是："您对您现在居住小区以下各项的满意程度如何？"包括6项：噪声、空气质量、水质、卫生环境、休闲环境与设施、治安环境。根据满意程度由高到低分别赋值5、4、3、2、1，并通过因子检验，量表具有较高的信度和效度，如表3-8所示。

表3-8　社区环境效能感测量题项

测量问题	您对您现在居住小区以下各项的满意程度如何？		
变　量	编　码	题　项	赋　值
社区环境效能感	C5-1	噪声	非常满意=5 比较满意=4 一般=3 不太满意=2 非常不满意=1
	C5-2	空气质量	
	C5-3	水质	
	C5-4	卫生环境	
	C5-5	休闲环境与设施	
	C5-6	治安环境	

(三) 社会组织参与意愿

主要通过社会组织参与和社会活动参与来进行测量。第一个指标——社会组织的具体问题是："您是否参加下列各类团体？如果参加了，您在该团体内是否活跃？"各类团体具体包含了教会、宗教团体，体育、健身团体，文化教育团体，职业协会（如教协、商协），与学校有关的团体，业主委员会，宗亲会、家族会和同乡会等。操作化为分类变量，"没参加"赋值为1，"参加，不活跃"赋值为2，"参加，较活跃"赋值为3，如表3-9所示。

表3-9　社会组织参与意愿测量题项

测量问题	您是否参加下列各类团体？如果参加了，您在该团体内是否活跃？		
变　量	编　码	题　项	赋　值
社会组织参与意愿	G3-1	教会、宗教团体	参加，较活跃＝3 参加，不活跃＝2 没参加＝1
	G3-2	体育、健康团体	
	G3-3	文化教育团体	
	G3-4	职业协会	
	G3-5	与学校有关的团体	
	G3-6	业主委员会	
	G3-7	宗亲会、家族会、同乡会	

(四) 政治参与意愿

政治参与的测量题项是："最近五年来，您是否参与过以下活动？"包括10项："居委会选举""基层人大代表的选举""参与社会公益互动""与他人讨论关心的国家大事""在请愿书上签名""参与抵制行动""参与示威游行、罢工等""到政府部门上访""向媒体反映或投诉""网上政治行动"。"参加"为1，"没参加"为0。以上变量的测量和描述性统计如表3-10所示。

表 3 - 10　政治参与意愿测量题项

测量问题	未来参加以下活动的意愿？		
变　量	编　码	题　项	赋　值
政治参与意愿	G7 - 1	居委会选举	非常愿意＝5 比较愿意＝4 一般＝3 不太愿意＝2 不愿意＝1
	G7 - 2	基层人大代表的选举	
	G7 - 3	参与社会公益互动	
	G7 - 4	与他人讨论关心的国家大事	
	G7 - 5	在请愿书上签名	
	G7 - 6	参与抵制行动	
	G7 - 7	参与示威游行、罢工等	
	G7 - 8	到政府部门上访	
	G7 - 9	向媒体反映或投诉	
	G7 - 10	网上政治行动	

（五）政府环境效能感

政府环境效能感题项具体问题是："您认为五年来，地方政府在环保方面做得怎么样？"操作化为多分类变量，"片面注重经济发展，忽视了环境保护工作"赋值为 1；"重视不够，环保投入不足"赋值为 2；"虽尽了努力，但效果不佳"赋值为 3；"尽了很大努力，有一定成效"赋值为 4；"取得了很大成绩"赋值为 5，如表 3 - 11 所示。

表 3 - 11　政府环境效能感测量题项

变　量	题　项	赋　值
地方政府环境治理评价 H2	您认为近五年来您所在地区，政府的环境保护工作做得怎么样？	片面注重经济发展，忽视了环境保护工作＝1； 重视不够，环保投入不足＝2； 虽尽了努力，但效果不佳＝3； 尽了很大努力，有一定成效＝4； 取得了很大的成绩＝5

（六）雾霾信息发布媒体信任

新媒体信任的测量题项是:"您觉得下列这些机构发布的雾霾信息的可信度如何?"其中包括:官方媒体、商业媒体、自媒体、官方机构、社会民间组织。根据信任程度由高到低,分别为非常信任、比较信任、一般、不太信任、完全不信任,赋值为 5、4、3、2、1,如表 3-12 所示。

表 3-12　雾霾信息发布媒体信任测量题项

测量问题	您觉得下列这些机构发布的雾霾信息的可信度如何?		
变　　量	编　码	题　　项	赋　值
媒体信任	H5-1	官方媒体	完全不信任=1 不太信任=2 一般=3 比较信任=4 非常信任=5
	H5-2	商业媒体	
	H5-3	自媒体(专家微博、微信)	
	H5-4	官方机构	
	H5-5	社会民间组织	

（七）社会网络

社会网络通过本地社会网络测量,具体问题是"您的有交往的邻居、朋友、同事和居住小区的一些情况"。本地社会网络是通过有交往的邻居、朋友、同事等人中本地人的比重来进行测量。操作化为分类变量,全是外地人为参照组,"全是外地人"赋值为 1,"大部分是外地人"赋值为 2,"各占一半"赋值为 3,"大部分是本地人"赋值为 4,"全是本地人"赋值为 5,如表 3-13 所示。

（八）社会支持

社会支持第一个指标(单选):您遇到烦恼时的倾诉方式。选项包括:"从不向任何人倾诉""只向关系极为密切的 1—2 个人倾诉""如果朋友主动询问您会说出来""主动诉说自己的烦恼,以获得支持和理解",依据支持的程度分别赋值1、2、3、4。第二个指标:您遇到烦恼时的求助方式。选项包括"只靠自己,不接受别人帮助""很少请求别人帮助""有时请求别人帮助""经常向家人、亲友、组织求援",依据支持程度分别赋值1、2、3、4,如表3-14所示。

表3-13　社会网络测量题项

测量问题	您的有交往的邻居、朋友、同事和居住小区的一些情况		
变　量	编　码	题　项	赋　值
社会网络	F1-1	有交往的邻居	全是外地人=1　大部分是外地人=2 各占一半=3　大部分是本地人=4 全是本地人=5
	F2-2	朋友	
	F3-3	同事	
	F4-4	居住小区	

表3-14　社会支持测量题项

维度	题　项	选　项
社会支持	您遇到烦恼时的倾诉方式 F4	从不向任何人倾诉=1 只向关系极为密切的1—2个人倾诉=2 如果朋友主动询问您会说出来=3 主动诉说自己的烦恼,以获得支持和理解=4
	您遇到烦恼时的求助方式 F5	只靠自己,不接受别人帮助=1 很少请求别人帮助=2 有时请求别人帮助=3 经常向家人、亲友、组织求援=4

(九) 人际信任

人际信任通过以下题项进行测量,具体问题包括:"请问您对下列人员的信任程度如何?"该问题共有14个选项,其进行因子分析后发现,第八个选项的相关性很低,所以剔除了第八个选项,选择其中五个:

"亲人、朋友、同学、同事、同乡"。"完全不信任"赋值为 1,"不太信任"赋值为 2,"一般"赋值为 3,"比较信任"赋值为 4,"非常信任"赋值为 5,如表 3-15 所示。

表 3-15　人际信任测量题项

测量问题	请问您对下列人员的信任程度如何?		
变　　量	编　　码	题　　项	赋　　值
人际信任	E2-1	亲人	完全不信任=1
	E2-2	朋友	不太信任=2
	E2-5	同学	一般=3
	E2-6	同事	比较信任=4
	E2-7	同乡	非常信任=5

(十) 政府信任、组织信任、媒体信任

政府、机构、媒体信任通过以下题项测量,具体问题包括:"请问您对下列机构的信任程度如何?"该问题包括八个选项:中央政府、地方政府、军队、环保部门、慈善机构、宗教团体、电视媒体、网络媒体。"完全不信任"赋值为 1,"不太信任"赋值为 2,"一般"赋值为 3,"比较信任"赋值为 4,"非常信任"赋值为 5,如表 3-16 所示。

表 3-16　系统信任测量题项

测量问题	请问您对下列机构的信任程度如何?		
变　　量	编　　码	题　　项	赋　　值
系统信任	E3-1	中央政府	完全不信任=1 不太信任=2 一般=3 比较信任=4
	E3-2	地方政府	
	E3-3	军队	
	E3-4	环保部门	

测量问题	请问您对下列机构的信任程度如何？		
变　量	编　码	题　项	赋　值
系统信任	E3-5	慈善机构	非常信任＝5
	E3-6	宗教团体	
	E3-7	电视媒体	
	E3-8	网络媒体	

通过探索性因子分析发现，机构分为三类：政府信任、媒体信任和组织信任。聚类因子分析表格将在第五章表 5-4 展示。KMO 值为 0.749，Bartlett's 球形检验小于 0.001，每项因子标准化载荷系数基本都在 0.5 以上，说明政府、媒体、机构量表信度和效度符合基本要求。

（十一）生活满意度

生活满意度通过以下题项测量，具体问题包括："请问您对以下各项的满意程度如何？"该问题包括六个选项：邻里关系、生活水平、居住条件、家庭关系、社交生活、家庭收入。"非常不满意"赋值为 1，"不太满意"赋值为 2，" 般"赋值为 3，"比较满意"赋值为 4，"非常满意"赋值为 5，如表 3-17 所示。

表 3-17　生活满意度测量题项

测量问题	请问您对以下各项的满意程度如何？		
变　量	编　码	题　项	赋　值
生活满意度	C6-1	邻里关系	非常不满意＝1 不太满意＝2 一般＝3 比较满意＝4 非常满意＝5
	C6-2	生活水平	
	C6-3	居住条件	
	C6-4	家庭关系	
	C6-5	社交生活	
	C6-6	家庭收入	

（十二）焦虑感

焦虑感通过以下题项测量，具体问题包括："以下是一些您可能有过的行为，请根据您的实际情况，指出在过去一周内各种感受或行为的发生频率。"该问题包括 20 个选项，如表 3-18 所示。"没有"赋值为 0，"少有"赋值为 1，"常有"赋值为 2，"一直有"赋值为 3。其中，K104、K108、K112、K116 这四项为正项，其他都属于焦虑。因此将这四项的选项进行倒置。

表 3-18 焦虑感测量题项

编码	题　项	编码	题　项
K101	我因一些小事而烦恼	K111	我睡眠情况不好
K102	我不大想吃东西，我的胃口不好	K112	我感到高兴
K103	即使家属和朋友帮助我，我仍然无法摆脱心中的苦闷	K113	我比平时说话要少
K104	我觉得我和一般人一样好	K114	我感到孤单
K105	我在做事时无法集中自己的注意力	K115	我觉得人们对我不太友好
K106	我感到情绪低落	K116	我觉得生活得很有意思
K107	我感到做任何事都很费力	K117	我曾哭泣
K108	我觉得前途是有希望的	K118	我感到忧虑
K109	我觉得我的生活是失败的	K119	我觉得不被人们喜欢
K110	我感到害怕	K120	我觉得无法继续我的日常工作

（十三）控制变量

根据研究的需要，本课题除了对受访者的性别、年龄、户口类型、婚姻状况、受教育程度和收入等个体特征因素作为控制变量之外，还根据城市居民对环境其他控制要素的关注,如吸烟次数、呼吸道疾病作为控制变量,如表 3-19 所示。

表 3-19 其他控制变量的描述性分析

变 量	题 项	选 项
吸烟 D4	您平时是否吸烟?	抽烟＝3 现在不抽烟,曾经抽过＝2 从来都不抽烟＝1
主观健康 D7	总体来说,您的健康状况怎样?	非常健康＝5 比较健康＝4 一般＝3 不太健康＝2 非常不健康＝1
呼吸疾病史 D10-4	过去六个月,您是否患过经医生诊断哮喘/肺部疾病慢性疾病?	是＝1 否＝0

第六节 数据评估分析

本部分根据信效度的检验标准及程序,对环境风险感知、应对行为等自变量进行信度及效度分析。

一、雾霾风险感知信度、效度分析

(一) 效度分析

效度主要用来检验量表和问卷的结构效度。通过对量表的 KMO 取值来判别量表效度。KMO 取值及判断标准参照表 3-20。

表 3-20 KMO 取值范围及判断标准表

KMO 取值	＜0.5	0.5—0.6	0.6—0.7	0.7—0.8	0.8—0.9	＞0.9
判断标准	非常不适合	不适合	勉强可以	可以	适合	非常适合

雾霾风险感知 KMO 值和 Bartlett's 球形检验,如表 3-21 所示。对环境风险感知量表中的所有条目进行检验后发现,KMO 值为 0.818,Bartlett 球形检验的统计值等于 0.000,具有显著性,说明雾霾风险感知四个维度聚合度较高,量表都较高,变量符合因子分析的基本条件。

表 3-21　雾霾风险感知 KMO 和 Bartlett's 检验结果

取样足够度的 Kaiser-Meyer-Olkin 度量		0.818
Bartlett 的球形度检验	近似卡方	14 783.727
	df	6
	Sig.	0.000

(二) 信度分析

信度是用来测量综合评价的稳定性和可靠性的统计分析方法,用来测量量表的有效性。本研究运用 α 信度系数法来测度量表的内部一致性。最常使用的 Cronbach α 信度系数的取舍标准参照表 3-22。

表 3-22　Cronbach α 信度系数取舍标准表

Cronbach α 信度系数	$\alpha<0.35$	$0.35\leqslant\alpha<0.65$	$0.65\leqslant\alpha<0.7$	$0.7\leqslant\alpha<0.9$	>0.9
取舍标准	信度过低	重新修订	信度可以接受	信度较好	信度很高

表 3-23 为雾霾风险感知信度分析结果。从中可以看到,雾霾风险感知量表信度很好。

表 3－23　雾霾风险信度和效度检验

因子名	变量名称	因子载荷	KMO	Bartlett's 球形检验		
				近似卡方	自由度	显著度水平
雾霾风险感知	雾霾对个人身体健康造成影响	0.916	0.818	14 783.727	6	0.000
	雾霾对心理健康造成影响	0.933				
	雾霾对工作和生活造成影响	0.844				
	客观雾霾严重程度	0.649				

二、雾霾风险应对行为信度、效度分析

(一) 效度分析

效度分析如表 3-24 所示。本研究设计的因变量是公众针对环境问题的行为选择。测量题项是："最近一年,您是否因为所在地区环境污染或空气污染从事过下列活动或者行为?"包括五个选项:放弃户外运动,尽量不外出;外出佩戴口罩;减少开窗通风;购买具有防雾霾功能的空气净化器;参加环境组织。被选项分别为"经常""偶尔""从不",分

表 3-24　应对行为信度分析结果

变量	题项	因子	
		1	2
应对行为	放弃户外运动,尽量不外出	0.873	0.138
	外出佩戴口罩	0.835	0.188
	减少开窗通风	0.885	0.136
	购买具有防雾霾功能的空气净化器	0.657	0.207
	参加环境组织	0.064	0.884

别赋值 2、1、0。根据主成分分析发现前四项聚合为一类因子，最后一个选项"参加环境组织"相关系数较小，因此删除。

如表 3－25 应对行为信度测量，KMO 值和 Bartlett's 球形检验，前四项聚合的因子 KMO 值为 0.763，巴特利特球形度检验 $P < 0.001$。

表 3－25　应对行为 KMO 和 Bartlett's 检验结果

取样足够度的 Kaiser-Meyer-Olkin 度量		0.763
Bartlett 的球形度检验	近似卡方	7 314.606
	df	6
	Sig.	0.000

提取方法：主成分。旋转法：具有 Kaiser 标准化的正交旋转法。旋转在三次迭代后收敛。

（二）信度分析

雾霾风险应对行为 Cronbach α 系数为 0.802，依据 α 系数取舍标准（表 3－22），雾霾应对行为量表信度很好，整体量表具有较好的信度和效度。

由表 3－26 对自变量做了因子分析和可靠性分析，KMO 由 0.613—0.887，Cronbach α 由 0.641—0.905 都具有显著性，说明以下量表符合量表的信度效度。

表 3－26　其他变量 KMO 和 Bartlett 检验结果

变　量	题　　项	KMO	Sig.	Cronbach α
新媒体使用频率	微信	0.613	0.000	0.704
	QQ			
	微博			

续表

变　量	题　项	KMO	Sig.	Cronbach α
社区环境 效能感	噪声	0.874	0.000	0.872
	空气质量			
	水质			
	卫生环境			
	休闲环境与设施			
	治安环境			
社会组织 参与意愿	教会、宗教团体	0.745	0.000	0.641
	体育、健康团体			
	文化教育团体			
	职业协会			
	与学校有关的团体			
	业主委员会			
	宗亲会、家族会、同乡会			
政治参与 意愿	居委会选举	0.887	0.000	0.892
	基层人大代表的选举			
	参与社会公益互动			
	与他人讨论关心的国家大事			
	在请愿书上签名			
	参与抵制行动			
	参与示威游行、罢工等			
	到政府部门上访			
	向媒体反映或投诉			
	网上政治行动			
社会网络	有交往的邻居	0.807	0.000	0.905
	朋友			

续表

变 量	题 项	KMO	Sig.	Cronbach α
社会网络	同事	0.807	0.000	0.905
	居住小区			
系统信任	中央政府	0.793	0.000	0.833
	地方政府			
	军队			
	环保部门			
	慈善机构			
	宗教团体			
	电视媒体			
	网络媒体			
人际信任	亲人	0.500	0.000	0.768
	朋友			
	同乡			
	同学			
	同事			
生活满意度	邻里关系	0.869	0.000	0.866
	生活水平			
	居住条件			
	家庭关系			
	社交生活			
	家庭收入			
	上述各项总体评价			
焦虑感	20 选项	0.935	0.000	0.867

第四章 居民环境风险感知与应对行为

第一节 雾霾风险感知特征

一、居民雾霾风险感知状况

城市居民雾霾风险感知各维度的百分比如表 4-1 所示。在四个维度的雾霾严重程度风险感知中,公众对客观雾霾的严重程度存在较大差异,32.9％的公众认为雾霾的严重程度较高;其次,认为"有一定影响"的占 21％,认为"影响很大"的占 19.9％。雾霾健康风险身体感知维度中,37.6％的居民认为有影响,比重明显高于其他几类选项。雾霾心理风险感知维度中,有 31.3％的居民认为有影响。雾霾生活风险感知维度中,35.1％的居民认为有影响。

表 4-1　雾霾风险感知测量项目及频率　　单位:(％)

题　　项	没有影响	影响不大	一般	有影响	影响很大
您所在地区下列雾霾问题的严重程度如何?	12.3	13.9	21.0	32.9	19.9
雾霾问题对您身体健康所造成的影响如何?	13.5	22.1	9.0	37.6	17.8

题　　项	没有影响	影响不大	一般	有影响	影响很大
雾霾问题对您心理健康所造成的影响如何？	17.9	25.9	14.1	31.3	10.8
雾霾对您日常工作和生活所造成的影响如何？	14.8	26.4	7.5	35.1	16.3

　　由表 4-2 可知，城市居民雾霾风险感知整体水平较高，为3.156 3。其中四个维度均值较高的是雾霾严重程度，达到3.34，其次是对健康造成的风险，为3.24，再次是对生活造成的风险，对心理造成的影响最小。

表 4-2　雾霾风险感知测量项目及频率

维　　度	样本数	最小值	最大值	平均值	标准差
雾霾风险感知	4 974	1	5	3.156 3	1.152 33
雾霾严重程度	5 000	1	5	3.34	1.280
雾霾造成健康风险	4 977	1	5	3.24	1.338
雾霾造成心理风险	4 978	1	5	2.91	1.309
雾霾造成生活风险	4 978	1	5	3.12	1.358

二、居民雾霾风险感知的结构性特征

　　本章节将从性别、年龄、学历、政治面貌等方面对特大城市居民雾霾风险感知的结构性特征进行分析。本章节将采用单因素方差分析方法，检验结构性特征变量对于因变量（雾霾风险感知）的差异性。结构性特征变量包括性别、年龄、婚姻状况、政治面貌、户口、教育程度、收入。

（一）性别差异

已有研究发现,女性雾霾风险感知多于男性,但也有部分研究认为男性雾霾风险感知较多。本章节通过性别的方差分析如表4－3所示,性别对居民雾霾风险感知的显著性概率通过显著水平检验,说明性别在雾霾风险感知上具有显著差异,男性高于女性。

表4－3　雾霾风险感知的性别方差分析

变　量	性别	样本数	平均数	标准差	F值
雾霾风险感知	男	2 739	3.215 7	1.162 28	16.257*** $p < 0.001$
	女	2 235	3.083 4	1.136 04	
	合计	4 974	3.156 3	1.152 33	

注: * $p < 0.05$, ** $p < 0.01$, *** $p < 0.001$。

（二）年龄差异

如表4－4所示,受访者年龄范围是16—69岁。年龄结构合理。抽样的居民整体风险感知均值达到3.156 3,F值为2.305,具有显著性。随着年龄的增长,雾霾风险感知提升。因此,本章节在回归模型和多层模型中同时放入年龄变量,考量雾霾风险感知和应对行为的显著差异。

表4－4　雾霾风险感知的年龄方差分析

变　量	年　龄	样本数	平均数	标准差	F值
雾霾风险感知	16—69	4 974	3.156 3	1.152 33	2.305*** $p < 0.001$

注: * $p < 0.05$, ** $p < 0.01$, *** $p < 0.001$。

（三）婚姻状况差异

由于整体样本的婚姻状况较为复杂,本章节主要归为两类:有配偶和无配偶,主要考虑是否有配偶对风险感知的显著差异,如表 4 - 5 所示。婚姻状况方差分析结果显示,婚姻对风险感知的显著性概率通过显著水平检验,说明有配偶的居民具有较强的雾霾风险感知。

表 4 - 5　雾霾风险感知的婚姻状况方差分析

变　量	配偶	样本数	平均数	标准差	F 值
雾霾风险感知	无	1 212	3.025 4	1.135 41	20.758*** $p < 0.001$
	有	3 762	3.198 4	1.154 72	
	总计	4 974	3.156 3	1.152 33	

注: * $p < 0.05$, ** $p < 0.01$, *** $p < 0.001$。

(四) 政治面貌

整体样本的党员身份较少,仅有 17%。83% 的居民属于非党员。政治面貌的风险感知方差分析如表 4 - 6 所示,$p = 0.03$,具有微弱显著度,说明具有党员身份居民的风险感知略高于非党员。

表 4 - 6　雾霾风险感知的政治面貌方差分析

变　量	党员	样本数	平均数	标准差	F 值
雾霾风险感知	否	4 135	3.139 6	1.157 97	4.727* $p = 0.03$
	是	829	3.234 9	1.122 65	
	总计	4 964	3.155 5	1.152 58	

注: * $p < 0.05$, ** $p < 0.01$, *** $p < 0.001$。

(五) 户口类型差异

国外的风险感知研究并没有检验户口类型对风险感知的影响。户口变量是中国特有的人口统计属性。已有研究大多检验居住地对居民风险感知的影响,本章节尝试将户口变量作为控制变量,对数据进行处理,改为二分变量。表 4 - 7 户口方差分析结果显示,城市户口对雾霾风险感知显著性概率通过显著水平检验,说明城市户口居民雾霾风险感知具有显著差异,城市户口明显具有较高的风险感知。

表4-7 雾霾风险感知的户口方差分析

变　量	城市	样本数	平均数	标准差	F 值
雾霾风险感知	否	1 341	2.885 5	1.167 48	4.727* $p<0.001$
	是	3 627	3.257 0	1.130 35	
	总计	4 968	3.156 8	1.152 24	

注:* $p<0.05$,** $p<0.01$,*** $p<0.001$。

（六）教育程度差异

教育程度是风险感知研究关注的重点问题,并且得到较为一致的结论,教育程度较高的居民雾霾风险感知较高。本章节试图去验证教育程度差异是否会对雾霾风险感知有显著影响。表4-8显示,教育程度对雾霾风险感知的显著性概率通过显著水平检验,$p=0.01$,说明教育程度风险感知具有一定差异。教育程度越高,居民的雾霾风险感知水平越高。

表4-8 雾霾风险感知的教育程度方差分析

变量	教育程度	样本数	平均数	标准差	F 值
雾霾风险感知	小学及以下	370	2.962 2	1.147 31	4.219* $p=0.01$
	初中	1 077	3.137 2	1.150 37	
	高中、中专、职高	1 560	3.151 6	1.148 11	
	大学专科	903	3.229 8	1.145 80	
	大学本科	855	3.150 0	1.154 97	
	研究生	172	3.380 8	1.199 55	
	总计	4 937	3.156 3	1.153 01	

注:* $p<0.05$,** $p<0.01$,*** $p<0.001$。

（七）收入差异

收入水平是人口统计的重要变量，也是风险感知研究关注的重点问题，收入水平的差异在风险研究中主要聚焦在差别暴露、风险公正研究，得到较为一致的结论，收入高的居民雾霾风险感知较高。本章节验证收入差异是否会影响雾霾风险感知。表 4-9 显示，收入水平对雾霾风险感知的显著性概率通过显著水平检验，$p < 0.001$，说明收入风险感知具有显著差异。收入水平越低居民的雾霾风险感知水平越高。

表 4-9　雾霾风险感知的收入水平方差分析

变量	收　入	样本数	平均数	标准差	F 值
雾霾风险感知	100 000 元及以下	567	3.095 2	1.160 66	
	100 001—50 000 元	2 421	3.238 8	1.143 06	
	50 001—100 000 元	1 264	3.161 0	1.157 09	11.710*** $p < 0.001$
	100 001—200 000 元	379	2.917 5	1.164 24	
	200 001—300 000 元	80	2.609 4	1.074 62	
	300 001 元及以上	69	2.721 0	1.075 75	
	总计	4 780	3.157 7	1.154 97	

注：* $p < 0.05$，** $p < 0.01$，*** $p < 0.001$。

三、公众环境风险感知脆弱性

（一）吸烟史

雾霾风险感知与个体自身脆弱性有着密切的相关性，往往有吸烟史或者吸烟频繁人群对雾霾风险感知较弱，故本章节尝试控制这类人群对雾霾风险感知的影响。表 4-10 显示，吸烟史对雾霾风险感知的显著性概率不能通过显著水平检验，$p = 0.201$，说明吸烟史对风险感知没有显著差异。虽然吸烟史不具有显著性,研究结果发现曾经抽烟群体相对其他两类群体风险感知较低,不抽烟群体风险感知较高。

表 4 - 10　雾霾风险感知的吸烟史方差分析

变量	吸烟史	样本数	平均数	标准差	F 值
雾霾风险感知	不抽烟	3 759	3.171 8	1.156 12	1.607 p=0.201
	现在不抽烟,曾经抽过	168	3.056 5	1.110 54	
	抽烟	1 043	3.116 0	1.143 43	
	总计	4 970	3.156 2	1.152 10	

注: * $p<0.05$, ** $p<0.01$, *** $p<0.001$。

(二) 健康状况自评

雾霾风险感知与健康状况自评性有着密切的相关性,虽然健康状况自评具有一定主观性,但是往往能说明自身的健康状况。当然主观健康往往与客观健康状况存在差异,但是差异相对较小。从以往的研究发现,健康状况较低者其风险感知较高,本章节尝试验证这一观点。如表 4 - 11 所示,健康状况对雾霾风险感知的显著性概率不能通过显著水平检验,$p=0.219$,说明健康状况自评对风险感知没有显著差异。虽然研究结果不具备显著性,但是,根据单因素 ANVOA 方差分析平均值图(图 4 - 1),发现不太健康群体较其他四类群体风险感知明显增高。非常不健康群体风险感知达到最低,反而自评健康者,风险感知高于非常不健康者。这一研究结论有可能是差别暴露所造成,非常不健康者往往是老年人群和低收入人群,这类人群恰恰无法改变风险而且缺乏一定风险认知,只能被迫接收风险。这也印证了风险在底层聚集,收益在顶层聚集。

表 4‑11　雾霾风险感知的健康状况自评方差分析

变量	健康状况自评	样本数	平均数	标准差	F 值
雾霾风险感知	非常不健康	49	2.913 3	1.322 43	1.437 p＝0.219
	不太健康	359	3.236 1	1.204 54	
	一般	1 096	3.188 6	1.156 31	
	比较健康	2 594	3.145 5	1.132 27	
	非常健康	871	3.122 3	1.173 57	
	总计	4 969	3.155 2	1.152 40	

注：$^{*}p<0.05$，$^{**}p<0.01$，$^{***}p<0.001$。

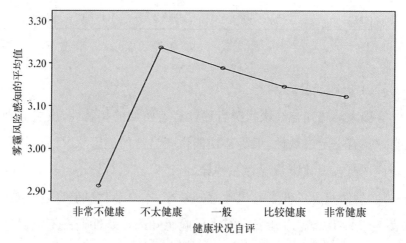

图 4‑1　雾霾风险感知的健康状况自评方差分析图

(三) 呼吸疾病史

雾霾问题常常会引发呼吸道疾病。根据疾控中心的数据,雾霾高发地区,呼吸道疾病明显高于非高发地区,由此推论与验证这一因果关系。呼吸道疾病的发生提升居民个体风险感知,这成为毋庸置疑的问题。本章节通过数据验证这一显性问题是否存在明显的因果关系。如表 4‑12 所示,呼吸疾病史对雾霾风险感知的显著性概率通过显著水平检验，$p=0.008$，说明呼吸疾病史对雾霾风险感知有显著差异，故呼吸疾病的患者有较强的雾霾风险感知。

表 4 - 12　呼吸疾病史方差分析

变量	呼吸病史	样本数	平均数	标准差	F 值
雾霾 风险 感知	否	4 890	3.150 4	1.153 22	7.072** $p=0.008$
	是	75	3.506 7	1.034 84	
	总计	4 965	3.155 7	1.152 25	

注：* $p<0.05$，** $p<0.01$，*** $p<0.001$。

虽然在自身脆弱性的变量方差分析中，仅有呼吸疾病史与雾霾风险感知存在显著效应，吸烟史和健康状况自评不存在显著效应。但是一定程度说明，自身脆弱性并不是影响雾霾风险感知的关键性要素。

第二节　雾霾风险应对行为特征

一、雾霾风险应对行为状况

居民雾霾风险应对行为的测量题项的百分比如表 4 - 13 所示。四个测量题项存在较大差异，"放弃户外运动，尽量不外出"题项中，不同行为比例基本相当，分别为 33.5％、33.6％、32.9％，表明居民的雾霾风险应对行为差异性较大。"外出佩戴口罩"题项中大概有 40％的居民做到经常，选择"从不"的居民占 33.9％，仅有 25.9％的居民偶尔出行戴口罩。"减少开窗通风"题项中，选择"经常"的占 40.5％，选择"偶尔"的占 30.9％，"从不"的居民仅占 28.6％。选项中差异最大的题项是"购买具有防雾霾功能的空气净化器"，71.5％的居民选择"从不"，其他两个选项明显较少。根据以下四项的测量表明,雾霾的应对行为存在较大差异。其中"购买具有防雾霾功能的净化器",大部分受访者选择"从不"。

表4-13　雾霾风险应对行为测量项目及频率之一　(单位:%)

题　项	从不	偶尔	经常
放弃户外运动,尽量不外出	33.5	33.6	32.9
外出佩戴口罩	33.9	25.9	40.2
减少开窗通风	28.6	30.9	40.5
购买具有防雾霾功能的空气净化器	71.5	16.3	12.2

由表4-14可以发现,居民雾霾风险应对行为整体水平并不高,仅为1.89。其中四个题项中均值较高的是"减少开窗通风",为2.12;其次是"外出佩戴口罩",为2.06;"放弃外出",为1.99;"购买具有防雾霾功能的空气净化器",为1.41。居民风险应对行为相比居民雾霾风险感知明显率低,说明大部分居民认识到雾霾风险感知,但是较少居民能采取雾霾应对行为。

表4-14　雾霾风险应对行为测量项目及频率之二

题　项	样本数	最小值	最大值	平均值	标准差
放弃户外运动,尽量不外出	4 956	1	3	1.99	0.815
外出佩戴口罩	4 960	1	3	2.06	0.858
减少开窗通风	4 956	1	3	2.12	0.823
购买具有防雾霾功能的空气净化器	4 957	1	3	1.41	0.697
合计	4 952	1	3	1.89	0.633

二、雾霾风险应对行为的结构特征

本章节采用单因素方差分析方法,检验人口统计变量对于因变量(雾霾风险应对行为)的差异性。人口统计变量包括性别、年龄、婚姻状况、政治面貌、户口、教育程度、收入。

（一）性别差异

根据性别的方差分析表 4－15 显示,性别对居民雾霾风险应对行为的显著性概率通过显著水平检验,说明性别在雾霾风险应对行为方面具有显著差异。男性为 1.956 1,女性为 1.82,男性高于女性。这一结果与雾霾风险感知的结果基本一致,说明男性无论在雾霾风险感知,还是在风险应对行为上,都高于女性。

表 4－15　雾霾风险应对行为的性别方差分析

变　量	性别	样本数	平均数	标准差	F 值
雾霾风险应对行为	男	2 726	1.956 1	0.631 56	57.159*** $p < 0.001$
	女	2 226	1.820 0	0.628 46	
	合计	4 952	3.156 3	1.152 33	

注: * $p < 0.05$, ** $p < 0.01$, *** $p < 0.001$。

（二）年龄差异

本章节通过雾霾应对行为的年龄方差分析发现(见表 4－16),雾霾的应对行为的 F 值为 1.489,具有微弱的显著性。随着年龄的增长,雾霾风险应对行为有所增长。与雾霾风险感知的年龄方差分析结果相比较,年龄对风险感知的影响显著程度高于年龄对风险感知应对行为。

表 4－16　雾霾风险应对行为的年龄方差分析

变量	年　龄	样本数	平均数	标准差	F 值
雾霾风险应对行为	16—69	4 952	1.894 9	0.633 73	1.489* $p = 0.013$

注: * $p < 0.05$, ** $p < 0.01$, *** $p < 0.001$。

由图 4-2 可知,随着年龄的增长,雾霾应对行为有所增加,但是增加并不显著,有一定的波动性。说明年龄对雾霾风险应对行为虽有显著差异性影响,但是会受到其他因素的影响,干扰雾霾风险应对行为。

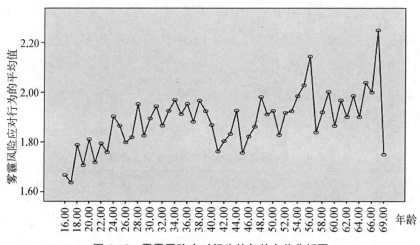

图 4-2 雾霾风险应对行为的年龄方差分析图

(三) 婚姻状况差异

本章节考虑是否有配偶对雾霾风险应对行为的显著差异,如表 4-17 所示,婚姻对雾霾风险应对的显著性概率通过显著水平检验,与雾霾风险感知的婚姻状况结果基本一致,说明有配偶居民不仅具有较强的雾霾风险感知,而且具有一定的风险应对行为。

表 4-17 雾霾风险应对行为的婚姻状况方差分析

变　量	配偶	样本数	平均数	标准差	F 值
雾霾风险应对行为	无	1 207	1.832 2	0.609 93	15.650*** $p < 0.001$
	有	3 745	1.915 1	0.639 99	
	总计	4 952	1.894 9	0.633 73	

注: * $p < 0.05$, ** $p < 0.01$, *** $p < 0.001$。

(四) 政治面貌

本章节通过雾霾应对行为的政治面貌的方差分析,如表 4 - 18 所示,$p < 0.001$,具有一定显著度,说明党员的风险感知明显高于非党员。在雾霾风险应对行为的政治面貌方差分析中,政治面貌对其有着微弱的影响,但是在应对行为上有显著差异,说明党员群体的应对行为差异较为显著。

表 4 - 18　雾霾风险应对行为的政治面貌方差分析

变　量	党员	样本数	平均数	标准差	F 值
雾霾风险应对行为	否	4 115	1.878 7	0.630 94	15.231*** $p < 0.001$
	是	827	1.972 8	0.642 18	
	总计	4 942	1.894 4	0.633 75	

注:* $p < 0.05$,** $p < 0.01$,*** $p < 0.001$。

(五) 户口类型差异

本章节通过雾霾应对行为户口方差分析,如表 4 - 19 所示,发现户口类型不仅对雾霾风险应对行为的显著性概率通过显著性水平检验,而且应对行为也通过了检验,说明城市有户籍的居民雾霾风险感知和应对行为都具有显著差异。

表 4 - 19　雾霾风险应对行为的户口方差分析

变　量	城市	样本数	平均数	标准差	F 值
雾霾风险应对行为	否	1 331	1.698 5	0.628 79	180.855* $p < 0.001$
	是	3 615	1.966 9	0.620 18	
	总计	4 946	1.894 7	0.633 73	

注:* $p < 0.05$,** $p < 0.01$,*** $p < 0.001$。

(六) 教育程度差异

本章节通过雾霾应对行为教育程度的分析,如表 4 - 20 所示,教育程度对雾霾风险应对行为的显著性概率通过显著水平检验,$p < 0.001$ 说明教育程度对风险应对行为具有显著影响。教育程度较高者,其雾霾风险应对行为水平可能较高。

表 4-20 雾霾风险应对行为的教育程度方差分析

变 量	教育程度	样本数	平均数	标准差	F 值
雾霾风险 应对行为	小学及以下	367	1.722 1	0.626 49	13.544 *** $p < 0.001$
	初中	1 070	1.830 1	0.610 32	
	高中、中专、职高	1 559	1.902 7	0.614 88	
	大学专科	894	1.959 5	0.649 07	
	大学本科	854	1.926 5	0.653 99	
	研究生	171	2.093 6	0.668 64	
	总计	4 915	1.894 5	0.633 93	

注:* $p < 0.05$,** $p < 0.01$,*** $p < 0.001$。

(七) 收入水平差异

本章节通过雾霾风险应对行为收入水平的方差分析,如表 4-21 所示,收入水平对雾霾风险应对行为的显著性概率通过显著水平检验,$p < 0.001$,说明收入不仅对风险感知具有显著差异,而且对应对行为有着显著差异。收入水平较低者,其雾霾风险感知水平与行为都较高。

表 4-21 雾霾风险应对行为的收入水平方差分析

变量	收 入	样本数	平均数	标准差	F 值
雾霾 风险 应对 行为	100 000 元及以下	564	1.829 3	0.633 42	8.718 *** $p < 0.001$
	100 001—50 000 元	2 409	1.933 7	0.618 77	
	50 001—100 000 元	1 257	1.915 7	0.654 59	
	100 001—200 000 元	379	1.798 2	0.653 76	

续表

变量	收　入	样本数	平均数	标准差	F 值
雾霾风险应对行为	200 001—300 000 元	79	1.683 5	0.651 32	8.718*** p<0.001
	300 001 元及以上	69	1.659 4	0.570 36	
	总计	4 757	1.897 6	0.635 42	

注：* p<0.05，** p<0.01，*** p<0.001。

三、公众环境风险应对行为脆弱性分析

(一) 吸烟史

本章节在第一节中验证了吸烟史对雾霾风险感知没有显著性差异。由表 4–22 可知，吸烟史对雾霾风险应对行为的显著性概率通过显著水平检验，p<0.001，说明吸烟史对风险感知没有显著差异，但是对雾霾风险应对产生显著差异。通过表中风险应对行为的平均数比较发现，曾经抽烟的人群不仅雾霾风险感知较低，而且风险应对行为较少。

表 4–22　雾霾风险应对行为的吸烟史方差分析

变量	吸烟史	样本数	平均数	标准差	F 值
雾霾风险应对行为	不抽烟	3 737	1.918 7	0.636 30	11.770*** p<0.001
	现在不抽烟，曾经抽过	168	1.763 4	0.570 13	
	抽烟	1 043	1.830 1	0.627 23	
	总计	4 948	1.894 8	0.633 65	

注：* p<0.05，** p<0.01，*** p<0.001。

(二) 健康状况自评

本章节尝试验证健康状况自评对雾霾应对行为的显著性差异

影响,如表 4-23 所示,健康状况对雾霾风险的显著性概率通过显著水平检验,$p < 0.001$。较为有趣的是,虽然通过了显著水平的检验,但是通过应对行为的均值和风险感知的均值比较可以发现,健康程度不同,风险感知和应对行为出现了相似性。健康状况较低者,风险感知较高;但是随着健康状况水平的提升,雾霾风险应对行为也相应提升。非常健康群体的应对行为明显多于其他四类。已有的经验认为身体健康者应对行为相对较少,健康状况较差者应对行为较高,但是却出现反常识的结果,在这一问题上的结果与风险感知相同。非常不健康群体,风险感知达到最低,应对行为也是最低。

表 4-23　雾霾风险应对行为的健康状况自评方差分析

变量	健康状况自评	样本数	平均数	标准差	F 值
雾霾风险感知	非常不健康	49	1.576 5	0.614 93	5.089*** $p < 0.001$
	不太健康	359	1.854 5	0.626 37	
	一般	1 092	1.905 0	0.624 57	
	比较健康	2 579	1.884 5	0.633 64	
	非常健康	868	1.945 3	0.643 39	
	总计	4 947	1.894 4	0.633 72	

注:$* p < 0.05$,$** p < 0.01$,$*** p < 0.001$。

(三) 呼吸疾病史

本章节通过雾霾应对行为的呼吸道疾病史方差分析,如表 4-24 所示,呼吸疾病史对雾霾风险感知的显著性概率没有通过显著水平检验,$p = 0.085$,说明呼吸疾病史对雾霾风险应对行为没有显著差异。

表 4-24　雾霾风险应对行为的呼吸疾病史方差分析

变量	呼吸疾病史	样本数	平均数	标准差	F 值
雾霾风险感知	否	4 868	1.893 1	0.634 94	2.964 p＝0.085
	是	75	2.020 0	0.538 64	
	总计	4 943	1.895 0	0.633 73	

注：$^{*}p<0.05$，$^{**}p<0.01$，$^{***}p<0.001$。

　　虽然在自身脆弱性变量方差分析中，与风险感知的方差结果出现了显著的不同，仅有呼吸疾病史与雾霾风险感知存在显著效应，吸烟史和健康状况自评不存在显著效应。但是，仅有吸烟史和健康状况自评对雾霾应对行为存在显著效应，呼吸疾病史对雾霾风险应对行为没有显著效应。

第三节　雾霾风险感知与应对行为的空间特征

一、风险感知与应对行为地区差异

（一）雾霾风险感知与应对行为的城市差异

　　本章节的客观雾霾数据采用《中国空气质量历史数据（2017—2018）》，①收集 2017 年 10 月—2018 年 3 月 10 个城市和所在的 32 个区县的 PM2.5 平均浓度。研究发现雾霾风险感知与应对行为在不同城市存在较大差异，如图 4-3 所示，在 10 个城市中，天津的雾

---

① 《中国空气质量历史数据》，http://beijingair.sinaapp.com/。

霾风险感知最高,平均值达到 3.99 分,其次为郑州、鞍山、沈阳、哈尔滨、长春,分别为 3.95 分、3.70 分、3.55 分、3.40 分、3.25 分。10个城市中的风险应对行为由高到低依次是天津、沈阳、郑州、鞍山、哈尔滨、长春,分别为 2.29 分、2.25 分、2.24 分、2.14 分、2.09分、2.04 分。研究表明,雾霾风险感知与应对行为的均值基本分布一致,高风险感知与高应对行为基本保持一致。在城市这一变量的考察中,说明雾霾风险感知与应对行为基本保持一致。

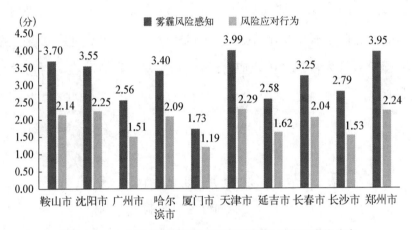

图 4-3　10 个城市雾霾风险感知和应对行为的平均值分布

由图 4-4 可知,在这 10 个城市中,PM2.5 年平均浓度存在显著差异,PM2.5 浓度由高到低,依次是郑州、天津、哈尔滨、长沙,延吉、沈阳、鞍山、长春、广州、厦门,分别为 66 $\mu g/m^3$、62 $\mu g/m^3$、45 $\mu g/m^3$、52 $\mu g/m^3$、52 $\mu g/m^3$、50 $\mu g/m^3$、48 $\mu g/m^3$、46 $\mu g/m^3$、35 $\mu g/m^3$、27 $\mu g/m^3$。通过对比图 4-3 和图 4-4 发现,雾霾风险感知与应对行为同客观雾霾基本一致,PM2.5 浓度较高地区,居民雾霾风险感雾知较高,相应的应对行为发生可能性较高。由此说明,客观的空气状况是雾霾风险感知和应对行为的关键影响因素。但是从两图对比发现,郑州

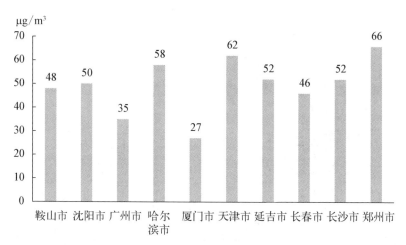

图 4 - 4　2017 年 10 个城市 PM2.5 平均浓度

雾霾指数虽然高于天津,但是无论是风险感知还是应对行为,天津都是最高,略高于郑州。由此说明,雾霾的风险感知与应对行为不仅受到客观雾霾指数的影响,同时受到经济发展等其他因素的影响。

（二）雾霾风险感知与应对行为的居住区差异

通过雾霾风险感知在城市层面的比较中发现,客观雾霾浓度分布与主观雾霾风险感知、应对行为存在较大一致性,可能有着一定因果关系。但是在区县层面,居民的雾霾风险感知是否存在一定差异,还需要进一步的验证。通过 10 个城市所在的 32 个区的比较发现,10个城市 32 个区的居民雾霾风险感知与应对行为存在一定的差异。由图 4 - 5 发现,中原区、河东区、金水区,雾霾风险感知分别超过 4。雾霾的应对行为均值由高到低,依次是中原区、河东区、皇姑区等。雾霾风险感知与应对行为的均值区县分布基本与城市的分布相符合,说明雾霾风险感知与应对的行为基本相符合,但是区县之间的应对行为差异性较大。

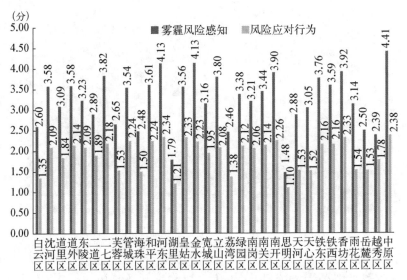

图4-5　32个区雾霾风险感知与应对行为的平均值分布

由图4-5可以发现,32个城市中,PM2.5年平均浓度也存在显著差异,与所在城市的 PM2.5 年平均浓度不完全相符。通过图4-5和图4-6对比发现,在32个区的比较中,雾霾风险感知与应对行为同客观雾霾的虽然基本一致,但是较城市的数据出现了不同,PM2.5平均浓度较高地区,居民风险感知与应对行为并不一定显著高于其他城市。由此说明,客观的空气状况是雾霾风险感知和应对行为的影响因素,但同时也受到了其他因素的影响。

二、雾霾风险感知与应对行为的居住类型差异

如图4-6所示,客观环境是雾霾风险感知决定性因素,但是在居住的区县级数据并不完全与市层面的数据一致,区县的客观雾霾数据与主观雾霾存在一定差异。居民的经济地位决定了公众的雾霾感知与应对行为,所在地区的居住环境决定了居民主观风险感知与应对行为。由图4-7可知,不同的居住类型对公众的雾霾风险感知与

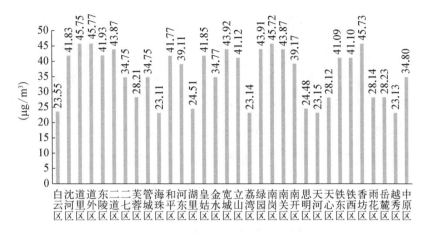

图 4-6 32 个城市 PM2.5 平均浓度(μg/m³)
(2017 年 10 月—2018 年 3 月)

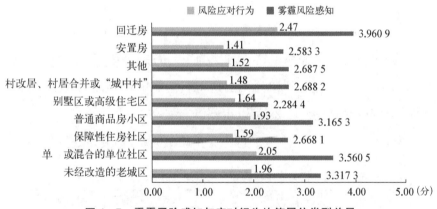

图 4-7 雾霾风险感知与应对行为均值居住类型差异

应对行为产生较大的影响,其中回迁房居民雾霾风险感知与应对行为最高,其次是单一或混合单位社区和未经改造的老社区,雾霾风险感知分别为 3.960 9 分、3.560 5 分、3.317 3 分;应对行为分别为 2.47 分、2.05 分、1.96 分。别墅区或高级住宅区、安置房和保障性住房相对雾霾风险感知较低,分别为 2.284 4 分、2.583 3 分、2.668 1 分。其应对行为相对较少,其中安置房、保障性住房分别为 1.41 分、1.59 分,别墅区或高级住区为 1.64 分。由此发现,居住类型对雾霾风险感知和应对行为有差异性的影响。居住地区环境较好,房屋较新的居民感知较低,应对行为较少;生活在房屋结构较差、房龄相对较高、房屋小区环境较差的居民,其雾霾风险感知较强,应对行为较低。由此说明,雾霾风险感知不仅存在地区差异,而且存在风险分配的不平等和风险居住分异。居住环境决定雾霾风险差别暴露,进一步影响居民雾霾风险感知。

第四节　雾霾风险感知与应对行为多因素差异

本章节采用相关分析法检验相关变量与因变量(雾霾风险感知、应对行为)之间的相关关系。这一方法为下一章的多维视角下环境风险感知的影响因素,也为风险感知与应对行为影响机制的相关统计分析奠定了基础。根据表 4-25 可以得到以下结论:

雾霾风险感知与风险应对行为为正相关关系,相关系数为 0.590。

表 4-25　相关变量与雾霾风险感知、应对行为的相关分析

		雾霾风险感知	雾霾风险应对行为
生活满意度	Pearson 相关性	−0.072**	0.045**
	显著性(双侧)	0.000	0.002
	N	4 900	4 880
焦虑感	Pearson 相关性	−0.023	−0.042**
	显著性(双侧)	0.115	0.004
	N	4 823	4 802

		雾霾风险感知	雾霾风险应对行为
人际信任	Pearson 相关性	−0.006	−0.005
	显著性（双侧）	0.695	0.732
	N	4 889	4 867
亲近人信任	Pearson 相关性	0.082**	0.065**
	显著性（双侧）	0.000	0.000
	N	4 968	4 946
周围人信任	Pearson 相关性	0.008	0.012
	显著性（双侧）	0.582	0.394
	N	4 897	4 875
陌生人信任	Pearson 相关性	−0.152**	−0.127**
	显著性（双侧）	0.000	0.000
	N	4 965	4 943
政府信任	Pearson 相关性	−0.052**	0.018
	显著性（双侧）	0.000	0.219
	N	4 931	4 910
组织信任	Pearson 相关性	−0.183**	0.025
	显著性（双侧）	0.000	0.084
	N	4 931	4 938
媒体信任	Pearson 相关性	−0.139**	−0.079**
	显著性（双侧）	0.000	0.000
	N	4 929	4 911
媒体使用频率	Pearson 相关性	−0.055**	0.034*
	显著性（双侧）	0.000	0.015
	N	4 966	4 944

续表

		雾霾风险感知	雾霾风险应对行为
官方新媒体信息信任	Pearson 相关性	−0.078**	−0.012
	显著性(双侧)	0.000	0.414
	N	4 951	4 933
非官方新媒体信息信任	Pearson 相关性	−0.148**	−0.109**
	显著性(双侧)	0.000	0.000
	N	4 933	4 914
社会网络	Pearson 相关性	0.207**	0.227**
	显著性(双侧)	0.000	0.000
	N	4 834	4 813
社会支持	Pearson 相关性	0.082**	0.113**
	显著性(双侧)	0.000	0.000
	N	4 933	4 912
社会组织参与	Pearson 相关性	−0.013	−0.073**
	显著性(双侧)	0.355	0.000
	N	4 951	4 930
政治参与意愿	Pearson 相关性	0.045**	0.071**
	显著性(双侧)	0.002	0.000
	N	4 616	4 594
社区环境效能感	Pearson 相关性	−0.253**	−0.104**
	显著性(双侧)	0.000	0.000
	N	4 950	4 929
政府环境效能感	Pearson 相关性	−0.266**	−0.143**
	显著性(双侧)	0.000	0.000
	N	4 955	4 934

续表

		雾霾风险感知	雾霾风险应对行为
雾霾风险感知	Pearson 相关性	1	0.590**
	显著性（双侧）		0.000
	N	4 974	4 945

* $p < 0.05$，** $p < 0.01$（2-tailed）。

生活满意度与雾霾风险感知有显著的负相关，与雾霾风险应对行为有显著的正相关，相关系数分别为-0.072 和 0.045。

社区环境效能感与雾霾风险感知和风险应对行为有显著负相关，相关系数为-0.253 和-0.104。

焦虑感与雾霾风险感知没有相关，但是对应对行为有显著的负相关，相关系数为-0.042。

人际信任、一般信任与雾霾风险感知与雾霾的风险应对行为没有显著的相关性。

亲近人信任与雾霾风险感知和风险应对行为有显著正相关，相关系数分别为 0.082 和 0.065。

陌生人信任与雾霾风险感知和风险应对行为有显著负相关，相关系数分别为-0.152 和-0.127。

组织信任与雾霾风险感知有显著的负相关，相关系数为-0.183，但是与风险应对行为没有显著的相关性。

媒体使用频率与雾霾风险感知有显著的负相关，与雾霾风险应对行为有显著的正相关，相关系数分别为-0.055 和0.034。

媒体信息信任与雾霾风险感知和风险应对行为有显著负相关，相关系数分别为-0.139 和-0.079。

官方新媒体与雾霾风险感知有显著的负相关,相关系数为—0.078,但是与风险应对行为没有显著的相关性。

非官方新媒体信息信任与雾霾风险感知和风险应对行为有显著负相关,相关系数分别为—0.148和—0.109。

社会网络与雾霾风险感知和风险应对行为有显著正相关,相关系数分别为0.207和0.227。

社会支持与雾霾风险感知和风险应对行为有显著正相关,相关系数分别为0.082和0.113。

社会组织参与与雾霾风险感知没有相关,但是对应对行为有显著的负相关,相关系数为—0.073。

政治参与意愿与雾霾风险感知和风险应对行为有显著正相关,相关系数分别为0.045和0.071。

社区环境效能感与雾霾风险感知和风险应对行为有显著负相关,相关系数分别为—0.253和—0.104。

政府环境效能感与雾霾风险感知和风险应对行为有显著负相关,相关系数分别为—0.266和—0.143。

第五章　多维视角下环境风险
　　　　感知的影响因素

　　自 20 世纪初以来,全球被一系列灾难和事件所笼罩:2003 年 SARS 疫情传播、2008 年的雪灾和汶川地震,2013 年 H7N9 禽流感疫情传播、2020 年初的新型冠状病毒肺炎疫情等,表明中国已经进入高风险社会,灾难、风险不断涌现,并与社会、政治、经济等联系在一起,衍生新型风险。世界经济论坛发布的《2019 年全球风险报告》指出,环境风险仍然是全球风险感知调查结果的"重头戏"。统计数据分析发现,"极端天气事件"在全球十大风险的"风险发生概率"维度位居第一,在"所造成损失"维度位居第三位。在众多风险中,极端天气引发全球公众关注,而且公众也越来越担心环境政策无法达到预期。其中"气候变化缓和与调整措施失败"在 2019 年的影响力排名中回升至第二位。[1] 美国公众的风险感知调查结果显示,在不同类型的风险中,环境风险感知频率最高。[2]

　　空气污染是全球理论和实践界公认的主要风险,公众暴露在空气污染之下,增加了人罹患肺癌、中风、心脏病、慢性支气管炎等疾病的风险。2018 年,全球有 550 万人过早死亡可归咎于空气污染,占死亡总人数的 1/10。发展中国家 90% 的人口暴露在达到危险水平的空气污染之下,

---

　　① World Economic Forum. Global Risks Report 2019. https://www.weforum.org/reports/the-global-risks-report-2019.

　　② Freitag M, Richard T. Spheres of trust: An empirical analysis of the foundations of particularised and generalised trust. *European Journal of Political Research*,2009,48(6):35-49.

占 2018 年全球因空气污染导致死亡和非致命性疾病的 93% 左右。鉴于空气污染的严重性和普遍性,我国中央、各级地方政府加强环境督察,监测各地区空气质量,并加大对空气污染的处罚力度。2017 年,中国的空气质量比以前有了很大的改善。338 个城市发生重度污染 2 311 天次、严重污染 802 天次,以 PM2.5 为首要污染物的超标天数比例为 12.4%,比 2016 年下降 1.7 个百分点。然而,空气质量提升并没有降低公民的风险认知,甚至加剧了公众的风险感知。2016 年共受理群众举报 3.3 万件,[①]2017 年受理群众环境举报 13.5 万件。2019 年 4 月,全国"12369"环保举报联网管理平台共接到的举报数量并没有同比减少,受理群众举报 71 万余件。造成这一现象的原因是公众对空气污染风险感知越来越强。[②]

第一节 理论基础与研究假设

一、心理学因素

(一) 焦虑感

人们根据过去的经验、科学知识、与媒体的交流、接收来自熟人和同龄人的团体的信息并形成自己的价值观。社会科学家致力于研究专家与不同群体的人存在着较大的差别,比如,专家认为核风险技术是相当安全的,但是公众认为极度不安全,因为公众的焦虑感和恐慌感影响其做出风险感知的判断。其他理论学家也提出风险感知,

---

① 中华人民共和国生态环境部:《2017 年中国环境状况公报》,http://www.mee.gov.cn/hjzl/zghjzkgb/lnzghjzkgb/201805/P020180531534645032372.pdf.

② Zhang L., He G., Mol A. P. J., et al. "Public Perceptions of Environmental Risk in China". *Journal of Risk Research*, 2012, 16(2): 195-209.

被认为是一个社会建构的过程,风险的感知被嵌入不同的经济、社会和文化环境中。[1][2] 虽然每个人对风险的认知可能不同,但广泛的研究已经确定了影响风险感知的一些共同特征。其中,至少有三个主要因素影响了人们对健康风险的感知:风险客观的性质、风险承担者的人口特征,以及风险发生的自然和社会环境。

风险研究认为,情感是风险感知的重要影响因素。个体的情绪和理性思维都会影响风险感知,这一观点得到了研究者的大量支持,并产生了认知双重路径的理论,表明公众风险感知依赖两种路径,也可以称为经验和分析。两类路径的区别在于,前者更加依赖于瞬间的感觉或情绪,后者被认为是基于经验的理性判断。但是风险感知更受到来自日常生活情绪的影响,有研究者认为,情绪对风险感知的影响可以归纳为"启发效应"。后来有学者基于实验研究尝试分析日常情绪对风险感知的影响,用经验抽样法(ESM),并在工作时间内对 30 种风险情境进行风险评估。使用自评模型(SAMs)测量个体的不同情感,运用层次线性模型(HLM)来显示不同情绪对风险感知解释力的显著差异。本章节论证了情感对风险差异的影响要高于理性态度,更多时候并不会采用科学的态度评估发生的可能性和发生的概率来进行风险判断。[3]

其中 Fan bo 等发现负面情绪、愤怒、恐惧和特定的情绪对环境风险感知的影响。[4] 情绪在环境风险感知中的作用可以分成三种不同

① Karl Dake. "Myths of Nature: Culture and the Social Construction of Risk". *Journal of Social Issues*, 1992, 48(4): 21 - 37.

② Mary Douglas, Aaron Wildavsky. "How Can We Know the Risks We Face? Why Risk Selection Is a Social Process?". *Risk Analysis*, 2006, 2(2): 49 - 58.

③ Hogarth R. M., Portell M., Cuxart A., et al. "Emotion and Reason in Everyday Risk Perception". *Journal of Behavioral Decision Making*, 2011, 24(2): 202 - 222.

④ Fan Bo, Yang Wen-ting, Sun Xuan. "Public Emotion and Risk Perception Under the Influence of Haze—Based on a Survey of Microblog Users in Tianjin". *Journal of Northeastern University*, 2017.

模型：关系模型、过程模型和结构模型。关系模型试图解释不同个体情感不同，其环境风险感知有显著的差异。[①] 其中能力、目标和需求等相关情绪是造成环境风险差异的可能原因。[②] 过程模型的目标是个体面对风险时，人们的情绪会被激发出来。结构模型探讨了情绪与环境之间的隐含关系。2011 年，日本福岛第一核电站核灾难迫使福岛县的许多人从家乡撤离，研究发现了风险感知与心理健康问题相关，如创伤后应激障碍、急性应激障碍和核灾难或非核灾难后的抑郁。[③]

基于已有文献，本研究提出假设：

假设 1：焦虑感对雾霾风险感知有正向作用，公众的焦虑感知越高，雾霾风险感知越强。

（二）生活满意度

生活满意度是指个体对自己个人生活的综合认知和判断，是个体对自己生活的总体概括性认识和评判，是个体各方面的需求和愿望得到满足时所产生的一种主观合意程度，它是衡量人们生活质量的一个主观指标。近 10 年来，研究者从经济学视角分析了客观环境质量与主观幸福感之间的关系，研究表明，环境质量的不同维度，如噪声[④]、气候[⑤]、MP10 等

---

① Scherer K. R. "The Dynamic Architecture of Emotion: Evidence for the Component Process Model". *Cognit Emot*, 2009, 23(7): 1307 - 1351.

② Lerner J. S., Keltner D. "Beyond Valence: Toward a Model of Emotion-Specificinfluences on Judgment and Choice". *Cognit Emot*, 2000, 14(4): 473 - 493.

③ Bromet, Evelyn J. "Emotional Consequences of Nuclear Power Plant Disasters". *Health Physics*, 2014, 106(2): 206 - 210.

④ Van Praag B. M. S. and Baarsma B. E. "Using happiness surveys to value intangibles: the case of airport noise". *The Economic Journal*, 2005, Vol.115, pp.224 - 246.

⑤ Maddison D. and Rehdanz K. "The impact of climate on life-satisfaction". *Ecological Economics*, 2011, Vol.70, pp.2437 - 2445.

微粒[1][2][3][4]对主观幸福感有显著影响。Smyth等人[5]通过对中国30个城市的数据分析,确定了二氧化硫排放对主观幸福感和生活满意度有明显负向影响。Liao等[6]的研究表明,感知客观空气质量对个人生活满意度有正向影响,并且在客观空气质量与生活满意度之间起中介作用。已有研究均使用生活满意度作为衡量主观幸福感的代理,测量的题项普遍采用,比如,"从各方面考虑,你对现在的生活总体上有多满意?"以确定衡量主观幸福感的测量尺度。[7] 基于此,我们提出假设:

假设2:生活满意度对环境健康风险感知有负向作用,公众对生活满意度越高,雾霾风险感知越低。

二、信任因素

风险感知属于跨学科的研究领域,心理测量范式是风险感知研究的主流。该研究团队认为,客观损害和损失是真实存在的,但预测这类事件发生的概率取决于人类知识和信仰所构建的心理模型,需要通过

---

① Ferreira S. and Moro M. "On the Use of Subjective Well-Being Data for Environmental Valuation". *Environmental and Resource Economics*, 2010, Vol.46 No.3, pp.49 - 273.

② Levinson A. "Valuing Public Goods Using Happiness Data: The Case of Air Quality". *Journal of Public Economics*, 2012, Vol.96 No.9 - 10, pp.869 - 880.

③ Luechinger S. "Valuing Air Quality Using the Life Satisfaction Approach". *The Economic Journal*, 2009, Vol.119, pp.482 - 515.

④ Ferreira S., Akay A., Brereton F., Cuñado J., Martinsson P., Moro M. and Ningal T. F. "Life Satisfaction and Air Quality in Europe". *Ecological Economics*, 2013, Vol.88, pp.1 - 10.

⑤ Smyth R., Mishra V. and Qian X. "The Environment and Well-Being in Urban China". *Ecological Economics*, 2008, Vol.68, pp.547 - 555.

⑥ Liao P. S., Shaw D. and Lin Y. M. "Environmental Quality and Life Satisfaction: Subjective Versus Objective Measures of Air Quality". *Social Indicators Research*, 2014, Vol.124, pp.599 - 616.

⑦ Dolan P., Peasgood T. and White M. "Do We Really Know What Makes Us Happy? A Review of the Economic Literature on the Factors Associated with Subjective Well-Being". *Journal of Economic Psychology*, 2008, Vol.29, pp.94 - 122.

统计分析或质性研究对"现实"风险进行反思和建构。① 而随着研究的深入，研究者发现，在实验研究无法更大程度诠释风险感知时，信任即成为风险感知的重要影响因素。自 1990 年至 2018 年底，在国际期刊《风险分析》(*Journal of risk analysis*)共发表关于信任的论文 225 篇，②并且逐年递增。信任成为影响环境风险感知最重要的解释因素。大多数的文章关注风险管理中信任的维度、功能和类型等。不同学科的研究者围绕这一问题，将风险感知中的信任进行操作化，但是不同学科因站在不同的立场上，如社会学家③、心理学家④和交流理论⑤对信任概念和测量操作化存在较大的争议。目前，风险研究领域的信任简单分为三种类型，即一般信任、社会信任和信心，并对三种类型信任做了详细的阐释和区分。⑥卢曼⑦认为，社会信任可划分为系统信任和人际信任。系统信任分为政治系统、经济系统、社会共同体系统，其中政治系统就是指对政府的信任。

（一）人际信任

Sjöberg 等通过实证研究，发现了不同的信任类型对风险感知的解

① Fischhoff B., Slovic P., Lichtenst, https://mp.weixin.qq.com/s/06CyhkiIhbRDFgAP_jzrNQEIN S, et al. "How Safe is Safe Enough? A Psychometric Study of Attitudes Towards Technological Risks and Benefits". *Policy Sciences*, 1978, 9(2): 127 – 152.

② Siegrist M. "Trust and Risk Perception: A Critical Review of the Literature". *Risk Analysis*, 2019(4).

③ Smith E. K. and Mayer A. "A Social Trap for the Climate? Collective Action, Trust and Climate Change Risk Perception in 35 Countries". *Global Environmental Change-Human and Policy Dimensions*, 2018, Vol.49, pp.140 – 153.

④ Siegrist M., Earle T. C. and Gutscher H. "Test of a Trust and Confidence Model in the Applied Context of Electromagnetic Field (EMF) Risks". *Risk Analysis*, 2003, Vol.23, pp.705 – 716.

⑤ Trumbo, Craig W., and Mccomas K. A. "The Function of Credibility in Information Processing for Risk Perception". *Risk Analysis: an Official Publication of the Society for Risk Analysis*, 2003, Vol.23, pp.343 – 353.

⑥ Siegrist M. "Trust and Risk Perception: A Critical Review of the Literature". *Risk Analysis*, 2019(4).

⑦ 尼克拉斯·卢曼：《信任：一个社会复杂性的简化机制》，瞿铁鹏、李强译，上海人民出版社 2005 年版。

释力不同。信任对风险感知的解释力比普遍信任更高。[①] 虽然三类信任(一般信任、社会信任、信心)对风险感知影响已经取得突破性的进展,但缺乏信任类型的深层理解,更鲜有关注人际信任对环境风险感知的影响。其中,人际信任是指对特定人群的信任。[②③]

一般来说,社会科学较多使用普遍信任(General trust,Generalized trust),很多学者对于人际信任和普遍信任存在误解和混淆。人际信任(Interpersonal trust)的概念与普遍信任有着较大的差异。普遍信任研究针对一般社会成员,是"超组织"(out of group)的信任水平,而人际信任属于特殊信任,是基于"组内"(in-group)的特殊信任。本研究的人际信任就属于特殊信任,是对特定人群的信任关系与程度,[④⑤⑥]故如何对人际信任的分类成为本研究的重点问题。

信任研究者对于信任有着不同的解释。普特南提出,信任可以分为"厚信任"(thick trust)和"薄信任"(thin trust)。厚信任是建立在一定的社会关系基础上的,"薄信任"是指一般性他人。[⑦] 根据胡安宁对信任的理解,信任可以分为三类:第一类是"一般信任",也就是脱离具体

---

① Sjöberg L. "Antagonism, Trust and Perceived Risk". *Risk Management*, 2008, Vol.10, pp.32–55.

② Brewer M. B. "Ethnocentrism and its Role in Interpersonal Trust". In M. G. Brewer and B. Collins (Eds.), *Scientific Inquiry in the Social Sciences*. San Francisco: Jossey-Bass, 1981, pp. 214–231.

③ Freitag M. and Traunmüller R. "Spheres of Trust: An Empirical Analysis of the Foundations of Particularised and Generalized Trust". *European Journal of Political Research*, 2009, Vol.48, pp.782–803.

④ Glanville J. L., Andersson M. A. and Paxton P. "Do Social Connections Create Trust? An Examination Using New Longitudinal Data". *Social Forces*, 2007, Vol.92, pp.545–562.

⑤ Sztompka P. *Varieties of Trust. Trust A Sociological Theory*. 1999, United Kingdom: Cambridge University Press.

⑥ Welch M. R., Rivera R. E. N., Conway B. P., Yonkoski J. & Giancola R. "Determinants and Consequences of Social Trust". *Sociological Inquiry*, 2005, Vol.75, pp.453–473.

⑦ Robert, Putnam. *Bowling Alone: The Collapse and Revival of American Community*. New York: Simon & Schuster, 2000.

社会联系和生活背景，面向一般社会成员的信任；第二类是"特殊信任"，是基于特定社会联系，嵌入特定社会关系的差异性信任，也就是"厚信任"；第三类是组织信任或者制度信任。[①]

费孝通在《乡土中国》中提出了差序格局的内涵，成为理解中国社会本土人际关系特征的重要工具，后续很多学者对差序格局理论做了深入的理论研究，拓展了差序格局理论内涵。但是差序格局研究缺乏具体社会情景的直接测量。差序格局中的"差"是指社会网络中的人际关系结构，以个体为中心，向外辐射出不同的圈层，如亲人、朋友、同学、同事、陌生人等不同对象，构成不同"圈子"网络结构，也就是同心圆理论。"序"是个体对待不同对象的行为模式的异质性，如对社会网络中不同对象的信任程度。[②] 本研究基于信任半径差异，建立在本土化差序格局中对"差序"的理解，将差序化的人际信任类型界定为亲近人信任、周围人信任和陌生人信任。

本研究基于信任的"对称原则"及以上理论，个人对风险判断也会受到其他人的影响，具有相似价值观的个体会相互启发，进而共享共同的价值观，并就风险信息进行交流。因此，关系密切的人，如家庭成员、熟人、同事等，更有可能分享相同的价值观，进而产生情感和相似性启发。[③] 另一方面，陌生人相互不属于同一群体，[④][⑤]陌生人信任是指对初

---

① 胡安宁：《社会参与、信任类型与精神健康：基于 CGSS2005 的考察》，《社会科学》2014 年第 4 期。

② 胡安宁：《差序格局，"差"、"序"几何？——针对差序格局经验测量的一项探索性研究》，《社会科学》2018 年第 1 期。

③ Colquitt J. A., Scott B. A. and LePine J. A. "Trust, Trustworthiness, and Trust Propensity: A Meta-analytic Test of Their Unique Relationships with Risk Taking and Job Performance". *Journal of Applied Psychology*, 2007, Vol.92, pp.909 – 927.

④ Fukuyama F. *Trust: The Social Virtues and the Creation of Prosperity*. New York: Free Press, 1995.

⑤ Yao J., Zhang Z., Brett J. and Murnighan J. K. "Understanding the Trust Deficit in China: Mapping Positive Experience and Trust in Strangers". *Organizational Behavior and Human Decision Processes*, 2017, Vol.143, pp.85 – 97.

次见面的人的信任。①② Ding 等分析了转基因食品的选择,探究陌生人的信任对食品风险感知的影响。他们发现陌生人的信任水平提升,降低了反对转基因态度,降低了人们的风险感知,有可能选择转基因食品。

风险感知领域研究很少涉及陌生人信任与风险感知之间的关系。但是已有研究验证了普遍信任与风险感知之间的显著关系。③④多数研究采用对陌生人的信任来测量一般信任。例如,Siegrist 等(2005)通过"你不能再信任陌生人"和"与陌生人打交道时,最好在信任他们之前,谨慎行事"来测量一般信任的水平。这些测量题项将一般信任的参照对象设定为陌生人。研究结果发现,普遍信任(陌生人信任)与风险感知呈现显著的负相关,从而在一定程度上反映了陌生人信任对风险感知的负向作用。由此,本研究提出以下研究假设:

假设 3a:对亲近人信任水平越高,公众的雾霾风险感知越高。

假设 3b:对周围人信任水平越高,公众的雾霾风险感知越高。

假设 3c:对陌生人信任水平越高,公众的雾霾风险感知越低。

(二)政府信任

环境风险感知心理测量范式的创世人 Slovic 首先提出了信任的

---

① Brewer M. B. "Ethnocentrism and its Role in Interpersonal Trust". In M. G. Brewer and B. Collins (Eds.), *Scientific Inquiry in the Social Sciences*. San Francisco:Jossey-Bass,1981, pp. 214 – 231.

② Freitag M. and Traunmüller R. "Spheres of Trust:An Empirical Analysis of the Foundations of Particularised and Generalized Trust". *European Journal of Political Research*,2009,Vol. 48, pp. 782 – 803.

③ Siegrist M., Gutscher H. and Earle T. C. "Perception of Risk The Influence of General Trust, and General Confidence". *Risk Research*,2005,Vol. 8,pp. 145 – 156.

④ Smith E. K., and Mayer A. "A Social Trap for the Climate? Collective Action, Trust and Climate Change Risk Perception in 35 Countries". *Global Environmental Change-Human and Policy Dimensions*,2018,Vol. 49,pp. 140 – 153.

"不对称原则"（asymmetry principle of trust），即失去信任比获得信任更容易，公众更容易相信消极事件，不对称性是由于公众心理倾向上的负面效应所导致的。Earle[①]则认为"不对称原则"是有局限性的，缺乏对灾害和信息类型的考量，存在"极端主义偏见"，因此其在Slovic基础上提出了信任二维结构，即社会信任和信心。Earle等[②]认为信任包括社会的信任和信心，社会信任基于共享的价值观是对称的，信心是不对称的，因此提出了信任的对称性原则，包括三个理论模型：显著价值观相似（Salient Value Similarity）、信任—信心—合作模型（trust-confidence-cooperation）和功能性理论（Functioning）。

TCC模型将信任和信心进行了区分，信任是指社会关系所共享的价值观，往往是直觉的、情感的，具有一定弹性、维持性和对称性，往往不会被立即破坏。而信心是基于经历或者证据的，相信未来事件会按照期望发生，有客观的行为标准，一旦不符合标准，则会立即破坏信心，转而支持不对称原则。功能性理论是由Bernd[③]提出的，其认为信任的机制通过两种信息加工方式：内隐加工和外显加工。信息的内隐加工是内隐的、快速的；外显加工是外显和较慢的。信任属于内隐信息加工方式，具有对称性和情感性。信心属于外显加工方式，一旦不符合标准就立即被破坏，具有不对称性和认知性。[④]由此，本研究提出假设：

假设4：公众对政府信任水平越高，雾霾风险感知越低。

---

① Earle T. C. "Trust in Risk Management: A Model-based Review of Empirical Research". *Risk Analysis An Official Publication of the Society for Risk Analysis*, 2010, 30(4): 541–574.

②④ Earle T. C., Siegrisr M." Trust, Confidence and Cooperation Model: a Framework for Understanding the Relation between Trust and Risk Perception". *International Journal of Global Environmental Issues*, 2008, 8(1): 17–29.

③ Bernd Blöbaum. "Examining Journalist's Trust in Sources: An Analytical Model Capturing a Key Problem in Journalism". *Trust and Communication in a Digitized World*. 2016, Springer International Publishing.

（三）组织信任

社会信任与环境风险感知呈现负相关，公众信任机构，其与自己有相似的价值观，基于这些机构所提供信息的信任，他们相信机构有能力处理风险，因此其风险感知较低。[1][2][3][4]　由此，本研究提出假设：

假设 5：公众对政府信任水平越高，雾霾风险感知越低。

（四）媒体信任

大多数学者认同媒介使用对风险感知的建构，并通过实证研究验证了这一假设。Kasperson 等人验证了风险社会放大理论中社会放大站的存在，其中媒介产生了重要作用。[5] 环境风险感知和媒介之间不仅有强相关关系（系数 0.43），而且媒介构建了风险的放大站，影响应对行为。但是，存在较大争议的是新媒介与传统媒介对风险感知的影响。谢晓非等也通过对比电视媒介和网页媒介对个人风险感知的影响，发现电视新闻传播比人际传播的影响更大。[6] 屈晓妍提出互联网使用对社会风险感知的影响力并不显著，新媒介与传统媒介并没有呈现出风险感知的较大差异。[7] 曾繁旭等提出传统媒体与新媒体在环境风险放大效应中存在较大差异。传统媒介所建构的风险议题呈现较多中立态度，而新媒体由于传

---

①　Earle T. C. and Cvetkovich G. "Culture, Cosmopolitanism, and Risk Management". *Risk Analysis*, 1997, Vol.17, pp.55 - 65.

②　Earle T. C., & Siegrist M. "On the Relation between Trust and Fairness in Environmental Risk Management". *Risk Analysis*, 2008, Vol.28, pp.1395 - 1413.

③　Nakayachi K. and Cvetkovich G. "Public Trust in Government Concerning Tobacco Control in Japan". *Risk Analysis*, 2010, Vol.30, pp.143 - 152.

④　Siegrist M., Earle T. C. and Gutscher H. "Test of a Trust and Confidence Model in the Applied Context of Electromagnetic Field (EMF) Risks". *Risk Analysis*, 2003, Vol.23, pp.705 - 716.

⑤　Kasperson R. E. "The Social Amplification of Risk and Low-Level Radiation". *Bulletin of the Atomic Scientists*, 2012, 68(3): 59 - 66.

⑥　谢晓非、李洁、于清源：《怎样会让我们感觉更危险——风险沟通渠道分析》，《心理学报》2008 年第 4 期。

⑦　屈晓妍：《互联网使用与公众的社会风险感知》，《新闻与传播评论》2011 年第 00 期。

播激进态度放大了风险的感知。[①] 罗茜等通过对 CGSS2010 的数据发现,传统媒介对公众的环境风险感知有着显著的影响,新媒介并没有显著影响。[②] 李婷婷(2014)研究了社区居民对雾霾的风险感知水平影响因素,媒体信息发布、政府的减灾策略会对居民的风险感知产生影响。

在互联网时代,威权国家能够控制信息的传播来影响公众的政治态度和对政府的信任。中国传媒业在历经市场化改革之后,传统媒体转型,大量的商业媒体、自媒体涌现,新媒体产生和传统媒介的转型构建双重的话语空间。官方的话语空间由政府控制,维持社会稳定和谐,减少社会矛盾,并在环境风险问题上建立与集体价值观相一致的共识。而非官方(民间)的话语空间则是民众就环境问题的民意表现。两种话语空间往往存在一定的不协调,媒体融合背景下,两类话语空间不断整合,重叠部分越来越大。

斯托克曼的研究指出,公众对于在市场化改革过程中应运而生的非官方媒体的信任度更高,因而更倾向于从非官方渠道获取政治信息。[③] 近年来,在互联网蓬勃发展的背景下,微信、微博等新兴的网络平台为环境信息的传播提供了新的渠道,网民获取风险信息的渠道空前增加。以政府为代表的官方媒体开始逐渐采用微信和微博等方式增强信息引导,网民作为非官方话语的建构者,也不断增强其影响力,推动两类话语体系之间的交流和对话,网民对官方和非官方两类话语体系所发布的信息的信任程度存在较大差异。由此,本研究提出假设:

假设 6:公众对媒体信任水平越高,雾霾风险感知越高。

---

① 曾繁旭、戴佳、王宇琦:《技术风险 VS 感知风险:传播过程与风险社会放大》,《现代传播(中国传媒大学学报)》2015 年第 3 期。

② 罗茜、沈阳:《媒介使用、社会网络与环境风险感知——基于 CGSS2010 数据的实证研究》,《新媒体与社会》2017 年第 3 期。

③ Stockmann D. "Who Believes Propaganda? Media Effects during the Anti-Japanese Protests in Beijing". *China Quarterly*, 2010, 202: 269 - 289.

三、社会因素

社区是人们生活的主要集中地。以往的社区环境健康风险研究表明，对相关机构的信任以及环境风险的传播会影响个人对环境健康风险的感知，种族和社会经济状况产生一定的影响（Flynn et al.，2006）。Altgeld Gardens 酒店周围围绕着垃圾填埋场和危险设施，处于"有毒的甜甜圈"中，周围居民们呼吁进行以社区为单位的环境健康风险评估。

（一）社会网络

风险感知在很大程度上仅被作为个体认知机制，个体收集、处理和形成感知作为与社会系统相联系的单位。然而，个人层面的理论并没有帮助解释社区之间或单个社区内风险的感知差异。而社会网络研究的方法表明，个体产生的网络和自组织系统影响个体感知并建立"志同道合"的群体或社区。有人认为，这些社会单位表现为态度、知识或行为结构。Scherer 和 Cho（2003）的研究测试了这一理论观点的一个方面，中心假设提出了风险感知中网络的存在，这些网络通过分享并可能创造出相似的风险感知。他们根据危险废物场地清理的社区环境收集数据，运用社会网络矩阵与个体风险感知矩阵进行比较，发现社区中的社会联系和网络对风险感知可能产生了重要作用。

风险的社会放大主要由信息机制和反应机制组成。在信息机制中，信息渠道包括非正式的人际网络，非正式人际网络对风险感知产生了影响。非正式的社会网络包括亲属、朋友、邻居、同事等。王文彬研究发现，降低风险感知社会网络交往建构则会加剧城市居民风险感知程度。[①] 拜年

---

① 王文彬：《网络社会中城市居民风险感知影响因素研究——基于体制、信任与社会网络交往的混合效应分析》，《社会科学战线》2017 年第 1 期。

网对风险感知没有作用,但是餐饮网对风险感知有负向作用。韩洪云等发现社会资本主要通过社会网络、社会信任和社会规范等三个指标来进行测量。[①] 研究发现,社会网络一定程度上能够促进公众环境意识和行为。由此,我们提出假设:

假设 7:社会网络能够降低公众的雾霾风险感知,社会网络越丰富,雾霾风险感知越低。

(二) 社会支持

卡斯帕森认为,个体是风险的"放大站",社会放大的根源在于风险的社会体验。风险的传播和个人的风险感知水平有关,而社会关系网络作为风险传播的中介机制,在影响个人风险感知上是不可忽略的重要因素。研究虽发现了社会网络中的社会支持对风险感知有显著效应,但是已有研究相对较少,同时,本章节设计,社会网络中的沟通方式是采用社会支持进而实现,故建构社会支持对雾霾风险感知的影响。由此,我们提出假设:

假设 8:社会支持可以降低公众雾霾风险感知,社会支持越多,雾霾风险感知越低。

四、客观雾霾污染程度

风险感知的研究者发现并验证了灾害类型对风险感知有重要的影响,如高风险灾害和低风险灾害、自然灾害和人为灾害,不同类型灾害类型其风险感知有着显著的区别,会出现信任"对称性"和"不对称性"两种形态,风险严重程度决定了信任的对称性和不对称性。

---

① 韩洪云、张志坚、朋文欢:《社会资本对居民生活垃圾分类行为的影响机理分析》,《浙江大学学报(人文社会科学版)》2016 年第 3 期。

Slovic 等通过比较低风险灾害(制药厂)和高风险灾害(核工业),发现低风险灾害类型中消极信息的影响没有积极信息对风险感知影响大,但在高风险灾害类型中,消极信息强于积极信息,对风险感知影响更大。[①] 与健康相关的风险,其消极信息比积极信息对风险感知的影响更大。[②]

公众一致认为空气污染所导致的风险感知较高。呼吸是人类生存的基本需求,人们在日常生活中很难避免空气污染的影响,从而对身体健康造成威胁,特别是直接造成慢性呼吸系统疾病。Chen 等对中国 17 个城市二氧化硫短期接触和日死亡率,以及大气颗粒物污染与日均死亡率的关系进行研究。研究发现公众长期暴露于恶劣环境中,会减少寿命甚至会造成死亡病例的发生。[③] 关于客观雾霾指数与风险感知之间的关系研究相对较多。早期的研究发现客观空气污染物浓度与风险感知呈现显著负相关。[④⑤] 但后续研究发现它们之间的相关性并不强,[⑥]空气感知风险还受到其他多种因素的影响,特别是心理和社会的各种因素。如在日常生活中,居民往往通过自己对周围环境的观察,[⑦]

---

① Slovic P. and Peters E. "Risk Perception and Affect". *Current Directions in Psychological Science*, 2006, Vol.15, pp.322 - 325.

② Siegrist M., Cvetkovich G. & Roth C. "Salient Value Similarity, Social Trust, and Risk/Benefit Perception". *Risk Analysis*, 2000, Vol.20, pp.353 - 362.

③ Chen Y. Ebenstein A. Greenstone M. & Hongbin L. " Evidence on the Impact of Sustained Exposure to Air Pollution on Life Expectancy from China's Huai River Policy". *Social Science Electronic Publishing*, 2013, Vol.110, pp.12936 - 12941.

④ Rehdanz K., Maddison D. "Local Environmental Quality and Life-Satisfaction in Germany". *Ecological Economics*, 2008, Vol.64, pp.787 - 797.

⑤ Mackerron G., Mourato S. "Life Satisfaction and Air Quality in London". *Ecological Economics*, 2009, Vol.68, pp.1441 - 1453.

⑥ Chattopadhyay P. K. Som B. & Mukhopadhyay P. "Air Pollution and Health Hazards in Human Subjects: Physiological and Self-Report Indices ". *Journal of Environmental Psychology*, 1995, Vol.15, pp.15(4): 327 - 331.

⑦ Forsberg B. Stjernberg N. & Wall S. "People Can Detect Poor Air Quality Well below Guideline Concentrations: A Prevalence Study of Annoyance Reactions and Air Pollution from Traffic". *Occupational and Environmental Medicine*, 1997, Vol.54, pp.44 - 48.

或者根据已有经历直接产生主观感受①来判断是否有空气风险。另有研究者认为媒体报道空气质量的指数②等级与环境污染的相关媒体影响力对公众的环境风险感知有显著的影响。③ Slovic 和 Peters(2006)发现外行人的主观风险感知与灾害风险发生概率高度相关,外行人对风险感知是其心理和认知特征的函数,相对风险客观因素对风险感知的解释力较弱。由此,我们提出研究假设:

假设9:雾霾污染程度越高,所在地区的公众平均的雾霾风险感知提升。

根据以上文献和9个研究假设,设计多维度雾霾风险感知的影响因素假设模型,如图5-1所示。

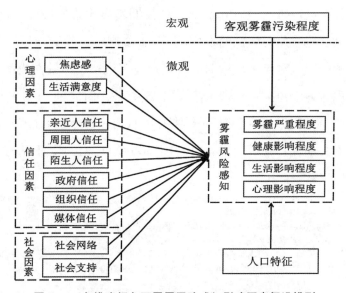

图5-1 多维度视角下雾霾风险感知影响因素假设模型

① Johnson B. B. "Experience with Urban Air Pollution in Paterson, New Jersey and Implications for Air Pollution Communication". *Risk Analysis*, 2012, Vol.32, pp.39-53.

② Wahlberg A. A. F. & Sjoberg L. "Risk Perception and the Media". *Journal of Risk Research*, 2000, Vol.3, pp.31-50.

③ Geoffrey D. & Gooch. "Environmental Concern and the Swedish Press: A Case Study of the Effects of Newspaper Reporting, Personal Experience and Social Interaction on the Public's Perception of Environmental Risks". *European Journal of Communication*, 1996.

第二节　变量测量与分析策略

本章节依据第三章研究设计与理论框架,对问卷的设计、题项测量进行了详细的描述,本章节对自变量和因变量将不做过多阐述。

一、相关变量测量

(一)因变量:雾霾风险感知

风险感知是个体和群体在有限和不确定的信息环境下对风险的直觉判断。在对风险有特定理解的情况下,风险感知是个体对所感知到的风险源的解释或印象(Slovic,1987)。本章节依据 Slovic 对风险感知的概念和测量维度,并借鉴芦慧等(2018)对雾霾风险感知的维度划分,认为雾霾风险感知是个体在雾霾客观风险下,对客观雾霾的直觉判断以及由雾霾问题直接和间接对个人身体健康、心理、工作和生活所造成的影响和感受。因此,本章节设计从雾霾客观感知严重程度、对身体健康、心理健康和对工作与生活的影响等四个题项测量雾霾风险感知,分别为"您所在地区下列雾霾问题的严重程度如何?""雾霾问题对您身体健康所造成的影响如何?""雾霾问题对您心理健康所造成的影响如何?""雾霾问题对您日常工作和生活所造成的影响如何?"根据严重程度由重到轻,分别赋值 5、4、3、2、1。雾霾风险感知量表的聚合因子载荷、KMO 值、Bartlett's 球形检验结果如表5-1所示。KMO 值为 0.818,Bartlett's 球形检验小于 0.001,每项因子标准化载荷系数>0.6,说明雾霾风险感知量表信度和效度符合基本要求。

表 5 - 1　雾霾风险感知量表的信度和效度检验

因子名	变 量 名 称	因子载荷	KMO	Bartlett's 球形检验		
				近似卡方	自由度	显著度水平
雾霾风险感知	雾霾对个人身体健康造成影响	0.916	0.818	14 783.727	6	0.000
	雾霾对心理健康造成影响	0.933				
	雾霾对工作和生活造成影响	0.844				
	客观雾霾严重程度	0.649				

(二) 生活满意度

生活满意度通过以下题项测量,具体问题包括"请问您对以下各项的满意程度如何?"。该问题包括 6 个选项:邻里关系、生活水平、居住条件、家庭关系、社交生活、家庭收入。"非常不满意"赋值为 1,"不太满意"赋值为 2,"一般"赋值为 3,"比较满意"赋值为 4,"非常满意"赋值为 5。生活满意度量表的聚合因子载荷、KMO 值、Bartlett's 球形检验结果如表 5 - 2 所示。KMO 值为 0.874,Bartlett's 球形检验小于 0.001,每项因子标准化载荷系数 > 0.5,说明雾霾风险感知量表信度和效度符合基本要求。

表 5 - 2　生活满意度量表的信度和效度检验

因子名	变量名称	因子载荷	KMO	Bartlett's 球形检验		
				近似卡方	自由度	显著度水平
生活满意度	邻里关系	0.567	0.874	13 536.001	15	0.000
	生活水平	0.649				
	居住条件	0.599				

续表

因子名	变量名称	因子载荷	KMO	Bartlett's 球形检验		
				近似卡方	自由度	显著度水平
生活满意度	家庭关系	0.677	0.874	13 536.001	15	0.000
	社交生活	0.621				
	家庭收入	0.559				

（三）焦虑感

焦虑感通过题项测量，具体问题包括"以下是一些您可能有过的行为，请根据您的实际情况，指出在过去一周内各种感受或行为的发生频率"。该问题包括 20 个选项，如表 3-18 所示。"没有"赋值为 0，"少有"赋值为 1，"常有"赋值为 2，"一直有"赋值为 3。焦虑感知量表的聚合因子载荷、KMO 值、Bartlett's 球形检验结果略。其 KMO 值为 0.818，Bartlett's 球形检验小于 0.001，每项因子标准化载荷系数＞0.6，说明雾霾风险感知量表信度和效度符合基本要求。

（四）人际信任

本研究依据胡安宁对中国差序格局中人际信任的"差"和"序"的测量，本研究设计测量题项"请问您对下列人员的信任程度如何？"，六类人员包括亲人、朋友、陌生人、同学、同事、同乡。根据信任水平由低到高，选项设置为"完全不信任""不太信任""一般""比较信任""非常信任"，分别赋值1—5。通过对六类人员的因子分析发现，六个因子聚合为三个变量，结果如表 5-3 所示，分别为"亲人""朋友"聚合为一类，"同学""同事""同乡"为一类，陌生人与其他五项并不聚合。

根据文献回顾,对亲戚和朋友的信任可参照对亲近人的信任;对同学、同事和同乡的信任可以被视为对周围人信任。因此,本部分将三个聚合后因子命名为"亲近人信任""周围人信任""陌生人信任"。人际信任量表的聚合因子载荷、KMO 值、Bartlett's 球形检验结果如表5-3 所示。KMO 值为 0.748,Bartlett's 球形检验小于 0.001,每项因子标准化载荷系数都在 0.6 以上,说明人际信任量表信度和效度符合基本要求。

表 5-3　人际信任因子分析、量表的信度和效度检验

因子名	变量名称	因子载荷			KMO	Bartlett's 球形检验		
		亲近人信任	周围人信任	陌生人信任		近似卡方	自由度	显著度水平
亲近人信任	亲人信任	0.674	0.203	−0.069				
	朋友信任	0.778	0.282	0.083				
周围人信任	同学信任	0.249	0.773	0.134	0.748	9 735.202	15	0.000
	同事信任	0.195	0.868	0.178				
	同乡信任	0.197	0.607	0.180				
陌生人信任	陌生人信任	0.017	0.114	0.993				

（五）政府信任、组织信任、媒体信任

由于已有研究重点关注社会信任,并做了大量的实证研究,如媒体信任和政府信任对雾霾风险感知的影响(Siegrist,2019)。虽然本研究不做重点讨论,但是也将两者作为控制变量,验证社会信任对雾霾风险感知的影响。测量题项:"请问您对下列机构的信任程度如何?"五类机构包括:中央政府、地方政府、环保部门、电视媒体和网络媒体。根据信任水平由低到高,分别赋值 1—5。通过对五个因子聚类分析发现,中央

政府、地方政府和环保部门聚合为一类,将其命名为"政府信任";慈善机构和宗教团体聚合为一类,将其命名为"组织信任";电视媒体和网络媒体聚合为一类,将其命名为"媒体信任"。三类信任量表的聚合因子载荷、KMO值、Bartlett's球形检验结果如表5-4所示。变量的载荷系数的显著性水平均<0.001。这表明各观测变量可以较好地测度所属潜变量。

表5-4 政府信任、组织信任、媒体信任的因子分析

变 量	题 项	因 子 载 荷		
		1	2	3
政府信任	中央政府	0.627	−0.637	0.188
	地方政府	0.705	−0.583	0.135
	环保部门	0.780	−0.228	−0.213
组织信任	慈善机构	0.781	0.670	−0.396
	宗教团体	0.577	0.546	−0.450
媒体信任	电视媒体	0.618	0.421	0.518
	网络媒体	0.641	0.582	0.547

(六) 社会网络

本节通过本地社会网络测量社会网络,具体问题是"您的有交往的邻居、朋友、同事和居住小区的一些情况"。本地社会网络是通过有交往的邻居、朋友、同事等人中本地人的比重来进行测量。操作化为分类变量,全是外地人为参照组,"全是外地人""大部分是外地人""各占一半""大部分是本地人""全是本地人",分别赋值为1、2、3、4、5。社会网络量表的聚合因子载荷、KMO值、Bartlett's球形检验结果如表5-5所示。变量的载荷系数的显著性水平均<0.001。

表 5－5　社会网络量表的信度和效度检验

因子名	变量名称	因子载荷	KMO	Bartlett's 球形检验		
				近似卡方	自由度	显著度水平
社会网络	有交往的邻居	0.793	0.807	12 988.404	6	0.000
	朋友	0.800				
	同事	0.789				
	居住小区	0.731				

（七）社会支持

社会支持变量通过测量题项：请告诉我们您的邻居（交往）、朋友、同事和居住小区的一些情况。第一个指标（单选）：您遇到烦恼时的倾诉方式？选项包括"从不向任何人倾诉""只向关系极为密切的 1—2 个人倾诉""如果朋友主动询问您会说出来""主动诉说自己的烦恼,以获得支持和理解",依据支持的程度分别赋值 1、2、3、4。第二个指标：您遇到烦恼时的求助方式？选项包括"只靠自己,不接受别人帮助""很少请求别人帮助""有时请求别人帮助""经常向家人、亲友、组织求援",依据支持程度分别赋值 1、2、3、4,依据沟通频次由低到高分别赋值为 1—4。社会支持量表的聚合因子载荷、KMO 值、Bartlett's 球形检验结果如表 5－6 所示,变量的载荷系数的显著性水平均＜0.001。

表 5－6　社会支持量表的信度和效度检验

因子名	变量名称	因子载荷	KMO	Bartlett's 球形检验		
				近似卡方	自由度	显著度水平
社会支持	遇到烦恼倾诉	0.779	0.074	1 852.506	1	0.000
	遇到烦恼求助	0.800				

（八）控制变量

本节的控制变量包括性别、年龄、婚姻、政治面貌、户口、民族、教育程度、收入和健康状况自评。教育程度变量用 1—6 表示，分别代表小学及以下、初中、高中（或者中专和职高技校）、大学专科、大学本科和研究生。因此本研究将其作为控制变量，测量题项为"总体来说，您的健康状况怎样？"选项包括非常健康、比较健康、一般、不太健康和非常不健康，分别赋值 5、4、3、2、1。

二、雾霾污染程度操作化

相关变量如表 5-7 所示。

表 5-7　相关变量测量及描述性分析

	变量	赋值	样本量	最小值	最大值	均值	标准差
控制变量	性别	男＝1　女＝0	5 007	0	1	0.45	0.498
	年龄	（16—69）	5 007	16.00	69.00	43.428 6	13.223 44
	婚姻状况	有配偶＝1 无配偶＝0	5 007	0	1	0.76	0.429
	政治面貌	党员＝1 非党员＝0	4 997	0	1	0.17	0.372
	户口	城市＝1 农村＝0	5 001	0	1	0.73	0.445
	民族	汉族＝1 其他民族＝0	4 997	0	1	0.93	0.250
	教育程度	小学及以下＝1 初中＝2 高中＝3 专科＝4 大学本科＝5 研究生及以上＝6	4 970	1	6	3.26	1.279

	变量	赋值	样本量	最小值	最大值	均值	标准差
控制变量	收入	个人年收入（取对数）	4 810	0.00	15.61	9.953 6	2.907 65
	健康自评	非常健康＝5 比较健康＝4 一般＝3 不太健康＝2 非常不健康＝1	5 002	1	5	3.78	0.852
心理变量	生活满意度	非常不满意＝1 不太满意＝2 一般＝3 比较满意＝4 非常满意＝5	4 933	1.00	5.00	3.735 3	0.539 68
	焦虑感	没有＝0 少有＝1 常有＝2 一直有＝3	4 856	0.00	2.35	0.606 3	0.375 55
信任变量	人际信任		4 920	1	5	3.56	0.493
	亲近人信任		5 001	1.00	5.00	4.332 0	0.617 64
	周围人信任	完全不信任＝1 不太信任＝2 一般＝3 比较信任＝4 非常信任＝5	4 928	1.00	5.00	3.469 4	0.612 74
	陌生人信任		4 998	1.00	5.00	2.285 7	0.902 27
	政府信任		4 995	1.00	5.00	3.803 2	0.821 63
	组织信任		4 979	1.00	5.00	2.959 6	0.837 47
	媒体信任		4 992	1.00	5.00	2.851 7	0.824 44
社会参与	社会网络	全是外地人＝1 大部分外地人＝2 各占一半＝3 大部分本地人＝4 全是本地人＝5	4 866	1.00	5.00	3.659 6	0.837 11
	社会支持	支持程度分别＝1、2、3、4	4 966	1.00	4.00	2.171 9	0.863 73

	变量	赋值	样本量	最小值	最大值	均值	标准差
宏观	雾霾污染程度	2017 年 10 月 1 日—2018 年 3 月雾霾空气占总体空气的比例	33	0.00	0.39	0.16	0.12
因变量	雾霾风险感知	没有影响＝1 影响不大＝2 说不清＝3 没有影响＝4 影响很大＝5	4 974	1.00	5.00	3.156 3	1.152 33

三、分析策略

本节主要运用统计分析软件 SPSS19.0、HLM 对数据进行分析。样本数据的一般描述性分析包括频数、频率、均值、标准差等。通过信度和效度检验对数据样本质量评估。运用因子方法对相关变量量表进行效度检验，并进行降维度、分类。运用了因子分析、单因素方差分析、相关分析、回归分析、多层分析等统计方法对研究假设进行验证。由于前面四种分析方法较为常见，本部分不做赘述，介绍多层线性模型的方法。

（一）回归分析

运用多元线性回归方法分析心理因素、信任因素、社会因素对雾霾风险感知的效应。

（二）多层线性模型

本节运用多层线性模型分析微观个体、宏观层面变量对居民环境行为的影响。在社会科学研究进行取样时,样本往往来自不同的层级和单位,由此得到的数据带来了很多跨级(多层)。多层线性模型又叫作"多层分析"(Multilevel Analysis),是"分层线性模型"(Hierarchical Liner Modeling),如图 5 - 2 所示。

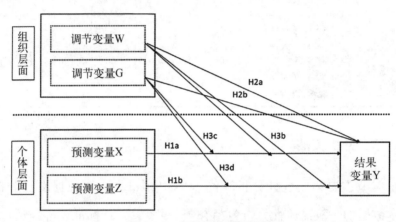

图 5 - 2 多层线性模型框架

由于个体行为不仅受个体自身特征的影响,也受到其所处环境(群体层次)的影响,相对于不同层次的数据,传统的线性回归模型进行变异分解时,对群组效应分离不出,增大模型的误差项。而且不同群体的变异来源也可能分布不同,可能满足不了传统回归的方差齐性假设。分层技术则解决了这些生态谬误(Ecological Fallacy),含两个层面的假设:

1. 个体层面:与普通的回归分析相同,只考虑自变量 X 对因变量 Y 的影响。

2. 群组层面:群组因素 W 分别对个体层面中回归系数和截距的影响。

本节通过"2017 年中国城市化与新移民调查"数据和 33 个区县的监测站 PM2.5 的 24 小时平均浓度,组成主观、客观的嵌套数据,运用多层分析方法,采用分层线性中的二层线性嵌套结构进行深入分析,从微观和宏观两个层面探讨人际信任对雾霾风险感知的影响机制,本研究多层分析方法的分析步骤如公式(2)所示。

个体层面：　　$ERP = \beta_{oj} + \beta_{ITsj}(ITs)_{ij} + \beta_{CVj}(CV)_{ij} + r_{ij}$

区级宏观层面：　　$\beta_{oj} = \gamma_{00} + \gamma_{01}(\mathrm{PM2.5})_j + \mu_{0j}$　　　　(2)

$$\beta_{ITsj} = \gamma_{ITs0} + \mu_{ITsj}$$

$$\beta_{CVj} = \gamma_{CV0} + \mu_{CVj}$$

首先,建立零模型,将方程分解为个体差异和组间差异两个部分。

其次,加入控制变量和自变量构建基准模型。公式(2)个体层面中,ERP 代表雾霾风险感知,β_{oj} 是回归分析于第 j 区的截距,其代表的是因所在区的不同而产生的雾霾风险感知的差。$(ITs)_{ij}$ 代表自变量群(即生活满意度、焦虑感、亲近人信任、周围人信任、陌生人信任、政府信任、组织信任、媒体信任、社会网络、社会支持)。β_{ITsj} 为各自变量在 j 区的组内回归系数(组内效应)。$(CV)_{ij}$ 代表控制变量(性别、年龄、婚姻、政治面貌、户籍、民族、教育程度、收入、健康状况自评),β_{CVj} 为各控制变量在 j 区的组内回归系数(组内效应),r_{ij} 代表个体层面的回归残差。

$$\mathrm{ICC} = \frac{\tau_{00}}{\sigma^2 + \tau_{00}}$$

根据多层线性模型,个体层面的回归截距由宏观层面的因素所决定。因此,公式(2)区县宏观层面嵌套数据非常重要。二层宏观数据 γ_{00} 代表宏观层面截距。$(\mathrm{PM2.5})_j$ 代表区级监测站 PM2.5 日均浓度 $115\,\mu g/m^3$ 以上污染天数比例,γ_{01} 代表区级的平均效应。μ_{0j} 代表区层面残差项(组间效应)。由于个体层面的回归系数也受到宏观区层面的数据影响,因此 β_{ITsj} 自变量的组内效应等于自变量的组平均效应与自变量组间效应之和。β_{cv_j} 控制变量的组内回归系数等于控制变量的组平均效应与控制变量组间效应之和。

第三节　环境风险感知的
多维度影响因素

一、回归方程分析结果

模型 1 将控制变量性别、年龄、婚姻状况、政治面貌、户籍、民族、教育程度、收入水平、健康状况自评和雾霾污染程度 10 个变量纳入模型。模型 2 在模型 1 的基础上加入心理因素——焦虑感、生活满意度两个变量纳入模型。模型 3 将信任因素——亲近人信任、周边人信任、陌生人信任、政府信任、组织信任和媒体信任加入模型中。模型 4 将社会层面因素——社会网络、社会支持纳入模型中,生成公众雾霾风险感知的回归分析结果。调查数据有 10 个城市 33 个区,再进一步分析雾霾风险感知的多层线性分析结果,如表 5-8 所示。

表 5-8　居民环境风险感知回归与多层线性模型

变　　量	模 型 1	模 型 2	模 型 3	模 型 4
性别[a]	−0.045** (0.034)	−0.048*** (0.035)	−0.045** (0.034)	−0.030** (0.035)
年龄	0.090*** (0.002)	0.107*** (0.002)	0.100*** (0.002)	0.069*** (0.002)
婚姻状况[b]	0.040** (0.041)	0.047** (0.042)	0.044** (0.041)	0.048** (0.041)

变　量	模　型 1	模　型 2	模　型 3	模　型 4
政治面貌[c]	−0.005 (0.047)	0.003 (0.048)	0.004 (0.048)	0.002 (0.047)
户籍[d]	0.109*** (0.041)	0.100*** (0.041)	0.093*** (0.048)	0.040* (0.043)
民族[e]	0.069*** (0.066)	0.072*** (0.066)	0.069*** (0.066)	0.069*** (0.066)
教育程度	0.075*** (0.016)	0.084*** (0.017)	0.085*** (0.017)	0.082*** (0.017)
年收入（对数）	−0.024* (0.006)	−0.021* (0.006)	−0.023* (0.006)	−0.026* (0.006)
健康状况自评	0.004 (0.020)	0.019** (0.021)	0.016* (0.021)	0.013* (0.021)
焦虑感		−0.018* (0.047)	−0.010 (0.047)	−0.002 (0.047)
生活满意度		−0.106*** (0.033)	−0.110*** (0.033)	−0.119*** (0.033)
亲近人信任			0.093*** (0.031)	0.084*** (0.031)
周围人信任			0.021* (0.032)	0.020* (0.032)
陌生人信任			−0.137*** (0.020)	−0.127*** (0.020)
政府信任			−0.035* (0.024)	−0.044** (0.024)
组织信任			−0.051** (0.026)	−0.043* (0.026)
媒体信任			−0.002 (0.024)	−0.010 (0.024)
社会网络				0.177*** (0.022)

续表

变　量	模 型 1	模 型 2	模 型 3	模 型 4
社会支持				0.077*** (0.020)
PM2.5	1.719** (0.937)	1.714** (0.944)	1.578** (0.915)	1.555** (0.897)
常数项	2.888*** (0.155)	3.082*** (0.180)	3.088*** (0.247)	2.909*** (0.257)
N	4 272	4 270	4 264	4 262
ICC组内相关系数	0.368 8	0.370 0	0.327 4	0.359 5
自由度	31	31	31	31
Deviance	11 470.969	11 456.579	11 432.716	11 412.643
γ_{00}	0.904	0.901	0.896	0.893
σ^2	0.818	0.813	0.803	0.798

注：非标准回归系数，括号内为标准误。参照组：a. 女性　b. 已婚或者有伴侣　c. 非党员 d. 农村　e. 非汉族。* $p<0.05$, ** $p<0.01$, *** $p<0.001$。

模型1检验控制变量对雾霾风险感知的影响效应，分析结果显示：

(1) 性别与雾霾风险感知呈显著负相关（$\beta_1=-0.045$，$p<0.01$），女性雾霾风险感知高于男性。

(2) 年龄与雾霾风险感知呈显著正相关（$\beta_2=0.090$，$p<0.001$），随着年龄增长，雾霾风险感知逐渐增加。

(3) 婚姻状况与雾霾风险感知呈显著正相关（$\beta_3=0.040$，$p<0.01$），已婚或者有伴侣的居民，雾霾风险感知高于未婚或者单身人士。

(4) 政治面貌与雾霾风险感知没有显著相关性，说明党员身份与非党员在雾霾风险感知上并没有差异性。

(5) 户籍与雾霾风险感知有显著正相关（$\beta_5=0.109$，$p<0.001$），说

明城市户籍的居民雾霾风险感知明显高于农村户籍居民。

（6）民族与雾霾风险感知有显著的正相关（$\beta_6 = 0.069$，$p < 0.001$）。

（7）教育程度与雾霾风险感知有着显著正相关（$\beta_7 = 0.075$，$p < 0.001$），说明随着教育水平的提升，居民的雾霾风险感知增加。

（8）收入水平与雾霾风险感知有着一定的负相关（$\beta_8 = -0.024$，$p < 0.5$），表明收入水平的增长，在一定程度上会降低雾霾的风险感知。

（9）健康状况自评与雾霾风险感知没有显著的相关性。

首先，参数估计都显著（通过检验：$P < 0.001$），说明雾霾污染程度与公众的雾霾风险感知存在整的相关关系。

其次，模型 1 的模型 ICC 组内相关系数为 0.368 8，ICC 指数表明，公众雾霾风险感知有 36.88% 来源于不同区之间的差异（组间差异）。其余 63.12% 来自每个区内部居民个体差异（组内差异）。也就是说，公众雾霾风险感知存在组间差异，同时也有很大程度上的组内差异，多层线性模型的构建有必要建立。

再次，在第一水平控制变量进入方程中后，σ^2 变小，加入了预测变量，方程的解释力度更强，偏差（Deviance）值随之减少至 11 470.969。

模型 2 在模型 1 基础上加入了心理因素——焦虑感和生活满意度之后，回归分析结果显示：

（1）控制变量对雾霾风险感知的影响基本没有变化。

（2）焦虑感与雾霾风险感知呈负相关（$\beta_{10} = -0.018$，$p < 0.5$），表明随着焦虑感的增加，雾霾风险感知在一定程度上会降低。

（3）生活满意度与雾霾风险感知呈显著的负相关（$\beta_{11} = -0.106$，$p < 0.001$），说明生活满意度的提升，会降低雾霾风险感知。

在加入了心理因素相关变量后，模型 2 的模型 ICC 组内相关系数为 0.370 0，说明区层面变量对居民雾霾风险感知的解释力为 37.00%，个体变量对雾霾风险感知的解释力达到 63%。个人层面的焦虑感和生活满意度对公众雾霾风险感知产生效应,且两者呈负相关关系。在第一水平控制变量进入方程中后,加入了两个变量,方程的解释力度更强,偏差(Deviance)随之减少为 11 456.579,σ^2 的值有了明显的降低,降低为 0.813。

这就说新增的焦虑感和生活满意度是解释公众雾霾风险感知的重要因素。因此,假设 1 和假设 2 得到验证。

模型 3 在模型 2 基础上加入了信任因素——亲近人信任、周围人信任、陌生人信任、政府信任、组织信任、媒体信任后,回归分析结果显示:

(1) 亲近人信任与雾霾风险感知呈显著正相关($\beta_{12} = 0.093$,$p < 0.001$),说明随着亲近人的信任程度的增加,居民雾霾的风险感知有一定程度增加。

(2) 周围人信任与雾霾风险感知呈正相关($\beta_{13} = 0.021$,$p < 0.5$),表明随着公众对周围人信任水平的增加,雾霾风险感知在一定程度上有所增加。

(3) 陌生人信任与雾霾风险感知有显著的负相关($\beta_{14} = -0.137$,$p < 0.001$),表明公众对陌生人信任程度的增加,会降低其雾霾风险感知。

(4) 政府信任与雾霾风险感知有显著的负相关($\beta_{15} = -0.035$,$p < 0.5$),表明政府信任水平提升,公众的雾霾风险感知降低。

(5) 组织信任与雾霾风险感知有显著的负相关($\beta_{16} = -0.051$,$p < 0.01$),表明公众对组织信任水平提升,公众的雾霾风险感知会降低。

(6) 媒体信任与雾霾风险感知没有相关。

加入了信任层面的相关变量后,模型 3 的模型 ICC 组内相关系数为 0.327 4,说明区层面变量对居民雾霾风险感知的解释力为 32.74%,个体变量对雾霾风险感知的解释力达到 67.26%。个人层面的人际信任、政府信任、组织信任、媒体信任加入模型后,方程的解释力度更强,偏差(Deviance)随之减少为 11 432.716。σ^2 的值有了明显的降低,达到 0.803。这就说新增的亲近人信任、周围人信任、陌生人信任变量是解释公众雾霾风险感知的重要因素,故假设3、假设4和假设5得到验证,假设6没有得到验证。

模型4在模型3基础上加入了社会因素的相关变量——社会网络、社会支持,回归分析结果显示:

(1) 社会网络与雾霾风险感知呈显著的正相关($\beta_{18} = 0.177$,$p<0.001$),说明居民的社会网络的程度越高,其雾霾风险感知越高,社会网络的密集程度会提升风险感知。

(2) 社会支持的雾霾风险感知呈显著的正相关($\beta_{19} = 0.077$,$p<0.001$)。居民获得更多的社会支持,会引发其雾霾风险感知的增加。

加入了社会因素的相关变量后,模型4的模型 ICC 组内相关系数为 0.359 5,说明区层面变量对居民雾霾风险感知的解释力为 35.95%,个体变量对雾霾风险感知的解释力达到 64.05%。加入了两个变量后,方程的解释力度更强,σ^2 的值有了明显的降低,为 0.798。偏差(Deviance)随之减少为 11 412.643。这就说新增的社会网络和社会支持是解释公众雾霾风险感知的重要因素。故假设7和假设8得到验证,个人层面的社会网络和社会支持对公众雾霾风险感知产生效应,且两者呈正相关关系。

本章节的四个模型都通过固定效应和随机效应检验,具有统计显著性可被接受。更为重要的是,四个模型都验证了雾霾污染程度对风险感知显著的正向效应。说明了地区层面公众的平均雾霾风险感知受到当地雾霾污染程度的影响，表明了政府的雾霾治理水平和治理成效决定了公众的雾霾风险感知，进一步验证了地区差异对雾霾风险感知的影响。由于我国各地区的雾霾状况各不相同，客观的空气质量决定了公众风险感知。

二、环境风险感知多维影响因素分析

本章节从总体上验证了多维度视角的雾霾风险感知影响因素。居民雾霾风险感知受到焦虑感、生活满意度、亲近人信任、周围人信任、陌生人信任、政府信任、组织信任、社会网络和社会支持的影响，验证了研究假设。可以归纳为以下几点：

（一）不同指标下的雾霾风险感知存在差异

女性雾霾风险感知高于男性，性别对雾霾风险感知具有显著差异。很多学者验证了这一结论。当然也有学者认为男性风险感知高于女性，因为男性对科技风险的认知程度高于女性。本研究则认为，在雾霾问题上，女性的风险感知可能高于男性。

年龄与雾霾风险感知也呈现了正相关，说明年长者具有较多的雾霾风险感知。年轻人虽然具有一定环境知识储备，对新知识的接受能力强，但是风险感知较低，随着年龄的增长，雾霾风险感知也在不断增强。

婚姻状况与雾霾风险感知呈现正相关，已婚的人群因中国传统的家庭结构，面临"上有老下有小"的困境，因此，已婚人群对于家庭的责任、对雾霾风险的关注程度显然高于未婚人群。当前中国城市居民往往受到个体家庭结构影响，雾霾风险感知也会受婚姻状况的影响。

　　户籍在控制了其他的变量之后，对雾霾风险感知的效应减弱，说明城市户口居民对雾霾风险感知的影响可能是通过其他变量中介影响雾霾风险感知。总体看，城市户籍的居民雾霾风险感知高于非城市户籍的居民。

　　民族对雾霾风险感知有显著的正相关关系，当然本调查中"汉族"人口居多，占93%。汉族的雾霾风险感知高于非汉族。

　　教育程度与雾霾风险感知呈现显著正相关，说明公众教育水平的提升，其雾霾风险感知也随之增加。在一定程度上说明了教育程度对雾霾风险感知有显著的效应。

　　年收入在一定程度上对雾霾风险感知有负相关。说明随着收入水平的提高，雾霾风险感知会逐渐地降低。在我国现阶段，收入水平代表了阶层的地位和社会资本。阶层地位较低和经济资本较少，这一客观水平决定了个体的雾霾风险感知。收入水平决定了其对雾霾的防护能力和抵御风险的能力。

　　健康状况的自评在控制了其他变量的情况下与雾霾风险感知有一定的正相关关系。在加入信任因素的自变量后，其对雾霾风险感知的影响效应有所减弱，说明健康状况自评有可能通过其他变量对雾霾产生效应。转型期的中国，环境问题虽然不断改善，但是近几年发现公众对环境问题的投诉在逐年增加，表明环境问题的改善并不能解决公众对环境日益增长的需求。显然，由环境引发的健康问题成为主要的矛盾和困惑。

　　(二) 在心理因素方面，生活满意度对雾霾风险感知有显著的负向作用

　　焦虑感在模型3和模型4中不显著，说明了焦虑感知有可能通过

其他中介对雾霾风险感知产生影响。但是生活满意度的提升可以降低雾霾风险感知。生活满意度本身属于乐观的情绪,在一定程度上缩小了公众的雾霾风险感知,积极心态可以引导公众乐观的心态,降低焦虑感知。但是生活满意度的提升是一个长期的过程,更加需要政府整体治理水平的提升所产生的效果。随着地方政府环境治理决心的增强,提高环境执法力度,有效开展治理环境,采取措施加强公众环境意度,有助于激发公众的雾霾风险感知热情。

较为有趣的是,焦虑感知随着信任变量的加入,变得对雾霾风险感知没有效应。这说明有可能在信任变量引入后,焦虑对风险感知并不产生效应,其通过了信任因素的完全中介进而对雾霾风险感知产生影响。焦虑的情绪本身并不会对雾霾风险感知产生直接效应,可能是通过降低政府信任、亲近人和周围人的信任水平,进而降低了风险感知。这一问题将在第七章进一步讨论。

(三) 在信任因素方面存在较大差异

人际信任中,亲近人信任、周围人信任和陌生人信任存在显著的差异。对亲近人和周围人信任水平增加,提升公众雾霾风险感知,对陌生人信任水平提高,却降低雾霾风险感知。从人际信任中发现了显著的差异性。本章认为人际信任中不同人际信任却出现了反向的结果。说明这一研究结果背后,隐藏着重要的逻辑,值得深入探究。本研究将在第六章重点探讨亲近人信任、周围人信任和陌生人信任对雾霾风险感知存在反向的原因,三类人际信任对雾霾风险感知的影响路径。已有的文献探讨了政府信任、组织信任和媒体信任对雾霾风险感知的影响。这一研究为后续研究奠定了基础。研究结果发现,政府信任和组织信任水平增加可以降低雾霾风险感知,这与已有研究结论基本一致,但是媒体信任对雾霾风险感知却并没有显著的效应,这一结论与日常的经验并不一致,说明媒体信任对雾霾风险感知的影响背后有其他干扰因素,或者存在差异性的媒体信任。为了探究媒体信任对雾霾风险感知背后的差异性逻辑,本书将在第七章深入探究在雾霾情景下媒体信任对风险感知的影响。随着网络技术的发展,媒体类型繁多,社交媒体使用频率日益增长,官方媒体和非官方媒体成为主要的分类,两类媒体渠道有着显著的差异性,其对雾霾风险感知也存在差异性的影响。

(四) 在社会因素方面,社会网络和社会支持对雾霾风险感知都有显著的正向影响

社会网络越多和社会支持越多的公众,雾霾风险感知越高。在社会层面上,公众在脱离家庭结构后,转化为原子化的个体,差序格局的中国城市转为"陌生人社会"。社会网络与社会支持的增强,有利于公众对周围环境的关注,提升公众对雾霾风险的感知。

社会是一个共同体,由社会成员之间的嵌入关系构成的人际网络就是社会网络。社会网络是社会资本的载体,居民通过其社会网络进行信息沟通与互动,从而产生群体舆论效应。我们都听说过"人云亦云"这句话,这种群体舆论效应一方面能够有效地抑制居民的机会主义和"搭便车"倾向;另一方面,环境信息和知识也通过作为信息载体的社会网络不断得以传播。在西方国家,居民通过自愿加入会员或非政府组织等形成个人的社会网络。而在中国社会,"差序格局"使居民的社会网络更多地表现为亲戚、邻里和朋友关系所构成的"私人圈子"。[①] 赵延东研究了个人的社会网络对其身体健康和精神健康的影响,结果发现,个人的社会网

----

① 韩洪云、张志坚、朋文欢:《社会资本对居民生活垃圾分类行为的影响机理分析》,《浙江大学学报(人文社会科学版)》2016 年第 3 期。

络对其身体和精神健康都起着积极作用。[1] 紧密度高、异质性低和强关系多的社会网络对居民的表达性行为有利,从而对其精神健康起到促进作用;反之,松散型社会网络对居民的工具性行动有利,从而对其身体健康产生积极影响。那么,对于雾霾风险感知也是如此。个人的社会网络在紧密的联系和群体舆论压力中形成了互惠团结、价值内化和互相信任的特征,从而进一步培育居民的集体环境意识。在个人的社会网络群体中,大多数人重视雾霾风险,那么个体的风险感知水平也得以提高。总之,社会网络在一定程度上强化了人们对于雾霾风险的感知。同样,社会支持的增强有利于公众的表达性行为,进而提升其雾霾风险感知。

科学、理性地引导风险感知,成为理论和实践界共同关注的重点。社会网络和社会支持对雾霾风险感知增强,在公众对雾霾专业性认知初级阶段有利于公众对雾霾风险的关注,但是当在应对突发灾害时,社会网络和社会支持过度放大风险感知,往往会适得其反。因此,本书将在第八章重点探究感知与行为中的鸿沟、雾霾风险感知对公众应对行为的影响机制和影响路径,试图找到有效的方法,通过政策等其他手段解决这一核心问题。

最后,在四个模型中雾霾污染程度这一客观变量都具有显著的效应,说明城市中各区空气质量差异影响了公众的雾霾风险感知。因此,在特大型城市的雾霾治理中,更加需要增进雾霾的治理效果,从根本上解决问题,蓝天和白云是最有说服力的证明。

第四节 结 论 与 讨 论

综上所述,本章从心理、信任和社会等三个维度分析雾霾风险感知

---

[1] 赵延东:《社会网络与城乡居民的身心健康》,《社会》2008 年第 5 期。

影响因素,验证了研究假设 1、假设 2、假设 3、假设 4、假设 5、假设 6、假设 7、假设 8 和假设 9。通过多层线性模型分析,本研究发现了特别值得关注的三类问题。

首先,在信任层面的人际信任,人际信任对雾霾风险感知的差异化影响。

其次,媒体信任对雾霾风险感知的反常理的结论,值得深入探究背后的逻辑,如何界定媒体对雾霾风险感知的影响。

再次,研究结论发现了社会网络和社会支持对风险感知的显著正向作用,说明了社会网络和社会支持对风险感知的强大放大功能,如何引导理性风险感知和行为,是值得进一步探究的。

本章研究了信任对雾霾风险感知的显著影响。不同的信任类型存在显著的差异。吉登斯认为,信任可以分为普遍信任和特殊信任,前者是个人或抽象系统所给予的信任,后者是对其他人及客观世界的信任。[①] 科尔曼提出信任是一种风险行为,是一种理性的市场交易行为。[②] 朱慧劼和姚兆余研究了社会信任对城市居民健康状况的影响,结果表明,社会信任对居民的自评身体健康和自评精神健康均有显著的影响。[③] 他们将社会信任分为普遍信任、关系信任、亲人信任和制度信任,不同类型的社会信任对健康产生的影响也存在一定差异。Uslaner 和 Conley 认为,人际信任是个体之间相互的主观评估,会对行为人采取行动产生影响;人际信任可以分为包容性信任和局限性信任,前者不以有相同背景或彼此是否相互关联为基础,后者仅限于对邻里、朋友等

---

① 安东尼·吉登斯:《现代性与自我认同:现代晚期的自我与社会》,生活·读书·新知三联书店 1998 年版。
② 詹姆斯·科尔曼:《社会理论的基础》,邓方译,社会科学文献出版社 1992 年版。
③ 朱慧劼、姚兆余:《社会信任对城市居民健康状况的影响》,《城市问题》2015 年第 9 期。

熟人的信任。[①] 本研究中,人际信任中陌生人信任属于包容性信任,但是对于亲近人和周围人的信任属于局限性信任,政府信任、组织信任和媒体信任属于制度信任。

综上所述,人际信任中的陌生人信任不同于亲近人信任和周围人信任,在差序格局的社会中陌生人间的信任可以降低风险感知;相反,陌生人信任的降低则会增强风险的感知。而社会信任中媒体信任不同于政府信任和组织信任,由于媒体信任的渠道不同,分为官方媒体和非官方的媒体,会彼此增进或者削减风险感知,因此从表面上看,媒体信任并没有增进风险感知;但是,正是由于媒体信任的来源不同,对风险感知也会产生差异化的影响。这将为未来研究产生一定的启示作用。

同时,本章不仅构建了二维的主客观雾霾风险感知影响因素,更为重要的是构建了三维的影响因素,本章基于已有的研究基础,在主客观二维基础上,进一步在主观维度分为心理、信任和社会等三个维度的风险感知影响因素。本章的阐述,为后续进一步深化风险感知影响机制,探究风险感知对应对行为的影响机制提供了有利的前提和基础。后续的第六章将围绕人际信任对雾霾风险感知影响机制进一步阐述,第七章将进一步拓展媒体信任,创新媒体影响力对风险感知的影响路径,第八章将紧紧围绕风险感知对行为的影响机制进行深入讨论,如何在制度机制因素风险感知对行为的影响路径中解决当今中国乃至全球所面临的难题"跨越感知与行为之间的鸿沟",同时为未来风险感知深入研究提供新的视角。

---

① Uslaner E. M., Conley R. S. "Civic Engagement and Particularized Trust The Ties that Bind People to their Ethnic Communities". *American Politics Research*, 2003, 31(4): 331 - 360.

第六章　人际信任、人际沟通与环境风险感知

　　中国社会科学院在 2020 年 1 月通过对疫情风险感知的调查,发现信息、信任和信心是公众疫情风险感知的核心影响因素。但是,在灾难和风险面前,政府部门信息不对称、瞒报、漏报、渎职,"红十字会"信任危机事件等导致政府公信力下降,甚至出现"塔西佗陷阱"。网络时代弥漫着公众对专家话语普遍不信任,专家的权威没落、跌落神坛,各种阴谋论甚嚣尘上。最为严重的是互联网的普及导致公众淹没在信息泡沫中,各种信息无时无刻不在轰炸大脑,真相在网络时代变为稀缺资源,公众不能分辨,也无力分辨,只能相信自己所信任的是真相,但个体的经验和判断往往并不是真相,"眼见并不一定为实"。毫无疑问,社会信任的丧失和崩盘比灾难和风险本身更加可怕,因为其很难在短时间恢复,其造成的衍生风险更为可怕。如何构建信任的纽带,如何为信任提供沟通交流的公共空间和平台成为理论和实践界亟须破解的难题,也对政府、学者们提出了挑战,因此,探索信任与风险感知的关系至关重要。

　　已有研究发现一般信任对环境风险感知有负面影响。[1][2] 其原因

---

　　① Michael Siegrist, Heinz Gutscher, Timothy C. Earle. "Perception of Risk: The Influence of General Trust, and General Confidence". *Routledge*, 2005, 8(2). Vol.8, pp.145 - 156.

　　② E. Keith Smith, Adam Mayer. "A Social Trap for the Climate? Collective Action, Trust and Climate Change Risk Perception in 35 Countries". *Global Environmental Change*, 2018, Vol.49, pp.140 - 153.

可能是,倾向于无条件信任他人的人,与那些信任水平较低的人相比,其所拥有的个人特性导致其风险感知较低,相反,一般信任水平低的人风险感知较高。社会信任不同于一般信任和人际信任,是依赖于他人,对掌握信息和负责监管机构、相关的政府部门及风险企业的信任。① 研究者同样发现,社会信任与环境风险感知呈现负相关,公众信任机构,其与自己有相似的价值观,和基于这些机构所提供信息的信任,他们相信机构有能力处理风险,因此其风险感知较低。②③④⑤ 有研究者构建了信任二维结构,即社会信任和信心(Earle,2010)。社会信任基于共享的价值观是对称的,信心是不对称的,因此提出了信任的对称性原则包括三个理论模型:显著价值观模型(Salient Value Similarity)(Bernd,2016)、信任—信心—合作模型(trust-confidence-cooperation)和功能性理论(Functioning)。⑥

Sjöberg 等通过实证研究发现了不同的信任类型对风险感知的解释力不同。特殊信任比普遍信任更能解释风险感知。⑦ 虽然三种类型

① Siegrist Michael. "Trust and Risk Perception:A Critical Review of the Literature". *Risk Analysis: An Official Publication of the Society for Risk Analysis*,2019,Vol.4,pp.1 - 11.

② Timothy C. Earle, George Cvetkovich. "Culture, Cosmopolitanism, and Risk Management". *Risk Analysis*, 1997, 17(1). Vol.17, pp.55 - 65.

③ Earle Timothy C., Siegrist Michael. "On the Relation between Trust and Fairness in Environmental Risk Management". *Risk Analysis: An Official Publication of the Society for Risk Analysis*,2008, 28(5). Vol.28, pp.1395 - 1413.

④ Nakayachi Kazuya, Cvetkovich George. "Public Trust in Government Concerning Tobacco Control in Japan". *Risk Analysis: An Official Publication of the Society for Risk Analysis*,2010, 30(1). *Risk Analysis*, Vol.30, pp.143 - 152.

⑤ Siegrist Michael, Earle Timothy C., Gutscher Heinz. "Test of a Trust and Confidence Model in the Applied Context of Electromagnetic Field (EMF) Risks". *Risk Analysis: An Official Publication of the Society for Risk Analysis*, 2003, 23(4). Vol.23, pp.705 - 716.

⑥ Earle Timothy C., Siegrist Michael. "On the Relation between Trust and Fairness in Environmental Risk Management". *Risk Analysis: An Official Publication of the Society for Risk Analysis*, 2008, 28(5). Vol.28, pp.1395 - 1413.

⑦ Lennart Sjöberg. "Antagonism, Trust and Perceived Risk". *Risk Management*, 2008, 10(1). Vol.10, pp.32 - 55.

的信任(普遍信任、社会信任、信心)对风险感知影响已经取得突破性进展,但缺乏信任类型的深层理解,更鲜有关注人际信任对环境风险感知的影响。人际信任是指对特定人群的信任。[1][2] 如上所述,对机构的信任可以通过机构与公民之间的沟通来降低人们的风险感知。同理,人际信任也会通过人际交流提供关于环境风险的信息或知识。[3][4][5] 基于人际信任会促进人际沟通,[6][7][8]人际信任同样也可能通过人际沟通对环境风险感知产生影响。由于已有研究较少触及这一问题,因此有必要探究人际信任对环境风险感知的作用机理。本章通过中国 10 个城市 33 个区 3 858 个样本的随机调查,基于回归分析、多层线性模型和结构方程,构建人际信任的类型和环境风险感知的维度,探讨在客观雾霾影响下,不同地区、不同类型的人际信任对环境风险感知,尤其是雾霾风险感知的作用机理。

① Brewer M. B. "Ethnocentrism and Its Role in Interpersonal Trust". *In Scientific Inquiry and the Social Sciences* (pp.345 - 59). 1981, New York: Jossey-Bass.

② Freitag M., Richard Traunmüller. "Spheres of Trust: An Empirical Analysis of the Foundations of Particularised and Generalised Trust". *European Journal of Political Research*, 2009, 48(6). Vol.48, pp.782 - 803.

③ Finucane M. L., Alhakami A., Slovic P., et al. "The Affect Heuristic in Judgments of Risks and Benefits". *Journal of Behavioral Decision Making*, 2000, 13(1): 1 - 17.

④ Kahneman, D. & Frederick. "A Model of Heuristic Judgment". *The Cambridge Handbook of Thinking and Reasoning*, 2005. (pp.267 - 293).

⑤ Pachur T., Hertwig R., Steinmann F. "How Do People Judge Risks: Availability Heuristic, Affect Heuristic, or Both?". *Journal of Experimental Psychology Applied*, 2012, 18(3): 314 - 330.

⑥ Mellinger, Glen D. "Interpersonal Trust as A Factor in Communication". *Journal of Abnormal & Social Psychology*, 1956, 52(3): 304 - 309.

⑦ Pearce W. B. "Trust in Interpersonal Communication". *Communication Monographs*, 1973, 41(3): 236 - 244.

⑧ Giffin, Kim. "Interpersonal Trust in Small-Group Communication". *Quarterly Journal of Speech*, 1967, 53(3): 224 - 234.

第一节　理论基础与研究假设

一、相关理论

（一）差序化的人际信任

长期以来，基于风险研究领域的三种信任类型，研究者更多关注宏观的社会信任、组织信任和普遍信任，受制于学科局限，信任类型往往被看作是单一的、同质性（homogeneous）概念，缺乏阐释特殊信任，尤其是差序的信任关系对风险感知的影响机理。一般来说，社会科学较多使用普遍信任（General trust，Generalized trust），很多学者对于人际信任（Interpersonal trust）和普遍信任存在误解和混淆。普遍信任研究针对一般社会成员，是"超组织"（out of group）信任水平，而人际信任属于特殊信任，是基于"组内"（in-group）基础上的特殊信任。本章的人际信任是特定人群的信任关系与程度（Freitag and Traunmüller，2009；Glanville and Paxton，2007；Sztompka，1999；Welch et al.，2005）。人际信任的分类成为本章的重点问题。

近几年的研究开始关注基于梯度的信任半径（Radius）概念化和测量（Hu an，2017；Delhey et al.，2011）。信任半径研究者发现，不同的人对"一般人"概念有不同的参考类别，这些参考类别可以表示为从近到远的半径。近距离半径参照群体包括家庭成员和朋友，远距离半径参照群体包括陌生人。根据参照类别，信任半径可以分为对亲近人信任（包括对家人或朋友的信任）、对周围人的信任（包括同学或同事的信任）和对陌生人的信任。第五章对这部分文献做了详细的说明。

（二）信任的"相似性启发"

早期的风险感知研究者提出了风险感知中的信任"不对称原则"（asymmetry principle of trust），研究结论表明，"消极信息降低信任的程度强于积极信息提高信任的程度"，失去信任比获得信任更容易。[①] 这一研究结果建立在信任启发法，如公众通过社会信任（组织信任），进而影响风险感知。[②③④] 信任启发法认定公众缺乏相关的风险知识，无法对技术或者灾害风险做出判断，他们依赖于其信任的机构提供的信息，这是机构与公民之间的一种交流形式。公众更容易受到消极主义偏见影响，进而做出消极风险判断。

后期研究者在"不对称原则"基础上从信息类型、风险类型、先前期望和最初的信任水平等方面进行了拓展，发现了"不对称原则"的缺陷，并提出了信任的"对称性原则"。两者区别在于"不对称原则"认为信任是一维的，"对称性原则"认为信任是二维的。SVS（Salient Value Similarity）显著价值观相似性理论包括两部分，"显著价值观和"和"价值观相似性"。信任是情感的契约，基于普遍的一致价值观，公众的风险感知是直觉的判断，建立在价值观相似的基础上，信任并不会受到外在情景变化而变化，具有一定持续性。为了更进一步区分，Earle 和 Siegrist 提出了信任的二维性，包括信任和信心，构建了 TCC 理论（trust-confidence-cooperation）。该理论认为信任建立在价值观相似性的判断基础上，基于社会关系、群体成员的关系和共享价值观，采用启

① Slovic P. "Perceived Risk, Trust, and Democracy". *Risk Analysis*, 1993, 13(6): 675 – 682.

② Finucane M. L., Alhakami A., Slovic P., et al. "The Affect Heuristic in Judgments of Risks and Benefits". *Journal of Behavioral Decision Making*, 2000, 13(1): 1 – 17.

③ In K. Holyoak & B. Morrison (eds.). *The Cambridge Handbook of Thinking and Reasoning*. Cambridge University Press. 2005, pp.267 – 293.

④ Pachur T., Hertwig R., Steinmann F. "How do People Judge Risks: Availability Heuristic, Affect Heuristic, or Both?". *Journal of Experimental Psychology Applied*, 2012, 18(3): 314 –330.

发式的过程,减少公众认知复杂性。信任是具有弹性的,不会轻易被破坏;信心是脆弱的,容易受到过去的经历和事件所影响,做出消极判断。[①]

本章认同信任的"对称性原则"及以上理论,个人对风险的判断会受到其他人的影响,具有相似价值观的个体会相互启发,进而共享共同的价值观,并就风险信息进行交流。因此,关系密切的人,如家庭成员、熟人、同事,更有可能分享相同的价值观,进而产生情感和相似性启发。[②] 另一方面,陌生人相互不属于同一群体,[③④⑤]缺乏共同的价值观和深层次的交流与互动。陌生人之间的信任,不建立在社会关系和社会网络基础上,进而可能不会对风险感知产生启发式的影响。

二、模型构建与研究假设

(一) 亲近人信任、周围人信任与风险感知

已有研究表明,社会信任通过情感和价值观相似性启发,影响个体风险感知和判断。公众依赖他们信任的机构或者掌握信息的机构所提供的信息来判断风险进而采取应对行为。由于机构为了维持稳定和利益相关者的利益,有可能提供正面风险信息,社会信任降低了人们的风险感知。

---

① Earle T. C., Siegrist M. "Morality Information, Performance Information, and the Distinction between Trust and Confidence". *Journal of Applied Social Psychology*, 2006, 36(2): 383-416.

② Colquitt Jason A., Scott Brent A., LePine Jeffery A. "Trust, Trustworthiness, and Trust Propensity: A Meta-Analytic Test of Their Unique Relationships with Risk Taking and Job Performance". *The Journal of Applied Psychology*, 2007, 92(4). pp.909-927.

③ Mark Weber J. Deepak Malhotra, J. Keith Murnighan. "Normal Acts of Irrational Trust: Motivated Attributions and the Trust Development Process". *Research in Organizational Behavior*, 2004, 26.

④ Jingjing Yao, Zhi-Xue Zhang, Jeanne Brett, J. Keith Murnighan. "Understanding the Trust Deficit in China: Mapping Positive Experience and Trust in Strangers". *Organizational Behavior and Human Decision Processes*, 2017: 143.

⑤ Fukuyama F. *Trust: The Social Virtues and the Creation of Prosperity*. New York: Free Press, 1995.

而这一过程建立在沟通的基础上,机构通过信息发布,对公众个体产生启发作用。[1][2] 因此,风险沟通可能在社会信任和风险感知之间起到中介作用。

与社会信任相似,人际信任(尤其是对亲近人和熟人的信任),也可以通过人际沟通对风险感知产生一定影响。个体对他人的信任水平可以影响到人际合作关系和社会的整体秩序,特别会影响到人与人之间的沟通与交流。[3][4][5] 人际沟通可以解释人际信任与风险感知之间的关系。公众的风险感知受到人际沟通的影响(Finucane et al.,2000;Pachur et al.,2012)。然而,沟通的桥梁作用在人际信任与社会信任对风险感知影响中有着显著差异。Coleman(1993)提出人际交流暗示了更多风险信息,提高了人际交流层面的高风险判断。研究表明,通过与家人、朋友、同学和同事的交流,人们对风险感知的认识有所增加。已有研究也发现了先前经历和早期情感对公众的犯罪风险感知有着显著的影响,周围邻居提供的犯罪信息增加了人们的恐惧感和犯罪风险感知。[6] 其他研究也验证了人际沟通与风险感知之间关系的实证证据。例如,Morton 和 Duck 研究发现,人际交流与个体对皮肤癌的脆弱性

---

① Pachur Thorsten, Hertwig Ralph, Steinmann Florian. "How do People Judge Risks: Availability Heuristic, Affect Heuristic, or both?". *Journal of Experimental Psychology. Applied*, 2012, 18(3).

② Melissa L. Finucane, Ali Alhakami, Paul Slovic, Stephen M. Johnson. "The Affect Heuristic in Judgments of Risks and Benefits". *Journal of Behavioral Decision Making*, 2000, 13(1).

③ Cynthia-Lou Coleman. "The Influence of Mass Media and Interpersonal Communication on Societal and Personal Risk Judgments". *Communication Research*, 1993, 20(4): 611 - 628.

④ Jennifer L. Glanville, Pamela Paxton. "How do We Learn to Trust? A Confirmatory Tetrad Analysis of the Sources of Generalized Trust". *Social Psychology Quarterly*, 2007, 70(3): 230 - 242.

⑤ Sztompka, P. "Varieties of Trust". *Trust a Sociological Theory*, 1999.

⑥ Tyler T. R. "Impact of Directly and Indirectly Experienced Events: The Origin of Crime-Related Judgments and Behaviors". *Journal of Personality & Social Psychology*, 1980, 39 (1): 13 - 28.

风险感知有显著正相关。[①] Lee 等人（2013）发现，女性的人际交流对乳腺癌的风险感知有着显著正向相关性。此外，Lin 等通过对新加坡青年关于环境风险感知的研究发现，人际交往促进了个体对雾霾的风险感知。[②]

风险社会放大框架（Social amplification risk framework，SARF）在理论层面阐释了人际交流如何增进公众的风险感知。[③④] 风险社会放大框架的信息机制主要通过风险社会经验和非正式沟通网络进行放大或者缩小，包括四个机制：社会群体关系、启发式和价值观、信号值、污名化（Kasperson et al.，1988）。四类机制表明人们往往在社会网络基础上根据个人价值观判断，通过人际交流所提供的信息（信号值），启发个体对风险判断和风险应对。Binder 等人（2011）通过实证研究发现人际交流的频率有可能放大公众的风险感知。

综上所述，由于人际交流会扩大风险感知，而对亲近人与周围人的信任又会加强人际交流，人际交流在亲近人信任和周围人信任对风险感知影响过程中有一定的中介作用，因此，本章提出以下假设：

假设 1a：对亲近人信任水平越高，公众对雾霾的风险感知越高。

假设 1b：对周围人信任水平越高，公众对雾霾的风险感知越高。

假设 2a：亲近人信任通过人际交流间接影响公众雾霾风险感知。

假设 2b：周围人信任通过人际交流间接影响公众雾霾风险感知。

---

① Morton T. A., Duck J. M. "Communication and Health Beliefs: Mass and Interpersonal Influences on Perceptions of Risk to Self and Others". *Communication Research*, 2001, 28(5): 602 – 626.

② Lin T. T. C., Li L., Bautista J. R. " Examining How Communication and Knowledge Relate to Singaporean Youths' Perceived Risk of Haze and Intentions to Take Preventive Behaviors". *Health Communication*, 2016: 1 – 10.

③ Kasperson R. E., Renn O., Slovic P., et al. "The Social Amplification of Risk: A Conceptual Framework". *Risk Analysis*, 1988, 8(2): 177 – 187.

④ Pidgeon N. F. Kasperson R. E. and Kasperson J. X. *The Social Amplification of Risk*. New York: Cambridge University Press, 2003.

（二）陌生人信任和风险感知

陌生人信任是指对初次见面的人的信任。[①②] Ding 和同事分析了转基因食品的选择，以探究陌生人的信任对食品风险感知的影响。他们发现，对陌生人的信任水平提升，减少了反转基因态度，降低了人们的风险感知，有可能选择转基因食品。[③]

第五章研究结论中阐述了陌生人信任与风险感知的关系，但是并没有深入探索陌生人信任如何通过人际沟通对雾霾风险感知产生影响。由于个体在风险或者灾难情景中在与其他人没有互动和社会交往的前提下，能够无条件信任他人，其风险感知较低。陌生人信任对风险感知所呈现的负相关关系是建立在公众无条件接受风险信息，由于没有建立在社会关系和社会网络的基础上，这类人群往往不具备风险知识，缺乏被陌生人欺骗的经历和负面情绪影响，因此往往风险感知较低。[④] 相反，如果个体有过被陌生人欺骗遭遇，受之前经验影响，其往往风险感知较高。因此，基于一般信任对风险感知的已有文献和日常生活中风险感知形态，对陌生人的信任有可能对风险感知产生负向影响。此外，如上所述，陌生人信任同样可以受到人际沟通启发，进而影响风险感知，因此，陌生人信任是否可以影响风险感知，以及如何通过人际沟通影响风险感知成为一项探索性话题，由此，提出以下假设：

假设 1c：对陌生人信任水平越低，公众雾霾风险感知越高。

---

① Freitag M., Richard Traunmüller. "Spheres of Trust: An Empirical Analysis of the Foundations of Particularised and Generalised Trust". *European Journal of Political Research*, 2009, 48(6). 48: 782 - 803.

② Brewer M. B. "Ethnocentrism and Its Role in Interpersonal Trust". *Scientific Inquiry in the Social Sciences*, 1981: 214 - 231.

③ Ding Y., Veeman M. M., Adamowicz W. L. "The Impact of Generalized Trust and Trust in the Food System on Choices of a Functional GM Food". *Agribusiness*, 2012, 28(1): 54 - 66.

④ Siegrist M. "Trust and Risk Perception: A Critical Review of the Literature". *Risk Analysis*, 2019(4): 1 - 11.

假设 2c：陌生人信任通过人际交流间接影响公众雾霾风险感知。

在第五章中详细论述了客观雾霾的污染程度对风险感知的影响。在中国，人际信任与客观雾霾污染因素对风险感知产生不同程度的影响，反映了处于社会网络中的不同个体通过人际交流所获取风险信息的易用性。本章节以雾霾风险为研究对象，探索在客观 PM2.5 浓度影响下，人际信任对雾霾风险感知的影响，提出以下假设：

假设 3c：各区的雾霾污染天数增加，所在地区的公众雾霾风险感知提升。

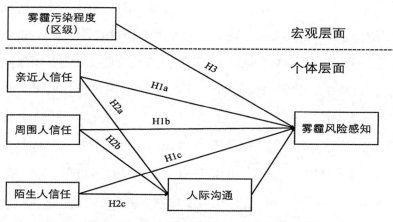

图 6-1　人际信任对雾霾风险感知影响机制假设模型

第二节　变量测量与分析策略

一、相关变量测量

第五章对变量测量已详细论述过，本章对其中的中介变量人际沟通进行重点阐述。人际沟通变量可以通过关于风险交流来度量。以情感支持的人际沟通是最重要的类型之一。[①] 由于建立在情感支持基础上的沟通是双向的,这与人际放大理论(interpersonal amplification theory)相统一,表明人与人之间通过互动交流,风险感知会被放大。[②] 因此,本章节将以情感支持的沟通频率作为人际沟通的测量指标。测量题项如下:"您遇到烦恼时的求助方式是怎样的?"包括四个选项:"只靠自己,不接受别人帮助""很少请求别人帮助""有时请求别人帮助""经常向家人、亲友、组织求援"。测量遇到烦恼寻求帮助的频率,经常向人寻求帮助,表明人际沟通频次高,依据沟通频次由低到高,分别赋值为1—4。

二、控制变量

本章的控制变量基本与第五章一致,包括性别、年龄、民族、户籍类型、政治面貌、教育程度、收入和职业类型、健康状况自评、政府信任和媒体信任。教育程度变量用1—6表示,分别代表小学及以下、初中、高中(或者中专和职高技校)、大学专科、大学本科和研究生。根据职业分类表将七类职业类型合并为服务业和商业、政府部门、专业技术、行政人员和农民工等五种类型,其中参照群体为农民工。

由于第五章信任因素中主要有两类人际信任与社会信任。本章将重点阐述人际信任。虽然已有研究重点关注社会信任,并做了大量的实证研究,如媒体信任和政府信任对雾霾风险感知的影响。[③] 本章节不做重

---

① Mellinger, Glen D. "Interpersonal Trust as A Factor in Communication". *Journal of Abnormal & Social Psychology*, 1956, 52(3): 304-309.

② Binder A. R., Scheufele D. A., Brossard D., et al. "Interpersonal Amplification of Risk? Citizen Discussions and Their Impact on Perceptions of Risks and Benefits of a Biological Research Facility". *Risk Analysis*, 2011, 31(2): 324-334.

③ Siegrist M. "Trust and Risk Perception: A Critical Review of the Literature". *Risk Analysis*, 2019(4).

点讨论,但是也将两者作为控制变量,验证社会信任对雾霾风险感知的影响。描述性统计结果如表6-1所示。

表6-1 变量描述性统计

变量类型	变量名	样本数量	方差	变量说明	均值
			微观变量		
控制变量	性别	3 858		男=1,女=0	0.545 98
	年龄	3 858	13.019	16.00—66.00	43.198
	民族	3 858		汉族=1,非汉族=0	94.190
	户籍类型	3 858		城市=1,农村=0	80.840
	政治面貌	3 858		党员=1,非党员=0	17.700
	教育程度	3 858	1.279	小学及以下=1,初中=2,高中=3,专科=4,大学本科=5,研究生及以上=6	3.260
	收入(取对数)	3 858	2.525	−0.693—15.607	10.271
	职业类型	3 858			
	服务业和商业	827			21.440
	政府部门	1 370			35.510
	专业技术	753			19.520
	行政人员	700			18.140
	健康状况自评	3 858	0.828	非常健康=5,比较健康=4,一般=3,不太健康=2,非常不健康=1	3.808
	政府信任	3 858	0.867	完全不信任=1,不太信任=2,一般=3,比较信任=4,非常信任=5	0.002
	媒体信任	3 858	0.844		−0.009
中介变量	人际沟通	3 858	1.023	人际沟通频率由低到高分别赋值1—4	2.291

变量类型	变量名	样本数量	方差	变量说明	均值
自变量	亲近人信任	3 858	0.806	完全不信任＝1,不太信任＝2,一般＝3,比较信任＝4,非常信任＝5	0.022
	周围人信任	3 858	0.887		0.041
	陌生人信任	3 858	0.969		－0.040
因变量	环境风险感知	3 858	0.970	－1.816—1.431	0.011
宏观区级层面变量(N＝33)					
	雾霾污染程度	33	0.113	0.000—0.390	0.160

三、分析策略

(一) 多层线性模型

第五章详细阐述了多层线性模型的分析测量,本章省略这一部分的阐述。本章与第五章一致,通过 2017 年"中国城市化与新移民调查"数据和 33 个区县的监测站 PM2.5 的 24 小时平均浓度的空气质量标准为依据,组成主观、客观的嵌套数据,运用多层分析方法,采用分层线性中的二层线性的嵌套结构进行分析,从微观和宏观两个层面探讨人际信任对雾霾风险感知的影响机制,多层分析方法的分析步骤,如公式(1)、(2)所示。

个体层面:

$$ERP = \beta_{oj} + \beta_{ITsj}(ITs)_{ij} + \beta_{CVj}(CV)_{ij} + r_{ij} \tag{1}$$

区级宏观层面:

$$\beta_{oj} = \gamma_{00} + \gamma_{01}(PM2.5)_j + \mu_{0j} \tag{2}$$

$$\beta_{ITsj} = \gamma_{ITs0} + \mu_{ITsj}$$

$$\beta_{CVj} = \gamma_{CV0} + \mu_{CVj}$$

分析过程不做详细阐述，与第五章基本一致。

（二）中介效应

中介效应的目的是判断自变量 X 和因变量 Y 之间的关系是部分或全部归因于中介变量 M。中介效应可以采用逐步回归的方法，如公式（3）所示。

$$X = cX + e_1 \tag{3}$$

$$M = aX + e_2$$

$$Y = c'X + bM + e_3$$

其中 c 为自变量 X 对因变量 Y 的总效应，系数 a 为自变量 X 对中介变量 M 的效应；系数 b 为在控制的自变量 X 的影响下，中介变量 M 对因变量 Y 的效应；系数 c' 为控制了中介变量 M 的影响后，自变量 X 对因变量 Y 的总直接效应。Mackinnon 等人采用依次检验回归系数的因果步骤法（Casual steps approach）检验中介效应等。[①] 本章节采用逐步法分析中介效应，通过结构方程对中介效应的路径分析，检验不同人际信任在人际沟通的中介作用下对雾霾风险感知的标准化路径系数，验证人际沟通在差序化人际信任对雾霾风险感知影响中的中介效应。[②]

---

① Mackinnon D. P., Lockwood C. M., Hoffman J. M., et al. "A Comparison of Methods to Test Mediation and Other Intervening Variable Effects". *Psychological Methods*，2002，7（1）：83 - 104.

② Baron R. M., Kenny D. A. "The Moderator-Mediator Variable Distinction in Social Psychological Research: Conceptual, Strategic, and Statistical Considerations". 1986，51（6）：1173 - 1182.

第三节 差序化人际信任、人际
信任与环境风险感知

本章通过实证研究不仅验证了差序化的人际信任对雾霾风险感知的差异性影响，而且探索人际沟通在差序化的人际信任对雾霾风险感知中的中介效应。本章节通过四个递进的回归模型逐步分析。首先，模型1验证控制变量和雾霾污染程度（区县）变量对雾霾风险感知的影响。其次，模型2验证三类人际信任对雾霾风险感知的影响。再次，模型3验证在控制其他变量的情况下差序化人际信任对人际沟通的影响。最后，模型4验证人际沟通在差序化人际信任对雾霾风险感知影响路径中的中介效应，如表6-2所示。

一、环境风险感知的影响因素

模型1不仅检验了人口统计变量、健康自评、媒体信任和政府信任对雾霾风险感知的影响效应，而且检验了区县宏观雾霾污染程度变量对雾霾风险感知的影响效应。首先，模型1中的控制变量性别、民族、户籍类型、教育程度、健康状况自评与雾霾风险感知有显著相关关系。女性、少数民族、城市户口、受教育程度较高者、健康状况较差者，雾霾风险感知较高。工人、农民与专业技术人员相比较，雾霾风险感知较高。年龄、政治面貌、收入与雾霾风险感知并没有显著相关关系。模型1中的媒体信任对雾霾风险感知有显著负相关关系。公众对媒体信任水平的提升，可以降低公众雾霾风险感知。但是政府信任对雾霾风险感知并没有显著相关性。模型1中发现，区县雾霾污染程度对该地区公众平均的雾霾风险感知有显著正相关关系,说明雾霾污染程度较高的区县,其所在区域的公众平均雾霾风险感知较高,验证了研究假设 H3。

二、差序化人际信任对雾霾风险感知的影响

模型 2 在模型 1 的基础上加入了各类型的人际信任,检验亲近人信任、周围人信任和陌生人信任对雾霾风险感知的影响效应。研究发现,地区雾霾污染程度与所在地区公众的平均雾霾风险感知依然有显著正相关关系。三类人际信任对雾霾风险感知均有显著效应,且出现显著的差异。亲近人信任和周围人信任对雾霾风险感知有显著的正效应($c_1 = 0.038$,$p < 0.05$;$c_2 = 0.031$,$p < 0.1$),而陌生人对雾霾风险感知有显著的负效应($c_3 = -0.036$,$p < 0.01$)。亲近人、周围人信任水平的提高可以扩大公众雾霾风险感知。但是陌生人信任水平的提升可以降低公众的雾霾风险感知,验证了研究假设的 H1a、H1b、H1c。

三、人际沟通的影响因素

模型 3 将人际交流作为因变量,验证亲近人信任、周围人信任、陌生人信任对人际交流的影响效应。回归结果表明,差序化人际信任对雾霾风险感知存在差异性影响效应。亲近人信任和周围人信任对雾霾风险感知有显著正向效应($a_1 = 0.117$,$p < 0.01$;$a_2 = 0.086$,$p < 0.01$)。陌生人信任对雾霾风险感知没有显著效应($a_3 = 0.117$,$p > 0.1$)。根据逐步法分析,说明人际交流可能在亲近人信任和周围人信任对雾霾风险感知影响路径中存在中介效应。

四、差序化人际信任对雾霾风险感知的影响机制

为了探究人际交往在差序化人际信任对雾霾风险感知影响路径中

的中介效应,将控制变量、三类人际信任和中介变量人际沟通纳入回归模型。回归结果显示,人际沟通对雾霾风险感知有着显著正向效应($b=0.079$,$p<0.01$)。人际沟通水平每增加一个单位,公众雾霾风险感知提高 7.9%。但是,亲近人信任对雾霾风险感知系数 c 减少,为 $c'_1=0.028$,$0.05<p<0.1$;周围人信任对雾霾风险感知没有显著效应($c'_2=0.024$,$p>0.1$),陌生人信任对雾霾风险感知有显著的负向效应($c'_3=-0.037$,$p<0.01$),如表 6-2 所示,亲近人信任和周围人信任系数 c 减少。但陌生人信任对环境风险感知仍有显著的负向影响。结果表明,亲近人信任和周围人信任对雾霾风险感知变量影响路径中存在几乎完整的中介效应。陌生人信任对雾霾风险感知有直接效应,但是并没有通过人际沟通对雾霾风险感知产生效应。人际沟通仅能在亲近人信任和周围人信任对雾霾风险感知中起到启发作用。

表 6-2　雾霾风险感知中介作用的回归分析

变量	雾霾风险感知		人际交流	雾霾风险感知
	模型 1	模型 2	模型 3	模型 4
性别[a]	−0.120*** (0.027)	−0.117*** (0.027)	−0.405*** (0.033)	−0.084*** (0.028)
年龄	0.002 (0.001)	0.001 (0.001)	−0.003** (0.002)	0.002 (0.001)
民族[b]	−0.107* (0.059)	−0.102* (0.059)	−0.070 (0.070)	−0.097* (0.059)
户籍类型[c]	0.131*** (0.039)	0.127*** (0.039)	0.019 (0.046)	0.125*** (0.039)
政治面貌[d]	0.009 (0.038)	0.009 (0.038)	−0.043 (0.045)	0.013 (0.038)
教育程度	0.041*** (0.009)	0.040*** (0.009)	0.047*** (0.010)	0.036*** (0.009)

续表

变量	雾霾风险感知		人际交流	雾霾风险感知
	模型 1	模型 2	模型 3	模型 4
收入（取对数）	0.006 (0.005)	0.005 (0.005)	0.008 (0.006)	0.005 (0.005)
职业类型[e]				
服务业和商业	−0.023 (0.038)	−0.026 (0.038)	0.012 (0.046)	−0.027 (0.038)
政府部门	−0.050 (0.045)	−0.050 (0.045)	−0.014 (0.054)	−0.048 (0.045)
专业技术	−0.093* (0.048)	−0.096** (0.048)	0.027 (0.057)	−0.097** (0.047)
行政人员	−0.016 (0.067)	−0.014 (0.066)	0.088 (0.080)	−0.021 (0.066)
健康状况自评	−0.035** (0.017)	−0.038** (0.017)	−0.006 (0.020)	−0.037** (0.017)
政府信任	−0.008 (0.016)	−0.021 (0.017)	−0.027 (0.020)	−0.019 (0.017)
媒体信任	−0.045*** (0.016)	−0.046*** (0.016)	0.021 (0.019)	−0.047*** (0.016)
亲近人信任		0.038** (0.017)	0.117*** (0.021)	0.028* (0.017)
周围人信任		0.031* (0.016)	0.086*** (0.019)	0.024 (0.016)
陌生人信任		−0.036** (0.014)	0.013 (0.017)	−0.037*** (0.014)
人际交流				0.079*** (0.013)
雾霾污染程度 （33 个区县）	3.017*** (0.485)	2.982*** (0.477)	0.429 (0.302)	2.962*** (0.481)
常数	−0.695*** (0.164)	−0.661*** (0.163)	2.207*** (0.150)	−0.841*** (0.165)

	雾霾风险感知		人际交流	雾霾风险感知
样本量	3 858	3 858	3 858	3 858
AIC	9 472.760	9 463.013	10 849.730	9 430.080
BIC	9 597.918	9 606.944	10 993.660	9 580.27

注：非标准回归系数,括号内为标准误　参照组：a. 女性　b. 非汉族　c. 农村户口　d. 非党员　e. 工人、农民　* $p<0.1$,** $p<0.05$,*** $p<0.01$。

对于回归模型中的中介效应,为了进一步验证其效果,并计算直接效应和中介效应,有必要将这两个模型结合起来,并比较它们的系数。由于本章从微观和宏观两个层次做回归分析,因此需要使用一般结构方程模型(General Structure Equation Model,GSEM)验证中介效应的路径系数。将模型合并到相同的分析中,然后比较路径系数。[①] 分析的主要结果如图 6-2 所示。

通过中介效应检验确定了人际沟通在亲近人信任和周围人信任对雾霾风险感知影响路径中的中介作用。进一步,我们可以发现,比起表 6-2 中模型 4 的结果,在 GSEM 中,亲近人信任和周围人信任对雾霾风险感知的直接效应都变得不显著,这说明两者其实完全通过人际沟通间接影响雾霾风险感知。由于亲近人信任对雾霾风险感知的总效应为 0.008（0.106*）（因为 c' 没有显著效应）,中介效应为 0.008（0.106*）,周围人信任的总效应为 0.008(0.106 * 0.08+0)（因为 c' 为没有显著效应）,中介效应为 0.008,人际交往中介效应占总效应的 100%。最后,在陌生人信任方面,由于人际交往路径不显著,因此,人际交往对陌生人信任与环境风险感知之间的关系不存在中介作用。

① Preacher, Kristopher J. "Multilevel SEM Strategies for Evaluating Mediation in Three-Level Data". *Multivariate Behavioral Research*，2011，46(4)：691-731.

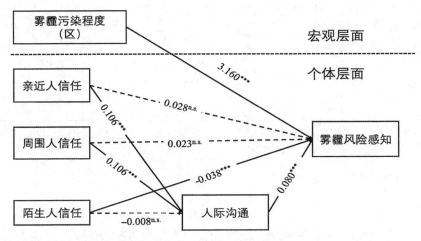

注：其余控制变量都已包含在该 GSEM 模型之中。*** $p<0.01$，** $p<0.05$，* $p<0.1$。

图 6-2　新媒体影响力对雾霾风险感知影响机制中介效应模型

第四节　结论与讨论

本章基于"2017 年中国城市移民的调查问卷"，将 10 个城市 33 个区的 3 858 位受访者的主观数据和 33 个区县 PM2.5 的 24 小时浓度的客观数据组成主观、客观的嵌套数据。通过多层线性模型、中介效应模型，探索在雾霾不同污染程度的影响下，差序化三类人际信任对雾霾风险感知的影响，并探究人际信任如何通过人际沟通影响雾霾风险感知。通过分析得到以下结论：

首先，宏观雾霾污染程度增加对所在区县公众的平均雾霾风险感知有着显著提升。这一结果验证了研究假设 3，说明客观雾霾污染程度加剧对所在地区公众的风险感知有很显著的提升。

其次，差序化的信任与雾霾风险感知的回归分析结果表明，亲近人信任和周围人信任水平提高对雾霾风险感知有显著的正向效应，验证了研究假设 1a 和假设 1b。亲近人信任和周围人信任水平可以增强雾霾风险感知。

再次，差序化信任与人际沟通回归分析结果表明，亲近人信任和周围人信任对人际沟通有显著的正向效应，表明亲近人信任和周围人信任水平的增强可以促进人际交往。通过结构方程模型验证了人际交往的中介效应，亲近人信任和周围人信任通过人际沟通间接对雾霾风险感知产生影响，验证研究假设 2a、2b。结果表明，对亲近人和周围人的信任水平增强，会促进人际交流，进而增加雾霾风险感知。差序化的人际信任对风险感知的影响机制与社会信任对风险感知的影响机制基本是一致的。①②③④⑤

通过回归分析发现，亲近人信任对雾霾风险感知的影响效应高于周围人信任。其原因可能是由于人际关系密切的人群彼此之间更加相似，与周围人相比较，亲近人彼此之间拥有更多相似的价值观。因此，在与亲近人沟通时，启发式效应更强。通过模型 2 与模型 4 比较，发现加入人际沟通变量后，亲近人的信任对雾霾风险感知的影响效应比周围人信任的效应下降更多，说明亲近人信任之间人际交往具有更强的启发式效应。

① Earle T. C., Cvetkovich G. "Culture, Cosmopolitanism, and Risk Management". *Risk Analysis*, 2006, 17(1): 55 - 65.

② Neil Earle. "Three Stories, Two Visions: the West and the Building of the Canadian Pacific Railway in Canadian culture". *Social Science Journal*, 1999, 36(2): 341 - 352.

③ Earle T. C., Siegrist M. "On the Relation Between Trust and Fairness in Environmental Risk Management". *Risk Analysis An Official Publication of the Society for Risk Analysis*, 2008, 28(5): 1395 - 1414.

④ Nakayachi K., Cvetkovich G. "Public Trust in Government Concerning Tobacco Control in Japan". *Risk Analysis*, 2010, 30(1): 143 - 152.

⑤ Siegrist M., Cvetkovich G., Roth C. "Salient Value Similarity, Social Trust, and Risk/Benefit Perception". *Risk Analysis*, 2002, 20(3): 353 - 362.

最后,模型1、模型2和模型4都验证了陌生人的信任对雾霾风险感知有显著的负向影响,验证研究假设1c,也就是陌生人信任水平降低,可以提升公众的雾霾风险感知。但人际交流在陌生人信任对雾霾风险感知影响路径中并没有中介效应。假设2c不成立,说明陌生人信任对雾霾风险感知的影响路径中可能还有其他中介变量的效应,如个人特质。[①]

本章的创新之处有以下几点:

一、探索差序化的人际信任与雾霾风险感知之间的关系,构建了人际信任与风险感知关系的相关理论。

二、采用微观、宏观的嵌套模型,不仅验证雾霾污染状况对雾霾风险感知的影响效应,而且进一步证明了差序化人际信任对雾霾风险感知的显著效应,差序化人际信任是雾霾风险感知的重要因素。

三、研究发现了亲近人和周围人信任水平增加可以增进雾霾风险感知,但是陌生人信任水平增强可以降低雾霾风险感知。

四、研究发现了亲近人信任与周围人信任通过人际沟通对雾霾风险感知产生间接效应,支持信任启发理论(Siegrist,2019)和人际放大理论(Binder et al.,2011)。

本章采用雾霾问题所引发的公众的风险感知为研究对象,但是研究结论不局限于雾霾的风险感知,可以深入理解转型期中国在差序格局影响下,公众风险感知背后的隐匿逻辑,对风险感知的理论和实证研究具有普遍的借鉴意义。

政府有效降低客观的雾霾污染程度,可以直接引导公众理性、科学的风险认知。因此,中央政府环保部门加强环境督察,改善空气质量;

---

① Siegrist M. "Trust and Risk Perception: A Critical Review of the Literature". *Risk Analysis*,2019(4):1-11.

地方政府提高雾霾治理绩效,采取有效治理手段和方法,企业及社会组织从技术、专业层面共同致力于雾霾治理,降低雾霾污染,改善空气质量,能够直接提升居民的获得感和幸福感。

现代意义上的风险实质上是由人的因素造成的,在很大程度上意味着人类对风险认知的缺失或不足。个体从诸如阶级、阶层、组织、家庭的结构性束缚力量中相对解放出来,形成一种"个体化"的趋势和力量,个体化会成为风险社会的一种动力机制。公众从个体出发来为自己的行为找到合理化依据,并做出自主性决定。个体化的社会把每一个人都变成了面对风险的主体,从而使得整个社会都进入了一个风险社会时代。由于公众普遍风险认知较低,专业风险知识匮乏,个体往往依赖自己所信任的人,并信任其所提供的知识和信息,而对于政府官方信息却往往不信任、质疑,甚至会出现"塔西佗陷阱"。在特定灾害情景下,熟人社会的人际沟通起到"价值观和情感"相似性启发效应,形塑公众风险感知。

以差序格局社会关系为纽带的人际信任也同样分为亲疏远近。公众往往根据与自己的距离远近划分亲疏远近,人际信任强度由自己为中心,向周边扩散并逐渐降低,产生人际信任的涟漪效应。强关系的人际信任并不会直接对风险感知产生影响,而是通过人际沟通实现。在信息社会,人际沟通的方式也出现了显著的变化,由传统的面对面沟通,转为虚拟人际沟通。微信作为人际沟通的有效虚拟社交平台,能够充分激活人际关系中强关系,并随着人际关系网络扩大,不断拓展人际沟通功能和效果,进一步扩展至弱关系。在风险情景下,风险事件的最初信息传播也是熟人微信相互转发,并向周围人群扩散。个体作为信息的接收者,筛选具有"相似价值观"和"相似情感"的人所传播的信息,进而影响其对风险的判断。

针对"熟人社会"中人际沟通的启发效应,政府更需采取有效措施提高风险沟通的启发效应。在灾难情景下,政府需提供及时、准确、公开透明的风险信息,建立以"相似价值观和情感"为基础的信任机制,另一方面,拓展信息发布和风险沟通渠道,建立有效的风险沟通信息机制,有助于提升政府的公信力,降低公众对风险的恐慌和焦虑,引导理性、科学的风险感知和应对行为。近几年来,各地方政府因地制宜采用风险沟通手段,呈现出地域接近性和文化接近性的精准化特点。如广播大喇叭作为在"熟人社会"中的传统媒介传播手段,在灾难情景中实现熟人社交中信息有效传播,其利用"情感和价值观"的相似性;村干部通过方言对官方信息解码重构,编成顺口溜、戏剧等形式,可缩小专业鸿沟,便于公众理解信息、增强身份认同,可实现精准传播,高效传播预警信息。

亲人信任和周围人信任水平不断降低转化为陌生人信任,而陌生人信任水平的降低,会增进恐慌情绪,提升风险感知。如病毒疫情暴发过程中,熟人社区中很多居委的社工发现,平时熟悉的许多居民都相互躲避,见面胆战心惊。上门入户排查和登记也只能隔空喊话。如果人际之间缺乏基本的信任,整个"社会"信任体系面临瓦解。风险和灾难总归会过去,但要恢复和重建一种已经瓦解了的社会信任结构会变得举步维艰,那将比灾难风险更为可怕。

第七章　社会资本、环境风险感知与应对行为

　　长期以来,中国环境保护治理滞后于经济发展,环境承载能力已接近上限,由环境问题所引发的自然灾害、事故灾难、社会安全事件及健康风险成为满足人民美好生活需要的短板。2017 年,338 个城市发生重度污染 2 311 天次、严重污染 802 天次,以 PM2.5 为首要污染物的超标天数比例为 12.4%,比 2016 年下降 1.7 个百分点。环保部门实施行政处罚案件 23.3 万件,比 2014 年增长 265%。环境督查受理公众环境举报 13.5 万件,2016 年仅 3.3 万件。[①] 毋庸置疑,随着政府对环境治理工作的重视,空气质量提升,政府对空气污染的处罚力度持续增强,2017 年,中国空气污染有了大幅度改善,但公众举报环境问题数量也成倍增长。从以上数据发现,客观空气质量提升,雾霾问题的改善,政府雾霾治理绩效提高并不能从根本上降低公众雾霾风险感知,要引导公众理性、科学的风险感知及应对行为。因此,如何满足人民日益增长的对生态环境的需要,增进公众环境满意度、获得感和幸福感,成为政府、组织、社会所共同努力的目标。

　　Chen 发现空气污染与人类死亡率有着高度相关性,人体长期暴露于 PM2.5 中预期寿命减少 5.5 年。[②] 雾霾风险作为环境风险的一种类型

---

　　① 《中华人民共和国生态环境部.2017 年中国环境状况公报》,http://www.mee.gov.cn/hjzl/zghjzkgb/lnzghjzkgb/201805/P020180531534645032372.pdf.

　　② Chen Y., Ebenstein A., Greenstone M., et al. "Evidence on the Impact of Sustained Exposure to Air Pollution on Life Expectancy from China's Huai River policy". *Pnas*, 2013, 110 (32): 12936 – 12941.

与公众生活、工作和健康息息相关,成为政府、公众所共同关注的话题。随着互联网与社交媒体的发展,新媒体的影响力也在日益扩大,成为用户创造内容、分享信息与搜寻信息的主要平台。截至 2019 年 2 月,微信月活用户达到 9.9 亿,日均使用时长是 64 分钟。[①] 社交媒体信息的发布者不仅是商业媒体和自媒体,以政务微博、政务微信、政务 APP 为主的政务新媒体的影响力也在不断扩大。截至 2019 年 6 月,全国微信政务类公众号已达到 14 万个左右,为 9 亿多微信用户提供服务。[②] 毋庸置疑,从政府官方雾霾信息发布,到自媒体代表人物柴静"穹顶之下"的传播,官方和非官方的新媒体对雾霾风险感知都产生了巨大的影响。

近几年,风险感知成为心理学、社会学、公共管理,传媒学等各学科交叉研究的热点和前沿问题。风险感知对应对行为影响路径及机制,成为风险感知研究中难以解开的谜团,众多学者尝试运用不同理论和实证方法加以阐释,但是很难达成共识。目前环境风险感知与应对行为的研究有聚焦风险技术取向、心理学取向和文化取向等三种,而三种取向之间缺乏一定关联。风险社会放大框架(SARF)试图将心理、社会情景、文化等因素综合,阐释其增强或减弱风险感知和应对行为。社会表征理论强调风险在社会互动中形成运行机制,不仅将风险嵌入特定的社会和文化背景中解释个体风险感知的差异与互动,而且能够全面诠释风险应对行为。

本章基于风险社会放大框架、社会表征理论和风险社会等相关理论,分析环境风险感知对应对行为的影响路径,探索新媒介使用、社区环境效能感、社会参与、政治参与的多重中介效应,试图探寻公众环境

---

① 人民网研究院:《2019 中国移动互联网发展报告》,http://media.people.com.cn/n1/2019/0624/c14677-31177596.html。

② 国家行政学院电子政务研究中心:《2019 移动政务服务发展报告》,http://www.egovernment.gov.cn/art/2019/8/2/art_476_6196.html。

风险感知对应对行为的深层影响机制。

第一节　理论基础与研究假设

一、应对行为相关理论

本章风险感知的相关概念和理论在第五章和第六章都有阐述。本章重点对应对行为进行阐释。应对行为是指环境应对行为,是针对具体的环境问题而采取的行为,较一般意义的环境行为更具有一定情景性。耿言虎提出"隔离型自保",是指个体对环境健康风险采取自我隔离措施,以求降低或消除风险对自身影响的行为,是在短期内无法消除环境健康风险的情况下不得已采取的相对"消极"的风险应对行为方式。① 隔离型自保行为也就是本章所提出的应对行为,具有个体利益化、被动性、弥散性、自发性的倾向。公众个体由环境问题所引发的强烈焦虑,进而导致过度的隔离性自保行为产生,这类行为并不能从根本上解决环境问题,反而会产生很多非预期后果。

二、研究假设

(一) 环境风险感知与应对行为关系

环境风险感知与应对行为研究一直以来存在较大争议。环境风险感知对应对行为的影响有以下观点:风险感知与应对行为呈现负相关。Sitkin 与 Weingart 认为个体做出的风险决策与他们的感知风险水

---

① 耿言虎:《隔离型自保:个体环境健康风险的市场化应对》,《河北学刊》2018 年第 2 期。

平呈现负相关。[①] Wachinger 提出"风险感知悖论",公众的自然灾难感知对求生行为和缓和行为的预测力均不显著,并得出结论,高风险感知不一定会导致个体的准备行为,也并不能够引发缓和行为。[②] 谭爽等通过对核电厂周边公众调查发现,环境风险感知对对抗行为有显著影响,但是对传播行为和应对行为没有显著影响。[③]

环境风险感知与应对行为之间存在显著正相关。Lindell 等对居民针对三类环境风险的应对行为进行研究,得出风险经验和感知到的个人风险的中介效应存在,风险感知与风险适应行为之间有正相关关系。[④] 洪大用等发现全球环境问题感知、当地环境问题感知与环境行为存在显著的正相关。[⑤] CGSS2013 年数据分析结果发现环境污染感知和生态衰退感知与公域环境行为有着显著正向作用。但是,生态衰退感知与私域环境行为没有显著作用,表明感知与行为之间隐藏着较为复杂的关系。[⑥]

环境风险感知与应对行为之间存在正相关,但是预测力较弱。Sjoverg 认为风险感知与行为之间的微弱关系表明了两者关系复杂,受到多重因素的影响,抑制了具有高风险感知的人的行动。[⑦] 胡向南等提

---

① Sitkin S. B., Weingart L. R. "Determinants of Risky Decision-Making Behavior: A Test of the Mediating Role of Risk Perceptions and Propensity". *Academy of Management Journal*, 1995, 38(6): 1573-1592.

② Wachinger G., Renn O., Begg C., et al. "The Risk Perception Paradox-Implications for Governance and Communication of Natural Hazards". *Risk Analysis*, 2013, 33(6): 1049-1065.

③ 谭爽、胡象明:《邻避型社会稳定风险中风险认知的预测作用及其调控——以核电站为例》,《武汉大学学报(哲学社会科学版)》2013 年第 5 期。

④ Lindell M. K., Hwang S. N. "Households' Perceived Personal Risk and Responses in a Multihazard Environment". *Risk Analysis An Official Publication of the Society for Risk Analysis*, 2008, 28(2): 539.

⑤ 洪大用、范叶超:《公众环境风险认知与环保倾向的国际比较及其理论启示》,《社会科学研究》2013 年第 6 期。

⑥ 王晓楠:《"公"与"私":中国城市居民环境行为逻辑》,《福建论坛》2018 年第 6 期。

⑦ Sjoberg L. "Factors in Risk Perception". *Risk Analysis*, 2000, 20(1): 1-11.

出了"风险感知—应对行为"的双重路径:"风险感知—认知评价—应对行为"与"风险感知—情感—应对行为"。[①] 因此,本章节提出假设。

假设 1:公众环境风险感知越高,其风险应对行为越多。

(二) 环境效能感的中介效应

在风险感知的研究中,心理测量范式重点强调微观个体心理和主观情绪。情感和认知是风险感知放大框架中的个体放大站。Slovic 和 Finucane 阐述了情感与风险感知及应对行为之间的关系。人们采用"情感启发式"来判断客观事件是消极还是积极的情感标签,并以此做出快速、本能、直接的反应。[②] 该理论阐述了情感能够直接对风险事件作出反映,影响和引导了风险感知与行为。情感作为风险感知和行为之间的中介效应也逐渐被学者重视。

政府环境效能感是政府绩效评估中的重要环节和组成部分,属于公众对政府评价中的一类。卢春天等基于 CGSS2010 数据分析发现,公众在客观环境污染指标和个体主观感知共同作用下对政府环保评价产生影响。[③] 王晓楠提出政府环保评价在风险感知弱化下,进而促进理性环境行为的形成。[④] 已有研究虽然指出了新媒体对政府环境效能感有着显著影响,同时政府环境效能感(对政府环保评价)对环境风险感知有着一定的影响,但是对于政府环境效能感是否在风险感知对风险

---

① 胡向南、郭雪松、陶方易:《集体行为视阈下"风险感知—应对行为"影响路径研究——以西安市幸福路综合拆迁改造项目为例》,《风险灾害危机研究》2017 年第 2 期。

② Slovic P., Finucane M. L., Peters E., et al. "Risk as Analysis and Risk as Feelings: Some Thoughts about Affect, Reason, Risk, and Rationality". *Risk Analysis*, 2004, 24(2): 311-322.

③ 卢春天、洪大用:《公众评价政府环保工作的影响因素模型探索》,《社会科学研究》2015 年第 2 期。

④ 王晓楠:《公众环境风险感知对行为选择的影响路径》,《吉首大学学报(社会科学版)》2019 年第 4 期。

应对行为的影响中发挥作用缺少详细的阐释。

从制度信任的视角理解环境风险感知的文献较多。前文的 TCC 模型阐释了信任与信心的差异性。根据风险感知的"对称性原则",信任具有一定韧性,不会轻易改变。而政府环保评价往往具有一定评价标准,依据风险感知"不对称性原则",一旦受到外界干预和冲击,很容易断裂。政府环境效能感来源于主观对政府环境治理已经取得政绩和未来预期的认知。公众做出理性的判断需要充分的信息,而风险沟通中的信息往往存在不对称性。公众在没有充分官方信息的前提下,对于所获取的信息往往不假思索,并做出"不对称性的"风险判断。因此,本章认为公众的风险感知越低,会降低政府环境效能感,越容易做出"不对称性"和风险偏差,进而促发公众雾霾风险应对行为。如前所述,本章将政府环境效能感作为中介变量,探讨其在风险感知对应对行为影响路径中的中介效应。因此,本章节提出研究假设:

假设 2a:雾霾风险感知降低政府环境效能感知,进而降低雾霾应对行为。

坎贝尔等(1971)最早提出了"政治效能感",是一种个人认为自己的政治行动对政治过程能够产生影响力的感觉。徐延辉等(2014)在此基础上提出社区效能感是指社区成员对社区的主观态度,社区成员对自身影响社区的能力和对社区根据其要求做出回应的心理认知。本章提出社区环境效能感,也就是社区成员根据其对社区环境需求,社区所做出的回应,表现为对社区环境的满意度。Bourque 等(2013)提出了风险感知通过环境知识、效能感等中介变量对应对行为产生影响。依据徐延辉将居民对社区的满意度作为测量社区效能感的指标,社区环境效能感一定程度说明了社区居民的满意程度。本章将社区环境效能感作为情感路径中重要的主观变量,验证在情感路径中环境效能感在风险感知对应对行为的效应中所起到的作用。因此，本章提出研究假设：

假设 2b：雾霾风险感知通过降低社区环境效能感知，进而降低雾霾应对行为。

(三) 新媒体影响力的中介效应

新媒体(New Media)是学术界和实践领域广泛使用的术语，但不同学科对于其概念往往存在较大的争议。甚至有学者将新媒体称为"一个混乱的概念"。[①] 大部分学者较为认同新媒体是相对于传统媒体的新兴的媒体形态，媒体的一般发展轨迹是：报刊—广播—电视—新媒体。数字化、互动式是新媒体的根本特征。[②] 在互联网时代，新媒体逐渐取代传统媒体作为主要媒体形式，通过信息传播进而影响公众的政治态度和对政府的信任度。市场化改革带动了传统媒体转型，涌现大量商业媒体和自媒体，新媒体产生和传统媒介的转型建构了双重话语空间。吴潮对新媒体和自媒体的概念进行了界定，认为自媒体(We media)隶属于新媒体，是新媒体技术背景下形成的信息共享的及时交互平台。[③] 本章认同其观点，新媒体概念包括自媒体，自媒体不等于新媒体。

近年来，随着互联网技术的蓬勃发展，微信、微博等新兴的网络平台为信息的传播提供了新的渠道，公众获取风险信息的渠道空前增加，面对不同信息来源和大量争议性的话题，公众不仅改变了传统接收信息的方式，同时对媒体类型和媒体信息的信任程度也发生了

---

　　①②　匡文波：《"新媒体"概念辨析》，《国际新闻界》2008 年第 6 期。
　　③　吴潮：《新媒体与自媒体的定义梳理及二者关系辨析》，《浙江传媒学院学报》2014 年第 5 期。

改变。关于媒体的类型,部分学者将媒体分为官方媒体和非官方媒体,并验证了两者对风险感知的影响。[①] 官方媒体往往受到党和政府支持,能够接触权威信息,信息发布层层把关和审核,具有较强的信任感,但缺乏时效性。非官方媒体往往为普通民众和传播公民舆论提供空间,具有及时性和双向互动性,但是由于缺乏一定监管,信任程度较低。[②] 官方的话语空间由政府控制,维持社会稳定和谐,减少社会矛盾,并在环境风险问题上建立与集体价值观相一致的共识。而非官方(民间)的话语空间则是公众的利益诉求表达。两种话语空间往往存在一定的不协调,媒体融合背景下,两类话语空间不断整合,重叠部分越来越大。

Stockmann 对北京的调查数据分析发现,公众对非官方媒体的信任度更高,更倾向于接收和信任非官方的信息来源。[③] 王丽丽提出官方媒体和非官方媒体提供的风险信息叠加,对公众风险感知产生影响。[④] 以政府为代表的官方媒体开始逐渐采用微信和微博方式增强信息引导,网民作为非官方话语的建构者,也不断增强其影响力,推动两类话语体系之间的交流和对话,网民对官方和非官方两类媒体所发布的信息的信任程度存在较大差异。

扎勒认为公众对于媒体信息的接触并不等同于媒体信息的接受,也就是媒体使用频次,单一性指标并不能够代表媒体对公众产生的影响力。[⑤] 因此,媒体信息对公众产生的影响,要看其接收并接受的程度。因此,本章提出新媒体影响力的概念,也就是新媒体信息接收

---

① ④ 王丽丽:《信息一致性视角下媒体报道对风险感知的影响》,《北京理工大学学报(社会科学版)》2016 年第 6 期。

② 童兵:《关于当前新闻传播几个理论问题的思考》,《新闻与传播研究》2013 年第 1 期。

③ Stockmann D. "Who Believes Propaganda? Media Effects during the Anti-Japanese Protests in Beijing". *China Quarterly*, 2010, 202: 269 – 289.

⑤ 扎勒·约翰:《公共舆论》,陈心想译,中国人民大学出版社 2013 年版。

比例与接受比例的乘积,分别由新媒体使用频率和媒体信息信任程度代表。

$$新媒体影响力(M)＝新媒体使用频率(F) \\ ×新媒体信任度(T) \tag{1}$$

国内外对媒体对风险感知影响的文献较多,其主要的理论依据是风险社会放大效应。大多数研究主要采用媒体使用频率或者媒介接触程度作为主要变量,分析其对风险感知所产生的影响。Kasperson 等认为风险社会放大框架(SARF)中媒介构成了社会放大站中的一种路径,对环境风险感知有放大效应。[1] 在风险放大框架这一理论影响下,传播学对媒介的风险放大潜能和媒介风险建构做了深入论述。谢晓非等通过对比电视和网页媒介对风险感知的影响,发现电视具有更高的风险感知。[2] 蒋晓丽等提出了新媒体技术在风险扩散速度、扩散范围和感知渠道等方面提升风险放大概率,加剧风险放大的后果。[3] 多数研究者认为传统媒体和新媒体对环境风险产生差异性影响,传统媒体具有单项传递信息的特点,新媒体具有多向信息流动特点。因此,本章运用公众对新媒体微信、微博使用频率及其官方和非官方发布信息的信任程度乘积,代表新媒体影响力(官方、非官方),探究对雾霾风险感知产生的影响。

大多数学者认同媒介对风险感知的建构,并通过实证研究进行验证。Kasperson 研究验证了风险社会放大理论中社会放大站的存在,其

---

[1]　Kasperson R. E., Renn O., Slovic P., et al. "The Social Amplification of Risk: A Conceptual Framework". *Risk Analysis*, 1988, 8(2): 177-187.

[2]　谢晓非、李洁、于清源:《怎样会让我们感觉更危险——风险沟通渠道分析》,《心理学报》2008 年第 4 期。

[3]　蒋晓丽、邹霞:《新媒体:社会风险放大的新型场域——基于技术与文化的视角》,《上海行政学院学报》2015 年第 3 期。

中媒介产生了重要作用。环境风险感知和媒介之间不仅有强相关关系(系数 0.43),而且媒介构建了风险的放大站,进而形塑了应对行为。[①] Mileti 等通过对灾害风险的调查,发现信息传播在公众感知与行为应对中起到了中介作用。[②] 屈晓妍提出互联网使用对社会风险感知的影响力并不显著,新媒介与传统媒介并没有呈现出风险感知的较大差异。[③] 曾繁旭等提出传统媒体与新媒体在环境风险放大效应中存在较大差异。传统媒介所建构的风险议题呈现较多中立态度,而新媒体由于传播激进态度放大了风险的感知。[④] 本章认同新媒介在风险传播过程中的风险放大效应,进而验证感知与应对行为之间的新媒介路径。由此,提出研究假设:

假设 3a:雾霾风险感知通过降低官方新媒体影响力,进而降低雾霾应对行为。

假设 3b:雾霾风险感知通过降低非官方新媒体影响力,进而降低雾霾应对行为。

(四) 政治参与与社会参与

风险社会放大框架具有较为强大的整合能力,但是无法阐释各因素之间的关系及运行机制。其关注社会层面"放大"以及心理层面的情感"放大",但两者存在分离。社会表征理论通过解释客体、制度、冲突等方面的问题,构建了个体、群体和社会情境之间的互动关系,完善了社会放

---

① Kasperson, R. E. "The Social Amplification of Risk and Low-Level Radiation". *Bulletin of the Atomic Scientists*, 2012, 68(3): 59 - 66.

② Mileti D. S., Fitzpatrick C. "The Causal Sequence of Risk Communication in the Parkfield Earthquake Prediction Experiment". *Risk Analysis*, 1992, 12(3): 393 - 400.

③ 屈晓妍:《互联网使用与公众的社会风险感知》,《新闻与传播评论》2011 年第 00 期。

④ 曾繁旭、戴佳、王宇琦:《技术风险 VS 感知风险:传播过程与风险社会放大》,《现代传播(中国传媒大学学报)》2015 年第 3 期。

大框架的割裂,①能够使不同社会文化沉淀的个体通过互动和交流形成不同的风险表征,将风险"放大"与"缩小",从而形成不同的风险应对行为。

Berger 将公民参与分三类:社会参与、政治参与和道德参与。② 公民参与是包含政治参会和社会参与等参与行为在内的更广泛的参与概念。本章将"社会参与"界定为社会成员通过各类社会参与活动的行为。政治参与主要界定为投票和选举活动。Thompson 等认为政治参与、社会参与共性在于个体积极参与社会或社会世界并与为他们提供情感和社会支持的人们的互动过程。③ 拉什提出构建自反性社群。这种社群有利于降低个体单独面对危机时的恐慌感,提高了个体化社会成员的本体性安全感,并以亚政治运动为手段,传播现代性危机的应对风险的文化,以此为反抗带来现代性危机。④ 因此,本章提出政治参与意向和社会组织参与意向缩小了公众环境风险感知对应对行为效应,提出两个研究假设。

假设 4a:雾霾风险感知通过降低政治参与意愿,进而降低雾霾应对行为。

假设 4b:雾霾风险感知通过降低社会组织参与意愿,进而降低雾霾应对行为。

基于以上研究假设,本章构建了雾霾风险感知对应对行为的影响机制路径,如图 7-1 所示。

---

① Bernd Blöbaum. "Examining Journalist's Trust in Sources: An Analytical Model Capturing a Key Problem in Journalism". *Trust and Communication in a Digitized World*. Springer International Publishing, 2016.

② Earle T. C., Siegrisr M. "Morality Information, Performance Information, and the Distinction between Trust and Confidence". *Journal of Applied Social Psychology*, 2006, 36(2): 383-416.

③ Thompson E., Whearty P., Thompson E., et al. "Older Men's Social Participation: The Importance of Masculinity Ideology". *Journal of Mens Studies*, 2004, 13(1): 5-24.

④ 拉什:《风险社会与风险文化》,王武龙编译,《马克思主义与现实》2002 年第 4 期。

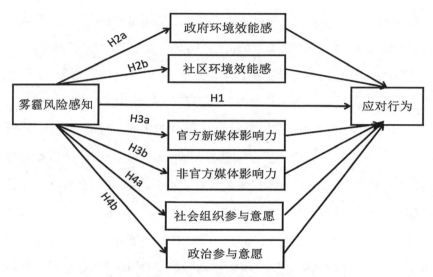

图 7-1 雾霾风险感知对应对行为的影响机制路径图

三、变量测量与分析策略

本章的数据来源是由上海大学的上海社会科学调查中心负责执行"2017 年城市化与新移民调查"的数据。该调查覆盖全国 10 个城市,黑龙江省哈尔滨市、吉林省长春市和延吉市、辽宁省沈阳市和鞍山市、河南省郑州市、天津市、福建省厦门市、广东省广州市、湖南省长沙市。采用的是随机抽样,入户调查的方式。

本章所调查的基本数据包含性别、党员身份、婚姻状况、教育程度、户籍、就业身份、年龄、个人年收入等 8 项。在性别中,以男性所占的人数最多,有 2 280 人(53.9%)。在党员身份中,以党员所占的人数最多,有 4 074 人(96.31%)。在婚姻状况中,以无配偶所占的人数最多,有 3 489 人(82.48%)。在教育程度中,以高中/专科/职校所占的人数最多,有 1 340 人(31.68%)。在户籍中,以非农户口所占的人数最多,有 3 121 人(73.78%)。在就业身份中,以有固定雇主/单位雇员/工薪收入者所占的人数最多,有 3 340 人(78.96％)。在年龄中,以 41—50 岁所占的人数最多,有 989 人(23.38％)。在个人年收入中,以 10 001—50 000 元所占的人数最多,有 2 113 人(49.95％)。

表 7-1　次 数 频 率 表

变量	数 值 标 记	数值	频次	有效百分比(％)	累积频率百分比(％)
性别	男性	0	2 280	53.90	53.90
	女性	1	1 950	46.10	100.00
党员身份	非党员	0	156	3.69	3.69
	党员	1	4 074	96.31	100.00
婚姻状况	无配偶	0	3 489	82.48	82.48
	有配偶	1	741	17.52	100.00
教育程度	小学及以下	1	237	5.60	5.60
	初中	2	908	21.47	27.07
	高中/专科/职校	3	1 340	31.68	58.75
	大专	4	819	19.36	78.11
	大学	5	772	18.25	96.36
	研究生以上	6	154	3.64	100.00
户籍	农村户口	0	1 109	26.22	26.22
	非农户口	1	3 121	73.78	100.00
就业身份	有固定雇主/单位雇员/工薪收入者	1	3 340	78.96	78.96
	雇主/老板	2	320	7.57	86.52
	自营劳动者	3	259	6.12	92.65
	家庭帮工(为自家的企业工作,但不是老板)	4	31	0.73	93.38
	自由职业者	5	73	1.73	95.11
	劳务工/劳务派遣人员	6	50	1.18	96.29

变量	数 值 标 记	数值	频次	有效百分比（%）	累积频率百分比（%）
就业身份	无固定雇主的零工、散工	7	113	2.67	98.96
	其他	8	44	1.04	100.00
年龄	30 岁及以下	1	986	23.31	23.31
	31—40 岁	2	918	21.70	45.01
	41—50 岁	3	989	23.38	68.39
	51—60 岁	4	834	19.72	88.11
	61 岁及以上	5	503	11.89	100.00
年收入	10 000 元以下	1	305	7.21	7.21
	10 001—50 000 元	2	2 113	49.95	57.16
	50 001—100 000 元	3	1 310	30.97	88.13
	100 001—200 000 元	4	361	8.53	96.67
	200 001—300 000 元	5	73	1.73	98.39
	300 000 元以上	6	68	1.61	100.00

四、相关变量的测量

（一）雾霾风险应对行为

本章的因变量是公众针对环境问题所采取的应对行为。问卷中涉及的题项是："最近一年，您是否因为所在地区环境污染或空气污染从事过下列活动或者行为?"题项下设 5 项"行为"："放弃户外运动，尽量不外出""外出佩戴口罩""减少开窗通风""购买具有防雾霾功能的空气净化器""参加环境组织"。被选项分别为："经常""偶尔""从不"，分别赋值 2、1、0。根据主成分分析发现前四项聚合为一类因子，后一选项"参加环境组织"相关系数较小，因此删除。前四项聚合的因子 KMO

值为 0.763,巴特利特球形度检验 $P<0.001$,Cronbach's a 值为 0.793,量表具有较好的信度和效度。

(二) 雾霾风险感知

自变量是雾霾风险感知。"雾霾风险感知"这一测量指标与第五章相同。

(三) 中介变量

中介变量包括政府环境效能感、社区环境效能感、官方新媒体影响力、非官方新媒体影响力、政治参与意愿、社会组织参与意愿。第五章对以上 6 个变量进行过描述,这里仅简要阐释。

政府环境效能感题项具体问题是:"您认为 5 年来,地方政府在环保方面做得怎么样?"操作化为多分类变量,"片面注重经济发展,忽视了环境保护工作",赋值为 1;"重视不够,环保投入不足",赋值为 2;"虽尽了努力,但效果不佳",赋值为 3;"尽了很大努力,有一定成效",赋值为 4;"取得了很大成绩",赋值为 5。

社区环境效能感在问卷中涉及的题项是:"您对您现在居住小区以下各项的满意程度如何?"包括 6 项:噪声、空气质量、水质、卫生环境、休闲环境与设施、治安环境。根据满意程度由高到低分别赋值 5、4、3、2、1,并通过因子检验,量表具有较高的信度和效度。

在以往的研究中,媒体使用频率是常见变量,但是公众接触信息与公众对信息的信任程度存在明显的差异。媒体报道的相关信息到底会对社会公众产生多大的影响,主要取决于两个方面:公众接触媒体信息的程度、公众接收信息的程度。接触信息程度主要表现在媒体使用上,接收信息的程度主要反映在媒体信任程度上。因此,借鉴马得勇、王丽娜的研究,构建媒体影响力指标,该指标采用公众对媒体信息接收程度与公众对媒体信息信任程度的乘积进行测量。关于公众对媒体信息接收程度的测量,本章通过询问受访者使用微信接收雾霾信息的频率来测量;关于公众对媒体信任程度的测量,本章采用公众对相关渠道发布的信息的信任程度进行测量。

新媒体使用的测量题项是:"关注雾霾环境问题,您使用微信的频率是?"新媒体的使用频率由高到低,分别赋值5、4、3、2、1。新媒体信任程度的测量题项是:"您觉得下列这些机构发布的雾霾信息的可信度如何?"其中包括:官方媒体、商业媒体、自媒体、官方机构、社会民间组织。根据信任程度由高到低(非常信任、比较信任、一般、不太信任、完全不信任),分别赋值为5、4、3、2、1。根据因子分析结果发现,5个因子聚类为两类,官方媒体和官方机构聚类为一类;商业媒体、自媒体和社会民间组织聚类为一类。因此,本章根据信息发布的不同渠道,将公众对官方机构和官方媒体发布信息的信任程度命名为官方新媒体信任;而诸如商业媒体、自媒体和社会组织媒体的信任程度等命名为非官方新媒体信任。新媒体信任、官方新媒体信任、非官方新媒体信任的聚合因子KMO值、Bartlett检验系数的 P 值以及Cronbach's a值分别如表7-2所示,上述值均符合因子分析的基本要求。

表7-2　新媒体信任的KMO值和Bartlett检验结果

变　量	KMO值	Cronbach's a 值	Bartlett 检验系数的 P 值
新媒体信任	0.679	0.773	小于0.001
官方新媒体信任	0.500	0.836	小于0.001
非官方新媒体信任	0.693	0.785	小于0.001

社会组织参与意愿问卷中的问题是:"您是否参加下列各类团体?

如果参加是否活跃?"包括七类团体:"教会、宗教团体""体育、健身团体""文化教育团体""职业协会(如教协、商协)""与学校有关的团体(校友会)""业主委员会""宗亲会、家族会、同乡会"。回答"非常愿意""比较愿意""一般""不太愿意""不愿意"的分别赋值为5、4、3、2、1。

政治参与的测量问题是:"最近五年来,你是否参与过以下活动?"活动包括10项:"居委会选举""基层人大代表的选举""参与社会公益互动""与他人讨论关心的国家大事""在请愿书上签名""参与抵制行动""参与示威游行、罢工等""到政府部门上访""向媒体反映或投诉""网上政治行动"。"非常愿意""比较愿意""一般""不太愿意""不愿意"的分别赋值为5、4、3、2、1。

表7-3　题项和潜变量的描述统计分析

题项和潜变量设置	均值	SD	峰态	偏态
风险感知(PR)	3.17	1.15	−0.97	−0.31
H101 您所在地区下列雾霾问题的严重程度如何?	3.36	1.28	−0.84	−0.46
H301 雾霾问题对您身体健康所造成的影响如何?	3.13	1.36	−1.33	−0.19
H302 雾霾问题对您心理健康所造成的影响如何?	3.26	1.33	−1.17	−0.36
H303 雾霾问题对您日常工作和生活所造成的影响如何?	2.92	1.31	−1.27	−0.04
政府环境效能感(GEF)	3.19	1.09	−0.33	−0.33
GEF 您认为近五年来,地方政府在环保方面做得怎么样?				
社区环境效能感(SEE)	3.26	0.75	0.10	−0.23
C501 噪声	3.21	1.03	−0.54	−0.39
C502 空气质量	3.19	0.98	−0.48	−0.35

续表

题项和潜变量设置	均值	SD	峰态	偏态
C503 水质	3.37	0.87	0.09	−0.51
C504 卫生环境	3.21	0.97	−0.43	−0.39
C505 休闲环境	3.13	1.00	−0.54	−0.34
C506 治安环境	3.44	0.92	0.20	−0.63
官方媒体影响力(GMT)	4.21	0.75	2.41	−1.16
H501 官方媒体信任、新媒体使用频率	4.19	0.8	2.28	−1.2
H504 官方机构、新媒体使用频率	4.18	0.81	2.14	−1.18
非官方媒体影响力(UGMT)	3.81	0.87	0.13	−0.57
H502 1商业媒体、新媒体使用频率	3.79	1.04	0.27	−0.8
H503 自媒体、新媒体使用频率	3.87	1.02	0.52	−0.9
H505 社会民间组织、新媒体使用频率	3.62	1.13	−0.16	−0.68
政治参与意愿(PPI)	2.54	0.76	0.20	0.05
G71B 居委会选举	3.29	1.238	−0.885	−0.328
G72B 基层人大代表的选举	3.24	1.226	−0.879	−0.293
G73B 参与社会公益互动	3.49	1.201	−0.561	−0.566
G74B 与他人讨论关心的国家大事	3.17	1.216	−0.887	−0.212
G75B 在请愿书上签名	2.19	1.017	−0.251	0.580
G76B 参与抵制行动	2.08	1.001	0.086	0.750
G77B 参与示威游行、罢工等	1.91	0.891	0.453	0.841
G78B 到政府部门上访	2.00	0.941	0.095	0.734
G79B 向媒体反映或投诉	2.13	1.036	−0.237	0.668
G70B 网上政治行动	1.98	0.948	0.270	0.813
社会组织参与意愿(SPI)	1.16	0.28	13.85	3.15
G301 教会、宗教团体	1.08	0.36	21.81	4.77
G302 体育、健康团体	1.35	0.71	1.18	1.71

题项和潜变量设置	均值	SD	峰态	偏态
G303 文化教育团体	1.19	0.55	6.12	2.78
G304 职业协会	1.10	0.41	15.17	4.03
G305 与学校有关的团体	1.18	0.53	6.39	2.79
G306 业主委员会	1.12	0.42	11.99	3.59
G307 宗亲会、家族会、同乡会	1.19	0.54	6.21	2.79
应对行为（RAB）	1.90	0.63	−1.13	−0.02
H601 放弃户外运动，尽量不外出	2	0.81	−1.49	0.01
H602 外出佩戴口罩	2.07	0.86	−1.63	−0.14
H603 减少开窗通风	2.13	0.82	−1.48	−0.25
H604 购买具有防雾霾功能的空气净化器	1.41	0.7	0.53	1.43

五、研究策略

本章数据采用 SPSS 23.0 及 AMOS 17.0 统计软件分析。首先，通过 SPSS 23.0 对于量表的信度采用 Cronbach's α 值来检验；量表效度采用验证性因子分析来验证，然后通过 AMOS17.0 对于提出的六项研究假设进行验证及修正，最后得出结构方程模型。

根据 Anderson 与 Gerbing 观点，完整的结构方程模型（Structural Equation Model，SEM）分析须分为两阶段：第一阶段属于测量模型（Measurement Model），第二阶段是结构模型（Structural model）的评估。[①] 验证式因素分析（Confirmatory Factor Analysis，简称 CFA，等同

---

① Anderson J. C., Gerbing D. W. "Structural Equation Modeling in Practice：A Review and Recommended Two-Step Approach". *Psychological Bulletin*，1988，103(3)：411 – 423.

于测量模型评估）是结构方程模型（Structural Equation Model，SEM）分析的一部分。本章 CFA 测量模型变量的评估与修正，依据 Kline 所提出的二阶段模型[①]进行修正，如果测量模型拟合度可接受，可进行完整的结构方程模型分析。

本章采用结构方程模型，通过分析潜变量之间以及观测变量和潜变量之间的关系，验证研究假设。结构方程模型一般包括测量模型和结构模型，测量模型是潜变量对观测变量的解释，如公式（1），结构方程是潜变量之间的关系，如公式（2）所示。

$$Y = \lambda_Y \eta + \varepsilon \tag{1}$$

$$X = \lambda_X \xi + \delta$$

$$\eta = \beta \eta + \gamma \xi + \zeta \tag{2}$$

公式 1 中 X 为显在外生观测变量，Y 为显在内生观测变量，ξ 为外生潜变量，η 为内生潜变量，δ 为外生观测变量 X 的残差项，ε 为内生观测变量 Y 的残差项，λ_X 和 λ_Y 为外生观测变量 X，Y 为在外生潜变量 ξ，η 上的因子载荷矩阵。

公式（2）中是潜变量之间的关系。β 为内生潜变量之间的效应；γ 为外生潜变量对内生潜变量的效应；ζ 为结构方程的残差项。在本章节中风险应对行为、政府环境效能感、社区环境效能感为内生的潜变量，环境态度、主观规范和感知行为控制外生的潜变量。

六、中介效应分析

中介变量（mediator，Me）是自变量对因变量产生影响的具体原

---

① Kline, Rex B., Little, Todd D. *Principles and Practice of Structural Equation Modeling*. Guilford Press, 2011.

因。中介变量检验间接效果(Indirect Effect)的方式包含因果步骤中介效应检验、间接效果系数乘积检验、间接效果自助法检验。中介(mediation)是社会科学研究中重要的概念。中介效应(mediation effect)模型可以分析自变量对因变量影响的过程和作用机制。也就是说自变量 X 通过变量 M 对因变量 Y 产生一定影响,则称 M 在 X 和 Y 之间起中介作用,M 为 X 和 Y 的中介变量(见图7-2)。中介效应的目的是判断自变量 X 和因变量 Y 之间的关系是部分或全部归因于中介变量 M。

早期西方社会科学实证研究开始尝试使用这一方法,并将其运用在管理学、心理学等领域。中介效应是建立在自变量 X 和因变量 Y 关系的基础上,探索两者之间关系的内部作用机制。通过阐释两者关系背后的作用机制可以检验相关理论和已有研究结果,完善已有的理论和研究结论,还能整合已有的研究或理论。中介关系可以用回归方程分三步表示,如图7-2右侧所示,中介效应模型及相应路径如图7-2左侧所示。

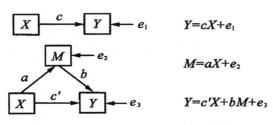

图7-2　中介效应回归方程及路径模型图

其中 c 为自变量 X 对因变量 Y 的总效应,系数 a 为自变量 X 对中介变量 M 的效应;系数 b 为在控制的自变量 X 的影响下,中介变量 M 对因变量 Y 的效应;系数 c' 为控制了中介变量 M 的影响后,自变量 X 对因变量 Y 的直接效应。$e1-e3$ 是回归残差。中介效应估计值是 $\hat{a}\hat{b}$

或 $\hat{c}-\hat{c}'$，$\hat{a}\hat{b}$ 等于间接效应的估计。中介效应的研究结果不仅汇报中介效应的大小，还应当汇报中介效应与总效应之比 $\hat{a}\hat{b}/(\hat{c}'+\hat{a}\hat{b})$，以及中介效应与直接效应之比（$\hat{a}\hat{b}/\hat{c}'$）。

第二节　社会资本、环境风险感知与应对 行为的结构方程模型检验

一、测量模型

（一）收敛效度

测量模型采用最大似然估计法进行估计，如表 7 - 4 所示。其中估计的参数包括因素负荷量、多元相关平方、合成信度与平均方差抽取量。标准化因素负荷量大于 0.60 可接受，最理想应大于 0.70。[①] 研究者提出标准化因素负荷量低于 0.45 的题目，表示该题目测量误差过大，建议删除。[②] 多数学者认为，每个指标变量的标准化因素负荷量（Standardized Factor Loading）至少大于 0.50，而合成信度（Composite Reliability）应大于 0.60，平均方差抽取量（Average Variance Extracted）要高于 0.50，则说明测量模型具有良好的收敛效度。剔除低于 0.5 的观测变量。潜变量政治参与意愿中的 G71B、G72B、G73B、G74B 标准化因子负荷量小于 0.5，剔除该题项。潜变量社会组织参与意愿的 G301、

---

① Chin W. W. "Issues and Opinion on Structural Equation Modeling". *Mis Quarterly*, 1998, 22(1): 7 - 16.

② Hooper D., Coughlan J., Mullen M. R. "Structural Equation Modeling: Guidelines for Determining Model Fit". *Electronic Journal on Business Research Methods*, 2007, 6(1): 141 - 146.

G305，两个观测变量符合量小于 0.5，潜变量应对行为的 H604 因子符合量低于 0.5，对以上观测变量进行了删除。

　　如表 7-4 所示，标准化因素负荷量介于 0.586—0.942 之间，均符合范围，显示每个题目均具有良好信度；构面合成信度介于0.79—0.945之间，均超过 0.7，全部符合所建议的标准，显示每个构面具有良好的内部一致性；最后，平均方差抽取量范围为0.527—0.743，均高于 0.5，全部符合 Hair，et al.，Fornell 与 Larcker 的标准，显示每个构面具有良好的会聚效度。[①]

（二）区分效度

　　本章通过 AVE 法对测量模型的区分效度进行检验。Fornell 与 Larcker 认为每个潜变量的 AVE 平方根如果大于潜变量之间的相关系数，说明模型具有较好的区分效度。[②] 如表 7-5 所示，大部分对角线每个潜变量 AVE 均方根大于对角线外的相关系数，因此本研究所有潜变量都具有良好的区分效度。

二、结构模型拟合度

　　结构模型利用最大似然法进行分析后，最终可获得模型拟合度、研究假设显著性检验及解释方差（R^2）等结果。值得注意的是，SEM 一般为大样本分析，在此情况下研究假设检验极易达到显著（$p < 0.05$），从而错误地拒绝了"样本与模型协方差矩阵相等"的原假设。因此，Kline

　　① Hair Jr. J. F. Anderson R. E.，Tatham R，L. & Black W. C. *Multivariate Data Analysis* (5th ed.). 1998.

　　② Fornell，Larcker. "Erratum：Structural Equation Models with Unobservable Variables and Measurement Error：Algebra and Statistics". *Journal of Marketing Research*，1981，18(4)、18(1)：39-50.

表7－4 测量模式结果分析

因子	测量题项	题目信度		合成信度	收敛效度	因子	测量题项	题目信度		合成信度	收敛效度
		标准化因素负荷量	多元相关平方	合成信度	平均方差抽取量			标准化因素负荷量	多元相关平方	合成信度	平均方差抽取量
PR	H101	0.623	0.388	0.907	0.713	PPI	G75B	0.809	0.654	0.945	0.743
	H301	0.922	0.850				G76B	0.850	0.722		
	H302	0.942	0.887				G77B	0.910	0.828		
	H303	0.852	0.726				G78B	0.893	0.797		
SEE	C501	0.682	0.465	0.869	0.527		G79B	0.829	0.687		
	C502	0.753	0.567				G70B	0.877	0.769		
	C503	0.712	0.507		SPI		G302	0.586	0.343	0.845	0.584	SPI
	C504	0.784	0.615				G303	0.909	0.826		
	C505	0.741	0.549				G304	0.847	0.717		
	C506	0.676	0.457				G306	0.671	0.450		
GMT	H501	0.878	0.771	0.831	0.711	RAB	H601	0.823	0.677	0.854	0.661	RAB
	H504	0.807	0.651				H602	0.761	0.579		
UGMT	H502	0.778	0.605	0.790	0.557		H603	0.852	0.726		
	H503	0.788	0.621								
	H505	0.667	0.445								

注：PR：风险感知；GEF：政府环境效能；SEE：社区环境效能；GMT：官方媒体影响力；UGMT：非官方媒体影响力；PPI：政治参与意愿；SPI：社会组织意愿。

表 7 - 5 模型中潜变量的区分效度

潜 变 量	平均方差抽取量	政府环境效能感	风险感知	社区环境效能感	官方媒体影响力	非官方媒体影响力	政治参与意愿	社会组织参与意愿	应对行为
政府环境效能感	1.000	**1.000**							
风险感知	0.713	-0.254	**0.844**						
社区环境效能感	0.527	-0.173	-0.284	**0.726**					
官方媒体影响力	0.711	0.017	-0.066	0.019	**0.843**				
非官方媒体影响力	0.557	0.040	-0.155	0.044	0.010	**0.746**			
政治参与意愿	0.743	0.009	-0.037	0.010	0.002	0.006	**0.862**		
社会组织参与意愿	0.584	0.082	0.043	-0.012	-0.003	-0.007	-0.002	**0.764**	
应对行为	0.661	-0.127	0.076	-0.189	0.060	-0.158	-0.051	0.085	**0.813**

注：对角线粗体字为 AVE 之开根号值，下三角为维度的皮尔逊相关。

和 Schumacker 建议要呈现多种不同的拟合度指标来评判模型的拟合程度,而不能仅仅以 p 值决定。[①] 本章以 Jackson,Gillaspy 与 Purc-Stephenson 研究得到的 SSCI 国际期刊中采用最广泛的 9 种拟合度指标来报告研究结果。[②]

表 7-6 列出了结构方程模型拟合指标。除了 χ^2 愈低愈好以外,所有模型拟合指标均符合建议的门槛。[③] 由于 χ^2 对大样本非常敏感,因此,辅以卡方值/自由度来评估;良好的模型拟合度,理想值应低于 3。Hu 和 Bentler 提出不仅要独立地评估每个指标,而应该使用更严谨的模型拟合指标来同时控制错误。如 Standardized RMR $<$ 0.08 和 CFI $>$ 0.90 或 RMSEA $<$ 0.08。[④] 如表 7-6 所示,模型拟合度大部分符合标准。因此显示模型大部分具有良好拟合度,仍属于可接受范围。

表 7-6 结构方程模型拟合度报告

拟 合 指 标	可容许范围	研究模型拟合度
MLχ^2 卡方值	越小越好	5 949.789
df 自由度	越小越好	340.000
Normed Chi-sqr(χ^2/df) 卡方值/自由度	1$<\chi^2$/df$<$3	17.499
RMSEA 近似误差均方根	$<$0.08	0.062
SRMR 标准化残差均方根	$<$0.08	0.074

---

① Kline,Rex B.,Little,Todd D. *Principles and Practice of Structural Equation Modeling*. Guilford Press,2011.

② Jackson D. L.,Gillaspy J. A.,Purc-Stephenson R. "Reporting Practices in Confirmatory Factor Analysis: An Overview and Some Recommendations". *Psychological Methods*,2009,14(1):6-23.

③ Schumacker,Randall E.,Lomax,Richard G.,Routledge. "A Beginner's Guide to Structural Equation Modeling". *LEA*,1996.

④ Hu,Li-tze,Bentler P. M. "Cutoff Criteria for Fit Indexes in Covariance Structure Analysis: Conventional Criteria Versus New Alternatives". *Structural Equation Modeling*,1999,6(1):1-55.

拟　合　指　标	可容许范围	研究模型拟合度
TLI(NNFI)　塔克-刘易斯指标(非规范拟合指标)	＞0.9	0.913
CFI　比较拟合指标	＞0.9	0.922
GFI　拟合优度指标	＞0.9	0.917
AGFI　调整后的拟合优度指标	＞0.9	0.908

由表 7-7 可知路径系数结果,政府环境效能感对风险感知有显著的负向影响($\alpha_1 = -0.254$,$p < 0.001$)。社区环境效能感对风险感知有显著的负向影响($\alpha_2 = -0.285$,$p < 0.001$)。官方媒体影响力对风险感知有显著的负向影响($\alpha_3 = -0.067$,$p < 0.001$)。非官方媒体影响力对风险感知有显著的负向影响($\alpha_4 = -0.156$,$p < 0.001$)。政治参与意愿对风险感知有显著的负向影响($\alpha_5 = -0.036$,$p = 0.026$)。社会组织参与意愿对风险感知有显著的负向影响($\alpha_6 = 0.043$,$p = 0.010$)。

表 7-7　雾霾风险感知对应对行为的多重中介效应

变量名(潜变量)	多元线性回归模型			
	非标准化回归系数	标准误	标准化回归系数	R^2可解释方差量
雾霾风险感知对(中介变量)效应(a)				
政府环境效能感	−0.349	0.022	−0.254***	0.065
社区环境效能感	−0.255	0.016	−0.285***	0.081
官方媒体影响力	−0.072	0.019	−0.067***	0.004
非官方媒体影响力	−0.129	0.015	−0.156***	0.024
政治参与意愿	−0.037	0.016	−0.036*	0.001
社会组织参与意愿	0.023	0.009	0.043**	0.002

续表

变量名(潜变量)	多元线性回归模型			
	非标准化回归系数	标准误	标准化回归系数	R^2可解释方差量
中介变量对应对行为(因变量)效应(b)				
政府环境效能感	−0.068		−0.110***	
社区环境效能感	−0.150		−0.158***	
官方媒体影响力	0.068		0.086***	0.081
非官方媒体影响力	−0.151		−0.148***	
政治参与意愿	−0.041		−0.049**	
社会组织参与意愿	0.124		0.078***	

注: * $p<0.05$, ** $p<0.01$, *** $p<0.001$。

政府环境效能感对风险感知有显著的负向影响($b_1=-0.110$，$p<0.001$)。社区环境效能感对风险感知有显著的负向影响($b_2=-0.158$，$p<0.001$)。官方媒体影响力对风险感知有显著的负向影响($b_3=0.086$，$p=0.001$)。非官方媒体影响力对风险感知有显著的负向影响($b_4=-0.148$，$p<0.001$)。政治参与意愿对风险感知有显著的负向影响($b_5=-0.049$，$p=0.004$)。社会组织参与意愿对风险感知有显著的负向影响($b_6=0.078$，$p<0.001$)。

研究结果支持本章节的研究假设,政府环境效能感对风险感知的解释力是 6.5%。社区环境效能感对风险感知的解释力是 8.1%。官方媒体影响力的解释力是 0.4%。非官方媒体影响力的解释力是 2.4%。政治参与意愿的解释力是 0.1%。社会组织参与意愿的解释力是 0.2%。以上六个中介变量对应对行为的解释力是 8.1%。

三、中介效果分析

其中 c 为自变量 X 对因变量 Y 的总效应,系数 a 为自变量 X 对中

介变量 M 的效应；系数 b 为在控制的自变量 X 的影响下，中介变量 M 对因变量 Y 的效应；系数 c' 为控制了中介变量 M 的影响后，自变量对因变量的效应。表 7 - 8 显示，风险感知→应对行为的总效果中，$p < 0.05$，而且此置信区间并未包含 0[0.065—0.096]，表示总效果成立。在特定的间接效果风险感知→政府环境效能感→应对行为，$p < 0.05$，置信区间未包含 0[0.016—0.034]，风险感知→社区环境效能感→应对行为，$p < 0.05$，置信区间未包含 0[0.026—0.050]，表示间接效果成立。风险感知→官方媒体影响力→应对行为，$p < 0.05$，置信区间未包含 0[−0.008——0.003]，表示间接效果成立。风险感知→非官方媒体影响力→应对行为，$p < 0.05$，置信区间未包含 0[0.011—0.031]，表示间接效果成立。风险感知→政治参与意愿→应对行为，$p = 0.027$，置信区间不包含 0[0.000—0.004] 表示间接效果成立。风险感知→社会组织参与意愿→应对行为，$p = 0.011$，置信区间未包含 0[0.000—0.007]，表示间接效果成立。

表 7 - 8　中介效应 **Bootstrap** 法检验结果：
总效用、直接效应、间接效应

各 类 效 应	系数	标准误	p 值	95％偏差校正下限置信区间 LLCI	95％偏差校正上限置信区间 ULCI	间接效应/总效应
总效应(c)						
风险感知→应对行为	0.081	0.008	0.004	0.065	0.096	
总的间接效应(c')						
风险感知→应对行为	0.081	0.008	0.004	0.065	0.096	

续表

各 类 效 应	系数	标准误	p 值	95％偏差校正下限置信区间 LLCI	95％偏差校正上限置信区间 ULCI	间接效应/总效应
间接效应($a×b$)						
风险感知→政府环境效能感→应对行为	0.024	0.004	0.001	0.016	0.034	29.63％
风险感知→社区环境效能感→应对行为	0.038	0.006	0.003	0.026	0.050	46.91％
风险感知→官方媒体影响力→应对行为	−0.005	0.001	0.000	−0.008	−0.003	6.17％
风险感知→非官方媒体影响力→应对行为	0.019	0.005	0.002	0.011	0.031	23.46％
风险感知→政治参与意愿→应对行为	0.001	0.001	0.027	0.027	0.004	1.23％
风险感知→社会组织参与意愿→应对行为	0.003	0.002	0.011	0.000	0.007	3.70％

　　根据表7-7和表7-8结果构建环境风险感知对应对行为的多重中介路径图(见图7-3),表明环境风险感知通过六个中介变量对应对行为度直接效应和间接效应。环境风险感知分别通过政府环境效能感、社区环境效能感、官方媒体影响力、非官方媒体影响力、政治参与意愿、社会组织参与意愿,对雾霾应对行为产生间接效应。中介变量的影响(a路径)及这三个变量对环境应对行为的影响(b路径)都存在显著的差别。其中社区环境效能感的中介效应最大,中介效应对总效应比

率为 46.91%,政府环境效能感的中介效应比率为 29.63%,非官方媒体影响力的中介效应比率为 23.46%,官方媒体影响力的中介效应比率为 6.17%,社会组织参与意愿的中介效应比率为 3.70%,政治参与意愿的中介效应比率为 1.23%。说明社区环境效能感在雾霾感知对应对行为的影响效应中起到了关键作用。

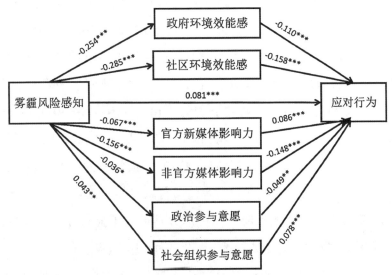

图 7-3　雾霾风险感知对应对行为的多重影响路径图

表 7-7 验证了雾霾风险感知对中介变量的效应及中介变量对应对行为的影响路径。雾霾风险感知对政府环境效能感、社区环境效能感、官方媒体影响力、非官方新媒体影响力、政治参与意愿、社会组织参与意愿的回归系数为($a_1 = -0.254$、$a_2 = -0.285$、$a_3 = -0.067$、$a_4 = -0.156$、$a_5 = -0.036$、$a_6 = 0.043$),并且通过显著性水平检验。而且以上六个变量对应对行为的回归系数分别为($b_1 = -0.068$、$b_2 = -0.150$、$b_3 = 0.068$、$b_4 = -0.151$、$b_5 = -0.041$、$b_6 = 0.124$),也通过显著性水平检验。由此表明,雾霾风险的感知仅仅对社会组织参与

意愿有正向作用,但是对政府环境效能感、社区环境效能感、官方媒体影响力、非官方媒体影响力及政治参与意愿都有负向作用。而且在六个中介变量中,仅有官方媒体影响力对应对行为有显著正向效应,其他中介变量,如政府环境效能感、社区环境效能感、非官方媒体影响力、政治参与意愿、社会组织参与意愿都对应对行为有显著的负向效应。

表 7-8 验证了雾霾风险感知对应对行为的多重中介效应模型。雾霾风险感知通过政府环境效能感、社区环境效能感、官方媒体影响力、非官方媒体影响力、政治参与意愿和社会组织参与意愿分别对应对行为产生直接效应和间接效应。回归模型和中介效应模型表明了公众环境风险感知对应对行为有着显著的正相关($0.081, p < 0.001$),验证了假设 1。中介变量中政府效能感的间接效应为 0.024,社区环境效能感的间接效应为 0.038,官方媒体影响力的间接效应为 -0.005,非官方媒体影响力的间接效应为 0.019,政治参与意愿的间接效应为 0.001,社会组织参与意愿的间接效应为 0.003,分别通过了显著性检验,验证了研究假设 2a、假设 2b、假设 3a、假设 3b、假设 4a、假设 4b。

中介效应 Bootstrap 法检验结果(见表 7-8)表明,公众环境风险感知通过政府环境效能感、社区环境效能感、官方媒体影响力、非官方媒体影响力、政治参与意愿和社会组织参与意愿的中介效应对应对行为产生了正向和负向的间接效应。官方媒体影响力的中介效应为负向,$a_3 \times b_3 = -0.005 (P = 0.000 < 0.001)$,社区环境效能感、政府环境效能感和非官方媒体影响力、政治参与意愿和社区参与意愿都为正向,表明雾霾风险感知通过 5 个中介变量放大应对行为的效应。官方媒体影响力的效应为负值,属于遮掩效应,"缩小"了雾霾风险感知对应对行为的效应。以上结论不仅验证了研究假设,更进一步说明了中介变量雾霾风险感知对应对行为的影响中存在一定程度的放大和削减效应。

表 7-8 表明官方媒体影响力的增强可以"缩小"感知对应对行为效应。其他中介变量都在"放大"感知对应对行为的效应。社区环境效能感、政府环境效能感和非官方媒体影响力在众多中介变量中,中介效应最大,也就是 3 个变量在风险感知对应对行为的效应中发挥了重要作用。中介变量在间接效应中虽然在不同程度上缩小和放大了环境风险感知对行为效应的作用,但是与社区环境效能感这一中介变量相比,官方媒体影响力的"缩小"效应是有限的。总的间接效应为正值,多重中介的整体效应是"放大"了感知对应对行为的正向效应。

第三节　结论与讨论

通过"2017 年城市化与新移民调查"数据分析,本章节验证了"高雾霾风险感知伴随着较高的应对行为"这一普遍认可的观点。同时发现政府环境效能感、社区环境效能感、非官方媒体影响力、政治参与意愿和社会组织参与意愿对环境风险感知和应对行为起到"放大"效应,但是官方媒体影响力起到了"缩小"效应,构建了环境风险感知到应对行为的多维度路径模型。

贝克(Beck)认为风险的概念直接与反思性现代化的概念相关,界定为系统地处理现代化自身引致的危险和不安全感的方式。[①] 贝克、吉登斯与拉什运用不同视角阐释"风险社会"理论以及"自反性现代化"理论。贝克强调技术理性结构主义,吉登斯侧重于制度理性的反思,关注

---

① Beck. *World Risk Society*. Cambridge: Polity Press, 1999: 109, 101-102, 223-224.

"抽离"和"再嵌入";拉什提出风险并未增多,只不过人类在不断增加对风险的认知程度,风险的增加实际是风险感知的增强而已。[①] 其中吉登斯"抽离"是指个体意识呈现出现代化的自我对抗和自我消解。"重新嵌合"是对个体意识(知识、准则、系统结构、规范),运用主观和客观因素对其解构和再构造。[②] 根据以上理论阐释,印证了环境风险感知自身的"抽离",以及主客观因素的"重新嵌入",由此建构了风险的应对行为。

一、新媒体影响力——媒体建构路径

本章验证了新媒体影响力在环境风险感知对应对行为的中介作用,说明了风险感知、应对行为的媒介化。随着信息社会的到来,媒介使用扩展到生活中的各个角落,大众媒介不仅建构了风险感知,而且促进了环境风险感知和应对行为产生。非官方媒体影响力成为在风险感知到应对行为路径中的"放大站",即放大风险感知对应对行为的效应,导致主观风险感知与客观风险之间存在偏差。官方媒体影响力成为风险感知到应对行为路径中的"缩小站"。在信息爆炸的社会,无过滤的大量信息成为风险放大的原动力,公众作为风险的承载体,处于对自身健康的焦虑中,信息未经过滤被新媒体传播容易引发公众的恐慌心理,导致个体非理性应对行为的产生。

(一)新媒体时代,公众的信息接收渠道和内容

公众有选择地接收风险信息,并根据个体经验和对信息发布渠道信任程度,对雾霾信息进行过滤、筛选和判断,进而生成差异性的新媒

---

①② 贝克:《再造政治:自反性现代化理论初探》;贝克、吉登斯、拉什:《自反性现代化》,赵文书译,商务印书馆2001年版,第10页。

体影响力。雾霾问题与环境灾难事故或者邻避事件相比较,其破坏力和产生的负面效果往往并不会在短期内产生急速的变化。雾霾问题也不同于其他环境污染问题,如水污染、噪声污染、垃圾等固体污染都具有一定延迟性和滞后性,雾霾问题较容易感知,涉及人群范围较广,也具有一定波动性,往往在秋冬季节较为显著,其所造成的健康危害较为直接。在雾霾问题较为严重的时间段,公众关注度明显增强,并通过媒体报道接收雾霾信息,对雾霾产生不同程度焦虑,甚至是恐慌的情绪。根据风险社会放大框架,新媒体毋庸置疑对风险感知起到了放大效应,对雾霾风险感知产生了直接影响。但是已有研究往往对新媒体类型没有加以区分,也并没有对新媒体的使用和媒体信任程度加以综合性的考量。微信等新媒体拓宽了对雾霾风险信息的接收渠道,提升了信息接收效度,但接收的信息往往并不代表接受。公众对不同渠道的雾霾风险信息的信任程度往往存在较大差异。

(二) 官方和非官方新媒体影响力

雾霾风险感知对两者都产生了一定负向的效应,但是,两者不仅本身存在较大差异,而且对应对行为产生了差异性的影响。官方媒体影响力对应对行为产生正向效应,非官方媒体影响力却对应对行为产生负向的效应。非官方媒体在雾霾信息发布中,由于传播速度快,受众范围广,掌握了信息发布主动权,但是由于其信息内容和数据来源缺乏审核,因此可信度较低。虽然新媒体信息在接收程度上较高,但是接受程度较低。官方新媒体在信息发布方面往往具有一定滞后性,通过信息确认、评估、调查、认定和审核等一系列程序进行发布,因此,官方新媒体信息接收程度较低,但是接受程度较高。从总体上看,官方新媒体影响力提升促进应对行为,但非官方媒体影响力提升可能会降低公众的应对行为。

公众的新媒体信息接收和接受程度不仅受到雾霾风险感知的影响，同时共同作用影响公众雾霾风险应对行为。公众对雾霾风险应对行为取决于公众对信息来源的接收和接受程度，即雾霾的风险沟通过程。政府部门是雾霾风险信息发布的权威机构，占有风险信息发布主动权，公众对官方信息来源的信任程度高于非官方。但是在信息发布过程中，官方新媒体影响力可能存在滞后性和"不对称原则"，进而缩小了风险感知对应对行为的影响效应。非官方新媒体影响力放大了风险感知应对行为。公众对专家和政府部门所发布的雾霾风险信息往往存在较大的质疑和不信任。专家和政府认为公众的风险感知是不科学、非理性的。如何化解风险沟通中的冲突问题，提升官方媒体影响力成为关键，其有效方法：一方面，可以通过提升政府信息发布渠道；另一方面，通过增进公众对官方信息的信任程度提升公众的应对风险能力。

（三）差异化的媒体影响力及差异化的效应

公众暴露在官方、非官方媒体所发布的各类信息中，由于信息来源不同而导致信息不一致等问题，甚至造成公众误解和恐慌。研究显示，对互联网信息和小道消息的接触使中国公众在诸如政治支持等政治态度上出现了差异，非官方发布信息渠道对公众的政治支持产生负向影响。[①]

在新媒体融合背景下，官方机构和官方媒体不仅通过拓展公众接收信息程度，进而有效加强主流媒体对公众舆论的引导，同时建立及

---

① JIE L. "Acquiring Political Information in Contemporary China: Various Media Channels and Their Respective Correlates". *Journal of Contemporary China*, 2013.

时、准确信息发布和信息沟通机制，增进公众对风险信息信任的程度，构建官方新媒体影响力。非官方媒体通过加强信息审核，保证信息准确度和可靠性，提升非官方媒体社会责任，发挥其信息反馈机制和监督机制。同时，官方、非官方新媒体影响力通过信息沟通机制增进公众对环保的评价，提升公众对政府环境治理信心，进而引导公众理性、科学的雾霾风险应对行为。

二、环境效能感——制度建构路径

坎贝尔等学者就提出了"政治效能感"，是一种个人认为自己的政治行动对政治过程能够产生影响力的感觉。莱恩进一步将政治效能感分为内在效能感和外在效能感。许多学者在此基础上构建社区效能感。徐延辉等提出社区效能感是指社区成员对社区的主观态度，社区居民对自身社区的能力和对社区根据其要求做出回应的心理认知。前者属于社区内在效能感，后者属于社区外在效能感。本章将环境效能感分为政治环境效能感和社区环境效能感，验证了研究假设，同时验证了 Bourque 等提出的观点。社区、政府环境效能感发挥了重要作用。

根据 Earle 等提出的信任—信心—合作模型（trust-confidence-cooperation），公众对政府环保评价（政府环境效能感）属于信心。[①] 公众雾霾风险感知的增强不仅直接降低政府环境效能感，而且进一步放大了风险感知对应对行为的效应。政府环境效能是建立在自上而下和自下而上的有效风险沟通基础上，成为自下而上风险沟通的重要路径，

---

① Earle T. C., Siegrisr M. "Trust, Confidence and Cooperation Model: A Framework for Understanding the Relation between Trust and Risk Perception". *International Journal of Global Environmental Issues*, 2008, 8(1): 17 - 29.

在公众雾霾风险感知的影响下采取应对行为。政府环境效能感成为政府环境治理的一种手段和方法，能够为政府提供环境治理过程中存在的问题及短板，并能够及时反馈，有利于政府科学制定环境政策，提升环境治理满意度和效能感，进而增进公众环境治理信心，从而为科学引导公众理性的雾霾风险应对行为提供前提。

社区环境效能感在环境风险感知对应对行为影响路径中不仅起到了"放大"效应。风险感知的三条研究路径中，其放大效应最大，验证了Slovic等的"情感启发式"理论，也就是情感优先于其他因素。该理论描述了个体遇到风险时所做出的快速、本能、直觉的应对行为。[①] 满足社区居民需求导向的社区环境效能感独立于环境风险感知，侧重于对个体环境风险的评估及政府环境治理信任，而这种主观的环境效能感，不仅有利于促进其理性应对行为，关键在于能够激发公众正确的风险认知。

在具体情境中，环境效能感能够引导公众理性的风险感知和应对行为，规制风险感知的误导和不准确传播。我国的环境风险评估往往从制度层面构建，结合量化和定性研究的方法构建评估指标，但是往往忽略了其主观性的满足居民的需求，因而单方面的政府和专家的风险评估往往忽略风险评估结果的合理性、合法性。由此，民主协商型的公众参与引入环境风险评估具有重要意义，可以从源头上减少非理性的风险感知与应对行为，有利于公众产生理性的判断和环境负责任行为。环境效能感属于自上而下的逻辑，而政治参与社会参与是自下而上的逻辑。

---

① Slovic P. "Risk as Analysis and Risk as Feelings: Commentary on the Dance of Affect and Reason". *Birth Defects Research Part A Clinical & Molecular Teratology*，2006，76(5)：349.

三、政治参与、社会参与——社会建构路径

公民参与是指公民参与到社会、社区等共同体的生活中,以便改善他人的境遇或是改变共同体的未来。Berger 将公民参与分三类:社会参与、政治参与和道德参与。公民参与是包含政治参与和社会参与等参与行为在内的更广泛的参与概念。[①] 本章将"社会参与"界定为社会成员通过参加各类社会组织的参与意愿,也就是公民个体参与,在内容和形式上表现为组织化、正式的社会参与。相对于社会参与,政治参与研究起源于西方政治学,研究较为成熟,主要界定为投票和选举活动。中国的政治参与概念与西方不同,并且存在较大的争议。争论的焦点在于参与的主体,多数学者较为认同公民个体的参与,也有学者认同公民及政治人物和政府工作人员的共同参与,对于参与的内容、参与的界限也存在一定的争议。本章认为政治参与的概念中应是普通公众试图影响政府决策及实施的各种行为。

Thompson 认为政治参与、社会参与共性在于个体积极参与社会或社会世界,并与为他们提供情感和社会支持的人们的互动过程。其属于一种人际关系的互动,不仅体现在日常生活领域不同活动的参与,更是个体在行为方式发生改变时,平衡自我认同以及获得自我满意的动态过程。[②] 因此,本章提出政治参与和社会参与意愿放大了公众环境风险感知对应其中,风险感知同时可以增进社会组织的参与。雾霾风险感知对其他的自变量都有一定程度的缩减,但是对于社会组织的参与却与政治参与意愿产生了差异性的效应。更进一步说明了公众的雾

---

① Berger B. "Political Theory, Political Science, and the End of Civic Engagement". *Perspectives on Politics*, 2009, 7(2): 335－350.

② Thompson E., Whearty P., Thompson E., et al. "Older Men's Social Participation: The Importance of Masculinity Ideology". *Journal of Mens Studies*, 2004, 13(1): 5－24.

霾风险增加,更有利于公众选择有利于自己的方式进行风险沟通和交流。雾霾的风险感知增进,一方面增进了公众选择社会组织,通过参加活动方式,降低其采取个人的风险应对行为;另一方面则是降低了公众参与政治活动的意愿。政治活动的参与,并不一定给公众带来直接利益,反而加剧了潜在风险。

其中,风险感知可以增进社会组织的参与。雾霾风险感知对其他的自变量都有一定程度的缩减,但是增进了社会组织的参与意愿。更进一步地说明了公众的雾霾风险增加更有利于公众选择有利于自己的方式进行风险沟通和交流。政治参与、社会参与虽然属于社会建构路径,但是分别体现了两种不同的逻辑。政治参与属于正式制度逻辑,而社会参与属于非正式制度的逻辑,正式制度逻辑是一种有序的参与,而非正式制度相对缺乏有序性。风险感知增进了非正式制度参与,进而影响应对行为,但是反而降低了公众正式制度参与的意愿。风险感知的提升可以增进无序和失序,进而加剧风险应对行为。

近几年,风险社会放大框架成为风险感知研究的主流理论。虽然该框架具有较为强大的整合能力,但是无法阐释各因素之间的关系及运行机制。其关注媒介传播的社会"放大"以及心理测量范式的情感"放大",但是客观的社会"放大"和主观的心理"放大"存在分离和孤立,无法形成互动。社会表征理论通过解释客体、制度、冲突等方面的问题,构建了个体、群体和社会情境之间的互动关系,完善了社会放大框架的割裂,克服了风险感知个体、认知、静态的研究取向,能够使不同社会文化沉淀的个体通过互动和交流形成不同的风险表征,将风险"放大"与"缩小",从而产生不同的风险应对行为。

玛丽·道格拉斯认为风险并未增多,而是我们的核心制度未能把那些特殊社团融入社会秩序与社会规范的主流之中,导致被觉察与被意识到的风险增多了。[①] 政治参与意愿和社会组织参与意愿在风险感知对应对行为的影响路径中都产生了"放大"效应,说明了政治参与和社会组织参与的一种社会建构路径的存在。贝克认为亚政治以政治制度的形式实施,把权利让渡给人民。从建构主义的视角,提高公众的风险意识和风险治理的参与意识,有助于建构风险文化。传统风险治理缺少风险文化建构,往往通过自上而下的管控,现今社会需要依靠社团亚政治运动去防范和化解,构建风险文化,形成自下而上"社团运动"的治理模式。[②]

---

① Douglas M. T., Wildavsky A. B. *Risk and Culture: An Essay on the Selection of Technical and Environmental Dangers*. University of California Press, 1982.

② 贝克:《再造政治:自反性现代化理论初探》;贝克、吉登斯、拉什:《自反性现代化》,赵文书译,商务印书馆 2001 年版,第 10 页。

第八章　环境风险感知对应对行为的
　　　　影响机制

"风险"是国内外一个非常热门的研究术语。风险与技术发展、工作条件、居住环境、私人活动、公共卫生、环境危害、全球生态变化等有着密切联系,并成为不同实践者和科学家共同关注的话题。伴随切尔诺贝利事故、SARS流行病传播、"9·11"恐怖袭击、汶川地震、全球金融风暴、新冠肺炎疫情传播对全球造成的冲击性影响,日常中的大气污染、交通事故、艾滋病、水污染、基因工程等问题也时刻伴随人类左右。公众逐渐觉醒风险无处不在,提升了人们对风险的感知及风险的应对行为。

改革开放以来,经济迅猛发展,空气污染恶化、公众健康需求的日益增长,不断唤醒公众环保意识,但同时加剧了对环境的焦虑,形塑环境风险感知,进而改变其应对行为。环境事件频发将人们对环境风险的关注推向了新高度:增进公众健康、安全和公民权。近年来,雾霾风险已成为政府环境治理重点工作和公众关注的热点问题。雾霾作为一种环境风险迅速进入大众的视线,也是目前各类环境风险的集中缩影和典型个例。

雾霾风险不仅给个人健康、工作和生活带来直观影响,而且影响国家的经济和整体发展。在学术界,雾霾研究者致力于雾霾成因,[1][2]雾

---

①　吴萍、余文周:《雾霾成因、危害、公众反应及治理对策的探讨》,《中国公共卫生管理》2014年第3期。

②　肖宏伟:《雾霾成因分析及治理对策》,《宏观经济管理》2014年第7期。

霾治理[1][2]、产业结构调整[3]等宏观层面。但公众雾霾风险感知对应对行为的相关研究匮乏，我国学者程鹏在博士论文中探讨了雾霾情景下公众雾霾感知的演化过程及风险应对行为选择，[4] Wang et al.；Sun et al.（2016）[5]等学者以雾霾问题作为背景，探讨了风险感知对应对行为的相关研究。虽然国外在公共管理领域对公众风险感知与行为应对的关系做了大量研究。[6][7]但是研究者往往从政府治理角度和管理主体的视角分析风险感知和应对行为，缺乏个体层面的探讨。信息时代的到来，使得公众在众多的风险信息中判断并接受相关信息，其中包括政府的官方信息和媒体信息、组织信息，及亲近人、周围人和陌生人等不同利益相关者所发布的信息。公众的风险感知及应对行为选择不仅由风险本身的属性决定，而且与个体心理有着紧密联系。[8]公众应对行为产生及归因是由个体对风险信息进行处理和加工的过程，也是个体风险行为选择的关键因素[9]。风险感知研究及应对行为研究一直以来成为学界关注的重点，风险应对行为的重要性

---

①　魏嘉、吕阳、付柏淋：《我国雾霾成因及防控策略研究》，《环境保护科学》2014年第5期。

②　王继绪：《浅析雾霾成因及防控对策》，《资源节约与环保》2015年第5期。

③　郭俊华、刘奕玮：《我国城市雾霾天气治理的产业结构调整》，《西北大学学报（哲学社会科学版）》2014年第2期。

④　程鹏：《雾霾情景下公众雾霾感知的演化过程及风险应对行为选择研究》，中国科学技术大学博士论文，2017年。

⑤　Wang Y., Sun M., Yang X., et al. "Public Awareness and Willingness to Pay for Tackling Smog Pollution in？China：A Case Study". *Journal of Cleaner Production*，2016，112：1627－1634.

⑥　Yoko Ibuka, Gretchen B. Chapman, Lauren A. Meyers. "The Dynamics of Risk Perceptions and Precautionary Behavior in Response to 2009（H1N1）Pandemic Influenza". *Bmc Infectious Diseases*，2010，10(1)：296.

⑦　Kettle, Nathan P., Dow, Kirstin. "Cross-Level Differences and Similarities in Coastal Climate Change Adaptation Planning". *Environmental Science & Policy*，2014，44：279－290.

⑧　Michael K. Lindell, Ronald W. Perry. "The Protective Action Decision Model：Theoretical Modifications and Additional Evidence". *Risk Analysis*，2012，32(4)：616－632.

⑨　Anthony Giddens. "Risk and Responsibility". *Modern Law Review*，2003，62(1)：1－10.

甚至不亚于风险感知(Lindell Arlikatti & Prater，2009)。目前对雾霾情景下个体风险感知影响机制及应对行为决策缺少理论层面的关注，缺乏从微观角度系统研究上述变量的关系以及个体行为决策的主要影响因素。

本书第五章验证了雾霾风险感知的影响因素，第六章围绕差序化的信任对雾霾风险感知影响机制作了分析，第七章主要探讨了风险感知对应对行为影响路径，第八章在前面章节的基础上，综合风险感知和应对行为的影响因素、路径及内部机制。本章力图在已有文献的基础上，进一步探究雾霾风险感知对应对行为的影响机制，综合前面几个章节中所探讨的重要变量，从差序化的人际信任、社会网络、系统信任等3个重要维度展开，试图解决以下问题：首先，差序化的人际信任，亲近人信任、周围人信任和陌生人信任是如何通过风险感知，而进一步影响公众的行为选择？三类不同的人际信任对风险感知的演化是否存在差异性？其次，社会网络和社会支持两类社会结构变量是否通过风险感知进一步影响公众的应对行为？再次，系统信任中的政府信任、组织信任和媒体信任在雾霾情景下，是否通过对雾霾风险感知的影响，进一步做出行为选择？

第一节　理论基础与研究假设

一、相关概念

(一) 信任类型

卢曼将信任和社会风险联系起来，提出信任是社会复杂性的简化机制,并将信任分为系统信任和人际信任。孙立平将社会信任结构分为系统信任和人际信任两个层面。[①] 卢曼进一步认为系统信任是交往的普泛化媒介,是复杂性的简化载体,具有凝固性、普泛性、非动机性和规范性特征,是时空分类的现代社会中的高度流动性的普泛化个体建立信任的主要形式。[②] 吉登斯认为符号的信任源自普遍化的媒介身份,对专家的信任来自其专业身份和知识,符号和抽象制度为特征的系统信任与人际信任并存,公众在环境风险沟通过程中的普遍信任感,无助于我们更清晰地辨析不同利益相关者的信任状况。吉登斯认为系统信任在现代社会可能会取代人际信任。现代社会具有时空分离基础上的脱域特征,导致人们社会交往方式发生了由"在场"转为"缺场"的重大改变。传统社会的信任是建立在人际信任基础上,而现代社会更强调时空的"脱域"。为了消除时空的不确定性,现代社会建立起高度发达的系统,依据对系统的信任来克服或避免因不确定的时空所导致的风险,这便使得系统信任取代人际信任,成为现代社会的主要信任形式。[③]

帕森斯对社会系统作了四分类:经济系统、政治系统、社会共同体和模式托管系统。基于系统信任的概念和帕森斯对社会信任的分类,本章节认为经济系统信任来自企业和市场,模式托管系统信任对应媒体信任,政治系统信任对应政府信任,社会共同体的信任对应组织信任。结合卢曼和吉登斯关于信任的阐释,本章节认为系统信任是指个体对群体、对机构组织或对制度可依赖性的信心,特别是对专家系统的信任。对系统(包括组织)的信任有助于简化复杂性,进而影响个体的技术接纳态度。

---

① 孙立平:《90年代中期以来中国社会结构演变的新趋势》,《经济管理文摘》2002年第24期。

② 尼克拉斯·卢曼:《信任:一个社会复杂性的简化机制》,瞿铁鹏、李强译,上海人民出版社2005年版。

③ 吉登斯·安东尼:《现代性的后果》,田禾译,译林出版社2000年版。

风险研究领域中对人际信任关注较少。人类学家普遍认为人类不是用自然的方式,而是经由如家庭、朋友、上司、同事等群体的影响及他们所传播的信息,通过知觉透镜过滤,进而感知世界。[①] 也就是人际信任在风险感知产生了重要影响。

心理学家罗特尔(Rotter)认为人际信任是存在于个人内部的性格特质或信念。[②] 但是,有学者认为信任是社会关系的维度,是与社会结构和文化紧密联系的社会现象,因此,应该将人际信任嵌入文化情境,而不是抽离。[③] 列维斯和维加尔特(1985)还提到了人际信任的类型在首属团体关系(家庭)中,信任的内容主要以感情为主,而在次属群体关系中,信任的形成主要以认知——理性成分为基础,伴随社会结构变迁,社会关系将从情感信任转化为认知信任。[④]

人际信任定义为一种在人际交往中对交往对象的一种预期及信念,集中在以个人为研究单位,探究其自身对他人的信任及哪些与对方有关的因素使此人会增加对对方的信任。[⑤] 人际信任以人与人之间的情感作为纽带,常发生于首要群体(例如家庭)、次要群体(例如邻居之间)之中具有亲疏远近的特征,由此也造成了信任的强弱差异。中国社会中的人际信任表现缘于内心深处的"爱有差等""人有亲疏",其特点与费孝通所提出的"差序格局"是一致的。因此,本书将人际信任根据亲属远近进行划分,分为亲近人信任、周围人信任和陌生人信任。亲近

① 谢尔顿·克里姆斯基、多米尼克·戈尔丁:《风险的社会理论学说》,赵延东等译,北京出版社 2005 年版,第 75 页。

② Rotter, Julian B. "Generalized Expectancies for Interpersonal Trust". *American Psychologist*, 1971, 26(5): 443-452.

③ Mills D. H. "The Logic and Limits of Trust". Business & Professional Ethics Journal, 1983, 2(3): 77-78.

④ Lewis, J. David, Weigert, Andrew. "Trust as a Social Reality". *Social Forces*, 1985, 63(4): 967-985.

⑤ 杨中芳、彭泗清:《中国人人际信任的概念化:一个人际关系的观点》,《社会学研究》1999年第 2 期。

人信任的对象包括亲人、朋友，周围人信任包括同事、同学和同乡；陌生人信任针对的是相互没有直接相关的群体间的人际信任。

（二）风险应对行为

公众的风险应对行为指的是那些可以有意识或者无意识降低自然环境中的威胁性事件的风险行为。[①] 公众的应对行为会随着风险类型、灾难类型或情景的不同而发生改变。随着环境问题的日益突出，普通公众对生态问题也愈加关心，对亲环境行为的选择也被视作为风险情景下的风险应对行为之一。近年来，国内外研究对亲环境行为（Pro-environmental behavior）逐渐关注，指的是人类通过改变自身的活动，以降低对生态环境的负面影响行为。[②] Bamberg 和 Moser(2007)将亲环境行为分为利他行为和利己行为两种。王晓楠将环境行为分为公域环境行为和私域环境行为。[③] 应对行为本身应属于利己行为，个人采取一些行为，以此降低自身所面临的风险。本章节的风险应对行为属于利己行为，是雾霾情景下个人所采取的自我保护型行为，公众在应对雾霾等空气污染时，往往采取一定保护措施或改变自身活动来降低雾霾风险对自身的危害，日常生活中公众往往采用减少户外活动、佩戴防雾霾口罩、在雾霾天气严重时减少户外活动、在室内使用空气净化器以及保持个人卫生等方式，当然也会有公众采用利他的绿色环境行为，如改变出行方式，降低能源消耗和污染气体的排放，如选择公交出行和降低

---

① Burton I., Kates R. W., White G. F. *The Environment as Hazard*. Oxford University Press，1993.

② Kollmuss，Anja，Agyeman，Julian. "Mind the Gap: Why Do People Act Environmentally and What are The Barriers to Pro-Environmental Behavior?". *Environmental Education Research*，2002，8(3)：239 – 260.

③ 王晓楠：《"公"与"私"：中国城市居民环境行为逻辑》，《福建论坛（人文社会科学版）》2018 年第 6 期。

私家车的使用。在实际生活中的应对行为以利己行为为主,利他的应对行为建立在发达国家和发达地区,在目前阶段,我国大多数公众并不会出于环保考虑而采用公共交通,而是主要从节约时间和降低出行经济成本考虑。

国内外大量研究验证了风险感知对应对行为的直接和间接作用。毫无疑问,风险感知对应对行为有重要影响,但同时会通过不同影响路径间接影响应对行为,第七章围绕风险感知对应对行为的不同路径进行了研究。而且大多数研究者发现在风险感知对应对行为有着不同的正向效应,也就是风险感知高,公众越容易采取应对行为。[1][2] Kuttschreuter 提出个人对食品质量的风险感知水平越高,越有可能采取行动,以避免风险。[3] 此外,Glaser 认为环境风险感知水平高的个体倾向采取激进风险应对行动,如请愿、街头抗议和暴力事件,当公众忽视或者无视客观潜在风险时,其风险感知较低,将不采取应对措施。[4] 很多学者对雾霾的应对行为做了深入的研究,发现了人口统计因素、信任因素、社会资本等因素对雾霾风险感知和应对行为产生了促进和抑制作用,形成了较为复杂的机制。

(三) 社会网络与社会支持

不同于其他学科,社会学认为微观个体行为包括风险应对行为是

---

① Mark Lubell. "Environmental Activism as Collective Action". *Environment and Behavior*, 2002, 34(4).

② Park N., Yang A. "Online Environmental Community Members' Intention to Participate in Environmental Activities: An Application of the Theory of Planned Behavior in the Chinese Context". *Computers in Human Behavior*, 2012, 28(4): pp.1298-1306.

③ Kuttschreuter M. "Psychological Determinants of Reactions to Food Risk Messages". *Risk Analysis*, 2006, 26(4): 1045-1057.

④ Glaser, A. "From Brokdorf to Fukushima: The Long Journey to Nuclear Phase-out". *Bulletin of the Atomic Scientists*, 68(6): 10-21.

嵌入"社会网络"(Social Net)之中。"社会网络"指的是作为节点的社会行动者(Social Actor)及其之间关系的集合。社会网络是由多个点(社会行动者)和各点之间的连线(行动者之间的关系)组成的集合。豪斯等人最早对社会支持和社会网络的概念进行了阐释和梳理。社会网络是社会关系的结构形式,包括规模大小、密度等。社会支持是指社会关系与社会网络的功能性内容,两者相互联系。社会支持只有被感知才能真正有效,情感维度是社会支持的最重要维度。①② 林南认为社会网络是指个人通过直接或者间接的途径与其他个体产生联系。这些社会关系可能包括亲属关系、共享的工作环境、友谊,体现的是结合感。社会支持是指个体从社会关系中过去的一种社会资源,包括工具性社会支持和情感性社会支持两种类型。③ 社会网络和社会支持的关系研究,大多数学者基于豪斯的观点,将社会关系框架分为三个维度:社会关系、社会网络和社会支持。其中社会关系是关系存在、数量和类型;社会网络是规模大小、密度、强度、同质性和异质性;社会支持是社会关系和社会网络的功能性和工具性。

早期研究者关注社会网络和社会支持对健康、满意度的研究,关注于社会支持对健康的影响机制和主要模式。宏观社会和经济体系中的紧张是导致特定群体产生健康的上游因素,在微观个体生活中的事件和风险累积到一定程度后,产生应对行为。④ 社会网络和社会支持对健康产生积极正面效应或者间接"缓冲"效应。

———————————

①　House J. "Measures and Concepts of Social Support". *Social Support & Health*, 1985: 83-10.

②　Barrera M. "Distinctions Between Social Support Concepts, Measures, and Models". *American Journal of Community Psychology*, 1986, 14(4): 413-445.

③　Lin N., Ensel W. M. "Life Stress and Health: Stressors and Resources". *American Sociological Review*, 1989, 54(3): 382-399.

④　赵凤:《社会支持与健康:一个系统性回顾》,《西北人口》2018 年第 5 期。

社会网络通过结构功能理论影响个体的态度和行为。社会网络通过信息的传递,个体通过社会网络信息的传递,反映了个体和他人之间的相互作用,体现了社会互动。异质性较弱社会网络,密度高的个体,拥有获取信息的能力并采取相应的措施,而异质性较高的群体,风险感知较强,在信息和资源有限的情况下,往往无力采用应对行为。马永斌从社会网络对有机食品选择的影响中发现了社会网络对公众有机食品选择的影响。[①] 赵延东也发现了社会网络在灾后恢复中的重要作用,居民在社会网络中获得正式和非正式支持进而更好恢复正常生活。但是对于不同类型的活动产生的结果不同,弱势群体更依赖于强关系网络。[②] 社会网络与信息传递的研究表明,网络的规模和结构均对信息传递有影响,规模较大、异质性较高的网络更有利于信息传递,是通过消耗个体的心理资源或者提供超出个体的应对能力,进而造成精神失调的症状或身体健康问题。

社会支持对健康的影响主要有两大理论:压力理论(Stress Theory)和结构紧张理论(Structural Strain Theory)。压力理论强调个人受到外界事件影响,压力威胁个人自身平衡及新陈代谢紊乱导致健康风险出现。社会关系可以缓解社会压力,降低社会压力产生疾病的风险。缺少社会支持的人群往往对自身失去了控制感和安全感,往往没有能力把握应对的策略和行为。[③] 结构紧张理论侧重于具体事件,强调社会失序。根据莫顿的社会失范理论,宏观经济和社会背景往往导致特定群体的精神失调和健康问题产生。结构紧张理论更强调社区层面,社

---

① 马永斌、赵延东:《社会网络对有机食品选择的影响》,《科学与社会》2014年第4期。

② 赵延东:《社会资本与灾后恢复——一项自然灾害的社会学研究》,《社会学研究》2007年第5期。

③ Cassel John. "The Contribution of the Social Environment to Host Resistance1". *American Journal of Epidemiology*, 1976(2): 2.

会经济地位等结构因素会对个体健康产生影响。

二、相关理论

（一）防护性行为决策模型

为了探究个体应对风险行为的复杂影响机制，Linden 和 Perry 提出的防护性行为决策模型（PADM），成为风险应对行为的重要理论框架（Linden & Hwang，2008；Lindell & Perry，2012）。防护性行为决策模型深入阐释个体如何接收外部风险信息，并结合其人口统计学特征、相关经历或自身信念，构建个体的风险感知，并进而形成风险应对行为。Linden 和 Perry 认为该模型中风险沟通和信息交流最为重要，并将两者加入模型，完善了 PADM 模型，以此阐释负面信息，增进风险感知，激化风险应对行为。防护性模型强化风险沟通的信息流，如何通过信息发布源（政府信息发布、媒体报道、组织参与）及个人的信息网络（非正式沟通、社会网络、社会支持）增进公众风险感知，并对应对行为产生直接和间接作用。个体从外部渠道接收风险信息，这些信息跟接收者特征（年龄、性别、相关经历）等结合后，会促使人们产生对风险信息的判断，首先是对接收不同发布渠道的信息信任程度、人际信任程度和社会网络、社会支持程度进而影响风险感知和风险应对行为，在多重因素的干预和促进下，公众依据自己的判断决定个人应对行为。

（二）社会风险放大框架理论

Kasperson 等 1988 年提出了风险社会放大框架（Social Amplification Risk Framework，SARF）。风险社会放大的概念是建立在与事件相关的理论基础上的危害与心理、社会、制度和文化进程相互作用，并以这种方式提高或降低个人和社会对风险感知，塑造风险行为。行为模式产生的社会或经济后果远远超出对人类健康或环境的直接危害,包括重大的间接影响,如责任、保险费用、对机构丧失信心,或疏离社区事务。

风险社会放大的过程从物理事件(如事故)或对不利影响的认识(如发现臭氧空洞)开始。在危机事件下,个人或团体都会选择这些事件特定特征,并解释他们自己的看法。这些解释形成一种信息并传达给其他人和团体(Renn,1991)。个人或团体收集和响应信息关于风险,并通过行为反映在我们的术语中充当"放大台"或通信。放大台可以是个人、团体或机构,包括个人作为普通公民的角色和作为雇员或社会团体和事业单位的成员。

根据风险社会放大的概念,Renn 等调查了进入放大过程的五组变量之间的函数关系。第一类变量包括 128 个危险事件的物理后果将人类或环境暴露于物理伤害之下;第二类变量指的是这 128 个事件的新闻报道量;第三类变量涉及个人对这些事件的看法;第四类变量描述了公众(个体行为意向和群体动员潜能)对这些危害的反应;第五类变量包含了通过一手、二手资料和德尔菲专家小组对事件所造成的社会经济和政治影响。研究结果发现,伤亡人数与绝大多数变量的关系非常微弱。物质层面的风险预测指标是风险暴露。风险暴露会导致恐惧,也与媒体报道高度相关。其对风险应对行为影响较小,表明风险是通过风险感知来运作的影响个人行为的变量。风险暴露与应对行为之间并没有直接联系。尽管这两个变量最初的相关性很高。[①] 暴露似乎通过媒体和其他方式塑造了公众风险感知应对行为。风险社会放大框架提供了一个综合的概念。个体和社会放大站对风险感知和应对行为有

---

① Ortwin Renn, William J. Burns, Jeanne X. Kasperson. "The Social Amplification of Risk: Theoretical Foundations and Empirical Applications". *Journal of Social Issues*, 1992, 48(4).

着较大差异：个体对信息的处理和基于信任、社会价值观和文化属性的经验对风险的社会反应。它提供了一个更全面的画面风险感知过程，并考虑心理、社会学和文化方面。

三、模型构建与研究假设

（一）人际信任、风险感知与应对行为

大多数研究者都认为信任是风险感知的重要决定因素，信任越高，风险感知越低，但是 Sjöberg 等证明，不同的信任类型对风险感知的解释力不同。特殊信任比周围人信任更能解释风险感知。[①] 对于不同类型的信任如何影响环境风险感知成为研究热点问题。环境风险感知心理测量范式的开创者 Slovic[②] 首先提出了信任的"不对称原则"，公众容易相信消极和负面信息，进而对政府失去信任。不对称性是由于公众心理倾向上的负面效应所导致的。Earle 等[③]则认为"不对称原则"是有局限性的，缺乏对灾害和信息类型考量，存在"极端主义偏见"，因此在 Slovic 基础上提出了信任二维结构，即社会信任和信心。Cvetkovic 和 Siegrist 认为信任包括社会的信任和信心，社会信任基于共享的价值观是对称的，信心是不对称的，因此提出了信任的对称性原则，包括 3 个理论模型：显著价值观模型（Salient Value Similarity）、信任—信心—合作模型（Trust-Confidence-Cooperation，TCC）[④]和功能性理论（Functioning）。[⑤]

---

① Sjöberg L. "Antagonism, Trust and Perceived Risk". *Risk Management*, 2008, 10(1): 32 - 55.

② Slovic P. "Perceived Risk, Trust, and Democracy". *Risk Analysis*, 1993, 13(6): 675 - 682.

③ Earle T. C. "Trust in Risk Management: A Model-Based Review of Empirical Research". *Risk Analysis An Official Publication of the Society for Risk Analysis*, 2010, 30(4): 541 - 574.

④ Bernd Blöbaum. "Examining Journalist's Trust in Sources: An Analytical Model Capturing A Key Problem in Journalism". *Trust and Communication in a Digitized World*. Springer International Publishing, 2016.

⑤ Earle T. C., Siegrisr M. "Morality Information, Performance Information, and the Distinction between Trust and Confidence". *Journal of Applied Social Psychology*, 2006, 36(2): 383 - 416.

    TCC 模型将信任和信心进行了区分,信任是指社会关系所共享的价值观,往往是直觉的、情感的,具有一定弹性、维持性和对称性,往往不会立即破坏。而信心是基于经历或者证据的,相信未来事件会按照期望发生,有客观的行为标准,一旦不符合标准立即会破坏信心,支持不对称原则。[①] 合作也就是公众或者组织所采取的决策和应对行为。

    根据前面章节和文献,人际信任分为亲近人信任、周围人信任和陌生人信任。三类信任类型对风险感知产生了不同的影响机制。其中,亲近人信任和周围人信任对风险感知产生正向的效应,并通过人际沟通对应对行为产生间接正效应。而陌生人信任对风险感知产生负向效应。根据既有研究和文献,本研究进一步认为三类不同人际信任有可能进一步通过雾霾风险感知对应对行为产生不同效应。

    卢曼关注信任与风险的相关性研究,提出信任可以降低风险感知,进而降低应对行为。但是对于人际信任对风险行为的研究相对关注较少。Zajickova 等的研究表明信任有助于改善环境友好型产品购买行为。[②] Fukuyama 认为,当社会信任处于较高水平时,交易成本得以下降,最终使合作趋于稳定,有利于公众产生风险应对行为。[③] 何可等人的研究发现了人际信任和制度信任对农民环境治理参与意愿产生了积极效应,随着经济水平的提升,人际信任对环境治理的参与效应降低,但是制度信任对环境治理参与效应显著。[④] 张方圆等人提出了社会资

---

① Earle T. C., Siegrisr M. "Morality Information, Performance Information, and the Distinction between Trust and Confidence". *Journal of Applied Social Psychology*, 2006, 36(2): 383 - 416.

② Zajickova, Zdenka, Martens, Pim. "A Participatory Approach in Regional Sustainable Development of the Slovak Republic: A Case Study of the Spis Region". *International Journal of Environment & Sustainable Development*, 2013, 6(3): 310.

③ Fukuyama F. "Trust: Social Virtues and the Creation of Prosperity/Francis Fukuyama". *Orbis*, 1996, 40(2): 333.

④ 何可、张俊飚、张露:《人际信任、制度信任与农民环境治理参与意愿——以农业废弃物资源化为例》,《管理世界》2015 年第 5 期。

本中的社会信任对农户生态补偿参与意愿有显著正影响。[1] 帕特南等人发现社会信任、互惠规范和参与网络有助于集体行动中广泛合作，并克服集体行动的困境。[2]

人际信任通过风险感知对应对行为的影响机制。帕克斯顿认为，人际信任程度越高的社会中，越容易产生各种各样的公民社团（civic associations），有组织成员相比无组织的成员，更有可能进行政治参与活动。因为组织化平衡了集体行动（collective action）的成本收益，进而提高了公众参与能力和参与意愿。[3] 邢春冰和罗楚亮研究发现社会信任对公众政治参与（民主投票行为）有着显著正向作用。[4] 王思琦研究发现人际信任中的普遍信任（陌生人信任）与非传统政治的参与有显著正相关，陌生人信任水平越高，参与非传统政治活动的可能性更高。但是，亲人和熟人信任对非传统的参与没有任何影响。[5] 而对差异性背后的具体逻辑并没有进行深入的阐释。Mayer 等学者在卢曼基础上提出了信任、风险感知和应对行为的相关关系，信任减低风险感知并进一步影响个体行为，风险感知在信任与风险应对行为中有一定的中介作用。[6] 杨雪梅等人通过对 350 个社员的调研数据发现社员信任促进合作社社员参与行为，人际信任不仅直接影响社员参与而且通过社员风

① 张方圆、赵雪雁、田亚彪：《社会资本对农户生态补偿参与意愿的影响——以甘肃省张掖市、甘南藏族自治州、临夏回族自治州为例》，《资源科学》2013 年第 9 期。

② Robert D. Putnam. "Bowling Alone: The Collapse and Revival of American Community". Proceedings of the 2000 ACM Conference on Computer Supported Cooperative Work. ACM, 2000.

③ Paxton Pamela. "Association Memberships and Generalized Trust: A Multilevel Model Across 31 Countries". *Social Forces*, 2007(1): 1.

④ 邢春冰、罗楚亮：《社会信任与政治参与：城镇基层人大代表举的居民投票行为》，《世界经济文汇》2012 年第 4 期。

⑤ 王思琦：《政治信任、人际信任与非传统政治参与》，《公共行政评论》2013 年第 2 期。

⑥ Mayer, R. C., Davis, J. H, Schoorman, F. D. "An Integrative Model of Organizational Trust". *Academy of Management Review*, 20(3): 709 - 734.

险感知对参与行为产生间接影响。[①] 人际信任对风险应对行为的影响路径研究相对有限,少有文章针对不同类型的人际信任阐释对雾霾应对行为的影响机制。因此,本研究提出以下研究假设:

假设 1a:亲近人信任通过降低风险感知,进而降低应对行为。

假设 1b:周围人信任通过降低风险感知,进而降低应对行为。

假设 1c:陌生人信任通过降低风险感知,进而降低应对行为。

(二) 社会网络、风险感知与应对行为

帕特南等人(Putnam et al., 1993)提出社会资本的概念,其能够通过促进合作来提高社会的效率,也有助于集体行动的解决,其中包括社会信任、社会规范以及社会网络。社会网络是公民通过非正式组织而形成。社会网络密集程度决定了公民为了共同的利益而合作。社会网络对于政治参与和社会参与的影响研究较多。孙昕等人的研究认为社团网络有助于人们的交流,通过社团交换信息得以强化,进而增强政治参与能力和可能性。[②]

已有文献也关注社会网络对健康和风险应对行为影响的问题。Berten 通过研究发现了个体在同伴网络中的位置对个体风险行为有着直接相关性。不同年龄段青少年的网络位置对应对行为有着较大差异,年龄较高更容易受到社会网络的影响。[③] 社会网络对于毒品使用行为的研究发现,缺少伴侣和亲人的个体更有可能使用毒品。社会网络

---

① 杨雪梅、王征兵、刘婧:《信任、风险感知与合作社社员参与行为》,《农村经济》2018 年第 4 期。

② 孙昕、徐志刚、陶然等:《政治信任、社会资本和村民选举参与——基于全国代表性样本调查的实证分析》,《社会学研究》。

③ Berten, Hans, Van Rossem, Ronan. "Mechanisms of Peer Influence Among Adolescents: Cohesion Versus Structural Equivalence". *Sociological Perspectives*, 54 (2): 183 - 204.

的规模较小,往往缺少情感支持,压力增加进而采用极端行为缓解压力来源。[①] 大部分研究认为社会网络的增加,可以增进压力,进而产生负面的行为,降低正面应对行为的发生。近几年,各界对于社会网络与风险应对行为的关系也有不同的观点。随着社交媒体的流行,网络社交媒体成为年轻人的主要沟通方式,逐渐取代了线下面对面的沟通和交流。青少年的社会网络越强,其风险的暴露程度就会增加,进而增进了个体负面风险行为,比如酗酒和吸烟。[②] 马永斌等人提出社会网络一定程度增进公众购买有机食品意愿,网络密度进而降低了人们风险防范的行为意愿。[③]

社会网络对个体行为研究相对较多。已有研究关注社会网络的规模、异质性和强弱关系,其中社会网络的密度、网络的同质性和异质性可能都会影响个体之间的人际沟通,促进了个体之间的信息传递,进而对行为产生影响。社会网络给决策者或者个体提供风险信息,而且个体或者组织通过过滤和筛选复杂的信息,进而做出风险的判断和应对行为。在这一影响路径中更多关注社会网络对信息传播的影响,缺少对情感的关注,更很少涉及社会网络通过风险感知进而对应对行为产生影响。

正如第五章所述,社会网络在一定程度上影响了雾霾风险感知。风险感知是公众搜集、理解、感知和选择的过程。[④] 社会网络也是风

①　Ennett S. T., Federman S. L. B. B. "Social Network Characteristics Associated with Risky Behaviors among Runaway and Homeless Youth". *Journal of Health & Social Behavior*, 1999, 40(1): 63-78.

②　Loss Julika, Lindacher Verena, Curbach Janina. "Do Social Networking Sites Enhance the Attractiveness of Risky Health Behavior? Impression Management in Adolescents' Communication on Facebook and its Ethical Implications". *Public Health Ethics*, 2013(1): 1.

③　马永斌、赵延东:《社会网络对有机食品选择的影响》,《科学与社会》2014年第4期。

④　Wachinger G., Renn O., Begg C., et al. "The Risk Perception Paradox-Implications for Governance and Communication of Natural Hazards". *Risk Analysis*, 2013, 33(6): 1049-1065.

险信息的主要来源,不同的信息来源和渠道对公众的雾霾风险感知形成具有重要作用。[1] 为了验证社会网络对雾霾风险应对行为,进一步验证其背后的影响路径、风险感知的中介作用,本章节提出研究假设:

假设 2:社会网络通过降低风险感知,进而降低应对行为。

(三) 社会支持、风险感知与应对行为

社会支持是指个体能够从其所处的社会网络中获得物质上和精神上的帮助。社会支持反映了个体与他人之间的相互作用,这种作用既包括环境因素,又包括个体的认知和情感因素。社会支持是个体社会关系的量化表征,包括物质帮助和精神支持,研究发现精神层面的支持显著性高于物质帮助。社会支持通过三种机制作用于健康,[2]分别是主效应模型、缓冲器模型以及动态效应模型。身心健康是一种客观和主观的状态。应对方式是指个体针对外在的环境要求,以及在其受到相关的情绪困扰时所产生的认知反应,进而采取稳定性行为模式。应对方式是伴随着个体的成长而逐渐形成的相对稳定的应对模式。

社会支持对应对行为的影响机制包括缓冲器模型和动态效应模型。缓冲器模型表明了社会支持通过缓冲压力事件对个人应对行为产生消极影响,也就是应对行为的削减。个体得到社会支持,往往会低估压力情景的伤害性,并提高主观感知和自我应对能力,来减少压力事件严重性的评价,同时社会支持可以提供解决问题的策略,从而

---

[1] Lindell M. K., Perry R. W. "The Protective Action Decision Model: Theoretical Modifications and Additional Evidence". *Risk Analysis*,2012,32(4):616-632.

[2] 王雁飞:《社会支持与身心健康关系研究述评》,《心理科学》2004 年第 5 期。

减轻压力的不良影响。动态效应模式认为，社会支持和压力及应对行为之间不是直接关系，具有一定阶段性。压力理论和结构紧张理论为社会支持对应对行为的影响机制提供了理论基础，将共同体生活中的压力事件衔接在宏观结构和微观个体之间。当个体风险逐渐积累后，会消耗心理资源，超出个体应对能力从而造成精神失调，而采取自我保护的行为。[①] 总之，社会支持作为应对行为的影响独立于风险感知，也就是风险感知不存在的时候，社会支持仍然有益于风险应对行为，当个体面临较高的风险感知时，社会支持对应对行为的影响更大。

假设3：社会支持通过降低风险感知，进而降低应对行为。

（四）系统信任、风险感知与应对行为

如前所述，信任可以概括为系统信任和人际信任。不同于人际信任，系统信任是对那些由抽象原则和现代性制度所构成系统的信任，帕森斯进一步将系统分为经济、政治、社会共同体和托管模式。根据这一划分方式，本章节将系统信任归纳为政府信任、组织信任和媒体信任。系统信任对风险感知研究较为成熟。卜玉梅在对食品安全调查中发现了系统信任与风险感知之间的负向关系，系统信任程度越高，风险感知越低。[②] 如第五章和第六章所述，人际信任与政府信任、媒体信任与风险感知的关系错综复杂。不同类型的信任对风险感知不仅有显著的影响，而且存在较大的差异。

公众政府信任与应对行为之间的关系研究较多，但存在一定的争

---

① Edited by, Tony N. Brown. "A Handbook for the Study of Mental Health: Social Contexts, Theories, and Systems". *Mental Health Nursing*, 2009(Jan).
② 卜玉梅：《风险分配、系统信任与风险感知》，厦门大学，2009年。

议。不可否认的是,政府信任与风险应对行为有着显著的相关性。龚文娟系统论述了系统信任和公众在环境风险沟通中的参与,将系统信任分为市场信任、政府信任和专家信任,政府信任和市场信任对风险应对有显著的影响,激发公众过度的风险应对行为。[1] 已有研究发现,组织信任对环境关心和环境行为具有负面影响;[2]也有学者发现了组织信任与风险感知和应对行为之间存在正相关关系。[3]

　　大多数学者认同组织信任水平越高,公众风险感知较低,进而降低风险应对行为。[4] Slovic 发现政府信任、组织信任对风险感知有负向影响,还发现了风险感知的影响效应。[5][6][7]还有研究者提出,组织信任水平与应对行为或政治参与之间的关系必须放在具体的地区、人群、情境以及行为模式中来进行分析,不能泛泛而谈。比如这种正向关系可能是由于事件本身对个体的吸引导致,或者处于不利生活条件当中的人群(Levi & Stoker,2000)。激进式的参与或者应对行为往往会产生负向的关系,而非激进或者自我防护行为往往与风险感知呈正向相关性。政府或者组织信任程度越高,风险感知越低,风险应对行为相对较高。

① 龚文娟:《环境风险沟通中的公众参与和系统信任》,《社会学研究》2016 年第 3 期。

② Debra J. Davidson, Wiluam R. "Freudenburg. Gender and Environmental Risk Concerns: A Review and Analysis of Available Research". *Environment & Behavior*, 1996, 28(3): 302 – 339.

③ Fikret Adaman, Nihan Karal, Gürkan Kumbaro et al. "What Determines Urban Households' Willingness to Pay for CO_2 Emission Reductions in Turkey: A Contingent Valuation Survey". *Energy Policy*, 2011, 39(2): 689 – 698.

④ Richard J. Bord, Robert E. O'Connor. "Risk Communication, Knowledge, and Attitudes: Explaining Reactions to a Technology Perceived as Risky". *Risk Analysis*, 2006, 10(4): 499 – 506.

⑤ Slovic P., Layman M., Kraus N., et al. "Perceived Risk, Stigma, and Potential Economic Impacts of a High-Level Nuclear Waste Repository in Nevada". *Risk Analysis: An Official Publication of the Society for Risk Analysis*, 1991, 11(4): 683 – 696.

⑥ Slovic P. "Trust, Emotion, Sex, Politics, and Science: Surveying the Risk-Assessment Battlefield". *Risk Analysis An International Journal*, 1999, 19(4): 689 – 701.

⑦ Slovic P. "The Perception of Risk". *Risk Society & Policy*, 2000, 69(3): 112.

组织信任包括政府信任和组织信任。其争议性的研究结论证明了组织信任、风险感知和应对行为之间存在复杂的逻辑,其背后的解释机制存在一定的差异。因此,有必要对组织信任中的政府信任和组织信任进行区分,分别探讨两者对风险感知的作用,及其与应对行为之间的关系。政府或者组织信任属于外显加工方式,一旦不符合的标准就立即被破坏,具有不对称性和认知性。[①] 因此往往会对风险感知产生负向的影响,进而影响应对行为。

假设4:政府信任通过降低风险感知,进而降低应对行为。

假设5:组织信任通过降低风险感知,进而降低应对行为。

国内外关于媒体对环境风险感知影响的文献较多。大多数研究将媒体使用作为主要的自变量,包括媒体接触程度、媒体类型、信息呈现方式、信息类型。其研究方法包括实验法、内容分析法和问卷调查法。不同研究方法所侧重研究的方向也有所不同。其中实验法大多用于测试不同的媒介类型、信息呈现方式、信息类型对公众风险感知的影响。内容分析法主要用于分析不同媒介的报道内容对受众风险感知的影响。而问卷调查法和深度访谈法则多用于调查受众的媒介接触程度、满意度以及公众媒体使用,或者某一特定媒介所产生的认知、情绪和行为反应对风险感知的影响。

媒体信任与信息源信任存在一定的差异。信息源是信息获取的来源,媒体信任是公众对各种媒体的信任,包括大众媒体和网络媒体。[②] 本章的媒体信任不同于第七章的信息源信任。媒体信任是消费者风险

---

① Earle T. C., Siegrisr M. "Trust, Confidence and Cooperation Model: A Framework for Understanding the Relation between Trust and Risk Perception". *International Journal of Global Environmental Issues*, 2008, 8(1): 17 - 29.

② Frewer L. J., Howard C., Hedderley D., et al. "What Determines Trust in Information About Food-Related Risks? Underlying Psychological Constructs". *Risk Analysis*, 1996, 16(4): 473 - 486.

感知的重要因素。[1] 已有文献发现媒介信任度对风险感知有显著的正相关关系。[2]

在现代社会,媒体的新闻报道已成为风险放大的重要环节,公众往往无法与风险实现直接接触,而是间接地从媒体报道中建构风险感知,进而产生风险应对行为。受新闻传播等其他因素的制约,媒体往往倾向于夸大风险或者掩盖风险的真实性。当新闻媒体对环境议题的报道增多,风险信息增加,环境风险的感知增强。一些学者对中国语境下的媒介使用与风险感知关系进行了研究。曾繁旭等人在对风险放大效应的研究中发现,媒体由于传播激进态度放大了风险的感知。[3] 公众根据媒介信任度的刻板印象对风险信息做出判断,形成风险感知。[4] 基于第五、六章研究结果发现媒体信任对风险感知有着放大的作用。第七章进一步说明了信息发布渠道的媒体影响力不同,在对风险感知影响路径中发挥了不同的作用。根据风险放大效应,媒体信任程度对风险感知有着风险放大效应,并进而对应对行为产生一定的作用。由此,提出研究假设:

假设 6:媒体信任不仅对应对行为产生直接作用,而且通过风险感知间接影响应对行为。

基于以上研究假设,本研究构建雾霾风险感知对应对行为的影响机制路径图,如 8 - 1 图所示:

① Lobb, Alexandra. "Consumer Trust, Risk and Food Safety: A Review". *Acta Agriculturae Scandinavica*, 2005, 2(1): 3 - 12.

② Dongqing Zhu, Xiaofei Xie, Yiqun Gan. "Information Source and Valence: How Information Credibility Influences Earthquake Risk Perception". *Journal of Environmental Psychology*, 2011, 31(2): 129 - 136.

③ 曾繁旭、戴佳、王宇琦:《技术风险 VS 感知风险:传播过程与风险社会放大》,《现代传播(中国传媒大学学报)》2015 年第 3 期。

④ Paton, Douglas. "Risk Communication and Natural Hazard Mitigation: How Trust Influences Its Effectiveness". *International Journal of Global Environmental Issues*, 2008, 8(1/2): 2.

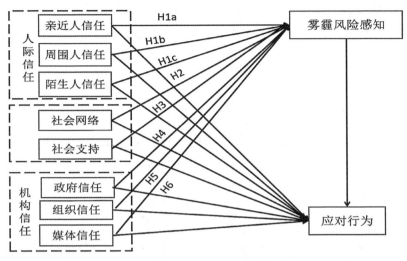

图8-1 风险感知对应对行为的影响机制路径图

第二节 变量测量与分析策略

本节的数据来源与前面几章相同。随机抽样数据,样本的信度和效度较高。第七章详细描述了受访者的人口统计分析,本章不做赘述。

一、相关变量测量

(一)雾霾应对行为

本书的因变量是公众针对环境问题的应对行为。问卷中涉及的题项是:"最近一年,您是否因为所在地区环境污染或空气污染从事过下列活动或者行为?"题项下设5项"行为":"放弃户外运动,尽量不外出""外出佩戴口罩""减少开窗通风""购买具有防雾霾功能的空气净化器""参加环境组织"。被选项为"经常""偶尔""从不",分别赋值2、1、0。根据主成分分析发现前四项聚合为一类因子,后一选项"参加环境组织"

相关系数较小,因此删除。前四项聚合的因子 KMO 值为 0.763,巴特利特球形度检验 $p < 0.001$,Cronbach's α 值为 0.793,量表具有较好的信度和效度。

(二) 雾霾风险感知

中介变量是雾霾风险感知。"雾霾风险感知"这一测量指标与第五、六、七章相同。

(三) 自变量

自变量包含:社会网络、社会支持、人际信任(陌生人信任、周围人信任)、系统信任(政府信任、组织信任、媒体信任)。虽然在第五章对以上 8 个自变量进行过描述,本章基于结构方程模型,对以上变量的题项进行更加详细的分析。

二、变量题项的描述分析

(一) 描述性分析

为更加全面了解数据的分布,本章使用均值、方差、偏态和峰态等 4 个指标来综合描述数据的分布。均值用于描述样本的平均水平。对于明显左偏或者右偏的数据来说,使用中位数去描述数据状况比平均数更合理,因为平均数会受极值的影响。左偏或者右偏说明有较多的极端数值。偏态系数绝对值越大,偏斜程度越厉害。正态分布的峰度 $K = 3$,均匀分布的峰度 $K = 1.8$。除了左偏右偏之外我们还需要从峰度上看峰度是否偏离了正态分布。结构方程要求样本服从正态分布,因此我们需要先观察数据的分布,如若不对称就要进行调整。本章对每个测量题项的峰态和偏态进行系统描述,如表 8 - 1 所示。

表 8-1 题项和潜变量的描述性分析

题项和潜变量设置	均值	SD	峰度	偏态
风险感知（RPE）	3.17	1.15	−0.97	−0.31
h101 您所在地区下列雾霾问题的严重程度	3.36	1.28	−0.84	−0.46
h301 雾霾问题对您身体健康所造成的影响	3.13	1.36	−1.33	−0.19
h302 雾霾问题对您心理健康所造成的影响	3.26	1.33	−1.17	−0.36
h303 雾霾问题对您日常工作和生活所造成的影响	2.92	1.31	−1.27	−0.04
亲近人信任（RETR） 您对下列人员的信任程度如何？	4.35	0.59	2.60	−1.17
e201_1 亲人	4.56	0.64	3.52	−1.62
e202_1 朋友	4.14	0.7	1.26	−0.71
周围人信任（GETR）	3.49	0.59	1.06	−0.39
e205_1 同学	3.59	0.69	0.53	−0.45
e206_1 同事	3.54	0.68	0.42	−0.41
e207_1 同乡	3.35	0.7	0.48	−0.26
陌生人信任（STTR）	3.67	0.75	1.09	−0.39
e210_1 医生	3.62	0.82	0.61	−0.7
e211_1 警察	3.72	0.84	0.65	−0.7
社会网络（SWET） 您的有交往的邻居、朋友、同事和居住小区的一些情况	3.64	0.84	−0.24	−0.43
f101_1 有交往的邻居	3.71	0.96	−0.25	−0.57
f102_1 朋友	3.65	0.99	−0.48	−0.49
f103_1 同事	3.62	0.99	−0.43	−0.46
f104_1 居住小区	3.58	0.86	−0.2	−0.53
社会支持（SSUP）	2.18	0.85	−0.53	0.33
f4_1 遇到烦恼倾诉方式	2.08	0.9	0.04	0.8

续表

题项和潜变量设置	均值	SD	峰度	偏态
f5_1 遇到烦恼求助方式	2.29	1.03	−1.05	0.3
政府信任(GOTR)请问您对下列机构信任程度如何?	3.88	0.78	0.22	−0.58
e301_1 中央政府	4.11	0.92	0.47	−0.92
e302_1 地方政府	3.85	0.99	−0.17	−0.63
e303_1 军队	4.14	0.86	0.43	−0.84
e304_1 环保部门	3.43	0.94	−0.28	−0.2
组织信任(ORTR)	2.94	0.83	0.11	0.15
e305_1 慈善机构	3.13	0.94	−0.26	−0.03
e306_1 宗教团体	2.74	1	−0.25	0.13
媒体信任(METR)	2.84	0.82	0.22	0.15
e307_1 电视媒体	2.98	0.9	−0.26	0.02
e308_1 网络媒体	2.71	0.88	0	0.23
应对行为(BEH)最近一年,您是否因为所在地区环境污染或空气污染从事过下列活动或者行为?	1.90	0.63	−1.13	−0.02
h601 放弃户外运动,尽量不外出	2	0.81	−1.49	0.01
h602 外出佩戴口罩	2.07	0.86	−1.63	−0.14
h603 减少开窗通风	2.13	0.82	−1.48	−0.25
h604 购买具有防雾霾功能的空气净化器	1.41	0.7	0.53	1.43

进一步从区间值可以发现:

雾霾风险感知各题项平均数(M)介于 2.92—3.36,标准偏差(SD)在 1.28—0.7,偏态值介于 −1.27—−084,峰度值介于 −0.46—−0.04。雾霾风险感知总体平均数(M)为 3.17,标准偏差(SD)为 1.15。

亲近人信任各题项平均数(M)介于 4.14—4.56,标准偏差(SD)在 0.64—0.7,偏态值介于 −1.62——0.71,峰度值介于 1.26—3.52。亲近人信任之总体平均数(M)为 4.35,标准偏差(SD)为 0.59。

周围人信任各题项平均数(M)介于 3.35—3.59,标准偏差(SD)在 0.68—0.7,偏态值介于 −0.45——0.26,峰度值介于 0.42—0.53。周围人信任之总体平均数(M)为 3.49,标准偏差(SD)为 0.59。

陌生信任各题项平均数(M)介于 3.62—3.72,标准偏差(SD)在 0.82—0.84 之间,峰度值介于 0.61—0.65。在陌生信任之总体平均数(M)为 3.67,标准偏差(SD)为 0.75。

社会网络各题项平均数(M)介于 3.58—3.71,标准偏差(SD)在 0.86—0.99,偏态值介于 −0.57——0.46,峰度值介于 −0.48——0.2。社会网络之总体平均数(M)为 3.64,标准偏差(SD)为 0.84。

社会支持各题项平均数(M)介于 2.08—2.29,标准偏差(SD)在 0.9—1.03,偏态值介于 0.3—0.8,峰度值介于 −1.05—0.04。社会支持之总体平均数(M)为 2.18,标准偏差(SD)为 0.85。

政府信任各题项平均数(M)介于 3.43—4.14,标准偏差(SD)在 0.86—0.99,偏态值介于 −0.92——0.2,峰度值介于 −0.28—0.47。政府信任之总体平均数(M)为 3.88,标准偏差(SD)为 0.78。

组织信任各题项平均数(M)介于 2.74—3.13,标准偏差(SD)在 0.94—1,偏态值介于 −0.03—0.13,峰度值介于 −0.26——0.25。组织信任之总体平均数(M)为 2.94,标准偏差(SD)为 0.83。

媒体信任各题项平均数(M)介于 2.71—2.98,标准偏差(SD)在 0.88—0.9,偏态值介于 0.02—0.23,峰度值介于 −0.26—0。媒体信任之总体平均数(M)为 2.84,标准偏差(SD)为 0.82。

应对行为各题项(M)介于 1.41—2.13,标准偏差(SD)在

0.63—0.86,偏态值介于−1.63—0.53,峰度值介于−0.25—1.43。应对行为总体平均数(M)为1.90,标准差(SD)为0.63。

以上10个潜变量及观测题项的偏态、峰态和标准差大部分都基本符合正态分布,可以进行结构方程分析。

(二) 信度分析

信度分析是为了检验使用的测量工具是否可信。Cronbach's α又可称为内部一致性的测量。Hair et al.(2010)认为好的信度必须符合以下3项要求:内部一致性(Cronbach's α)>0.7;测量题项之间的相关>0.3;修正项目总相关(Item to Total)>0.5。

由雾霾风险感知结果信度分析表8-2可知,4个测量题项内部一致性(Cronbach's α)为0.90,高于0.7;测量题项之间相关,全部题目的相关均高于0.3;修正项目总相关,全部题目均高于0.5。本研究将保留全部测量题项以进行后续的分析。

表8-2 雾霾风险感知信度分析表

测量题项	皮尔逊积差相关				修正后题目与总分相关	Cronbach's α
	h101_1	h301_1	h302_1	h303_1		
h101_1	1.00				0.58	0.90
h301_1	0.56	1.00			0.86	
h302_1	0.58	0.87	1.00		0.87	
h303_1	0.50	0.79	0.80	1.00	0.79	

由亲近人信任信度分析表8-3可知,2个测量题项内部一致性(Cronbach's α)为0.71,高于0.7;测量题项之间相关,全部测量题项的相关均高于0.3;修正项目总相关,全部测量题项均高于0.5。本研究将保留全部测量题项以进行后续的分析。

表 8-3　亲近人信任信度分析表

题　目	皮尔逊积差相关		修正后题目与总分相关	Cronbach's α
	e201_1	e202_1		
e201_1	1.00		0.55	0.71
e202_1	0.55	1.00	0.55	

由周围人信任信度分析表 8-4 可知,3 个测量题项内部一致性(Cronbach's α)为 0.82,高于 0.7;测量题项之间相关,全部测量题项的相关均高于 0.3;修正测量题项总相关,全部测量题项均高于 0.5。本研究将保留全部测量题项以进行后续的分析。

表 8-4　周围人信任信度分析表

题目	皮尔逊积差相关 P			修正后题目与总分相关	Cronbach's α
	e205_1	e206_1	e207_1		
e205_1	1.00			0.70	0.82
e206_1	0.72	1.00		0.73	
e207_1	0.52	0.56	1.00	0.58	

由陌生信任信度分析表 8-5 可知,2 个测量题项内部一致性(Cronbach's α)为 0.78,高于 0.7;测量题项之间相关,全部测量题项的相关均高于 0.3;修正测量题项总相关,全部测量题项均高于 0.5。本研究将保留全部测量题项以进行后续的分析。

表 8-5　陌生信任信度分析表

题　目	皮尔逊积差相关		修正后题目与总分相关	Cronbach's α
	e210_1	e211_1		
e210_1	1.00		0.64	0.78
e211_1	0.64	1.00	0.64	

由社会网络信度分析表 8－6 可知，4 个测量题项内部一致性（Cronbach's α）为 0.90，高于 0.7；测量题项之间相关，全部测量题项的相关均高于 0.3；修正测量题项总相关，全部测量题项均高于 0.5。本研究将保留全部测量题项以进行后续的分析。

表 8－6　社会网络信度分析表

题　目	皮尔逊积差相关				修正后题目与总分相关	Cronbach's α
	f101_1	f102_1	f103_1	f104_1		
f101_1	1.00				0.79	0.90
f102_1	0.72	1.00			0.80	
f103_1	0.68	0.78	1.00		0.79	
f104_1	0.73	0.63	0.65	1.00	0.74	

由社会支持信度分析表 8－7 可知，2 个测量题项内部一致性（Cronbach's α）为 0.70，等于 0.7；测量题项之间相关，全部题目的相关均高于 0.3；修正测量题项总相关，全部测量题项均高于 0.5。本研究将保留全部测量题项，以进行后续的分析。

表 8－7　社会支持信度分析表

题　目	皮尔逊积差相关		修正后题目与总分相关	Cronbach's α
	f4_1	f5_1		
f4_1	1.00		0.55	0.70
f5_1	0.55	1.00	0.55	

由政府信任信度分析表 8－8 可知，4 个测量题项内部一致性（Cronbach's α）为 0.86，高于 0.7；测量题项之间相关，全部测量题项的相关均高于 0.3；修正测量题项总相关，全部测量题项均高于 0.5。本研

究将保留全部测量题项以进行后续的分析。

表 8-8　政府信任信度分析表

题　目	皮尔逊积差相关				修正后题目与总分相关	Cronbach's α
	e301_1	e302_1	e303_1	e304_1		
e301_1	1.00				0.78	0.86
e302_1	0.77	1.00			0.79	
e303_1	0.73	0.66	1.00		0.72	
e304_1	0.48	0.57	0.47	1.00	0.56	

由组织信任信度分析表 8-9 可知,2 个测量题项内部一致性(Cronbach's α)为 0.64;测量题项之间的相关,全部测量题项的相关均高于 0.3;修正测量题项总相关,除了 e305_1、e306_1 为 0.47,0.47 低于 0.5,其他测量题项均高于 0.5。本研究将 e305_1、e306_1 予以删题,保留其他测量题项以进行后续的分析。

表 8-9　组织信任信度分析表

题　目	皮尔逊积差相关		修正后题目与总分相关	Cronbach's α
	e305_1	e306_1		
e305_1	1.00		0.47	0.64
e306_1	0.47	1.00	0.47	

由媒体信任信度分析表 8-10 可知,2 个测量题项内部一致性(Cronbach's α)为 0.83,高于 0.7;测量题项之间相关,全部题目的相关均高于 0.3;修正测量题项总相关,全部测量题项均高于 0.5。本研究将保留全部测量题项以进行后续的分析。

表 8－10　媒体信任信度分析表

题　　目	皮尔逊积差相关		修正后题目与总分相关	Cronbach's α
	e307_1	e308_1		
e307_1	1.00		0.71	0.83
e308_1	0.71	1.00	0.71	

由应对行为信度分析表 8－11 可知，3 个测量题项内部一致性（Cronbach's α）为 0.85，高于 0.7；测量题项之间相关，全部测量题项的相关均高于 0.3；修正测量题项总相关，全部测量题项均高于 0.5。本研究将保留全部测量题项以进行后续的分析。

表 8－11　应对行为信度分析表

题目	皮尔逊积差相关			修正后题目与总分相关	Cronbach's α
	h601_1	h602_1	h603_1		
h601_1	1.00			0.73	0.85
h602_1	0.62	1.00		0.69	
h603_1	0.70	0.65	1.00	0.75	

以上 10 个潜变量和观测变量的信度分析可知，所有变量对应的题项信度基本符合要求，可以进行下一步的结构方程分析。

（三）潜变量相关分析

在结构方程的测量模型前，对 10 个潜变量的皮尔森相关系数进行了检验，如表 8－12 所示。r 是用来衡量两个变量 X 与 Y 之间线性相关的大小（Lehman，O'Rourke，Hatcher，& Stepanski，2005），其值的范围在－1—1 之间，1 代表完全线性正相关，－1 代表完全线性负相关，0 代表没有线性相关。一般建议，相关系数为 0.70—0.99，表示高度

表 8 - 12　潜变量的相关分析

	样本数	平均数	标准差	风险感知	亲近人信任	周围人信任	陌生人信任	社会网络	社会支持	政府信任	组织信任	媒体信任	应对行为
风险感知	4 230	3.17	1.15	1.00									
亲近人信任	4 230	4.35	0.59	0.08	1.00								
周围人信任	4 230	3.49	0.59	0.00	0.43	1.00							
陌生人信任	4 230	3.67	0.75	−0.05	0.28	0.32	1.00						
社会网络	4 230	3.64	0.84	0.23	0.35	−0.01	0.01	1.00					
社会支持	4 230	2.18	0.85	0.07	0.12	0.11	0.12	−0.02	1.00				
政府信任	4 230	3.88	0.78	0.00	0.26	0.25	0.39	0.15	0.02	1.00			
组织信任	4 230	2.94	0.83	−0.10	0.10	0.23	0.20	−0.02	0.02	0.40	1.00		
媒体信任	4 230	2.84	0.82	−0.07	0.03	0.20	0.17	0.01	0.03	0.30	0.52	1.00	
应对行为	4 230	2.07	0.73	0.61	0.08	0.00	0.01	0.26	0.09	0.08	−0.09	−0.03	1.00

相关;相关系数为 0.40—0.69,表示中度相关;相关系数为 0.10—0.39, 表示低度相关。

由 10 个潜变量相关分析表 8-12 可知,样本数有 4 230 个,平均数在 2.07—4.35,标准偏差在 0.59—1.15。表格的右半边为风险感知、亲近人信任、周围人信任、陌生人信任、社会网络、社会支持、政府信任、组织信任、媒体信任、应对行为的相关程度。

结果显示,周围人信任与亲近人信任($r=0.43$)、组织信任与政府信任($r=0.40$)、媒体信任与组织信任($r=0.52$)、应对行为与雾霾风险感知($r=0.61$)为中度相关。

陌生人信任与亲近人信任($r=0.28$)、陌生人信任与周围人信任($r=0.32$)、社会网络与雾霾风险感知($r=0.23$)、社会支持与亲近人信任($r=0.12$)、社会支持与周围人信任($r=0.11$)、社会支持与陌生人信任($r=0.12$)、政府信任与亲近人信任($r=0.26$)、政府信任与周围人信任($r=0.25$)、政府信任与陌生人信任($r=0.39$)、政府信任与社会网络($r=0.15$)、组织信任与亲近人信任($r=0.10$)、组织信任与周围人信任($r=0.23$)、组织信任与陌生人信任($r=0.20$)、媒体信任与周围人信任($r=0.20$)、媒体信任与陌生人信任($r=0.17$)、媒体信任与政府信任($r=0.30$)、应对行为与社会网络($r=0.26$)为低度相关。

由此可知,雾霾风险感知、亲近人信任、周围人信任、陌生信任、社会网络、社会支持、政府信任、组织信任、媒体信任、应对行为各潜变量之间的相关为低度到中度正相关。

三、分析策略

通过对潜变量各个测量题项的描述分析、信度检验、潜变量相关分析,表明样本数据可以采用结构方程模型进行分析。本研究数据采用

SPSS 23.0 及 AMOS 17.0 统计软件分析。首先,通过 SPSS 23.0 对于量表的信度采用 Cronbach's α 值来检验;量表效度采用验证性因子分析来验证,然后通过 AMOS 17.0 对于提出的 6 项研究假设进行验证及修正,最后得出结构方程模型。通过分析潜变量之间以及观测变量和潜变量之间的关系,验证研究假设。结构方程模型一般包括测量模型和结构模型,测量模型是潜变量对观测变量的解释,如公式(1),结构方程是潜变量之间的关系,如公式(2)所示,结构方程公式在第七章进行了详细介绍。(本章略)

$$Y = \lambda_Y \eta + \varepsilon \tag{1}$$

$$X = \lambda_X \xi + \delta$$

$$\eta = \beta \eta + \gamma \xi + \zeta \tag{2}$$

本章中,公式(2)是潜变量之间的关系。β 为内生潜变量之间的效应;γ 为外生潜变量对内生潜变量的效应;ζ 为结构方程的残差项。在本书中应对行为、风险感知为内生的潜变量,人际信任变量(亲近人信任、周围人信任、陌生人信任)、社会网络、社会支持、政府信任、组织信任、媒体信任为外生的潜变量。

四、中介效果分析

中介效应(mediation effect)模型可以分析自变量对因变量影响的过程和作用机制。也就是说自变量 X 通过变量 M 对因变量 Y 产生一定影响,则称 M 在 X 和 Y 之间起中介作用。中介效应的回归方程在第七章进行了详细介绍。

本章中,自变量 X 为亲近人信任、周围人信任、陌生人信任、社会网络、社会支持、政府信任、组织信任、媒体信任为自变量,中介变量 M

为风险感知,因变量 Y 为应对行为。

第三节　环境风险感知对应对行为的结构方程模型检验

一、测量模型

(一) 收敛效度

测量模型采用最大似然估计法,本研究中的 10 个潜变量及观测变量的测量模型如表 8-13 所示。其中估计的参数包括因素负荷量、多元相关平方、合成信度与平均方差抽取量。标准化因素负荷量大于 0.60 可接受,最理想应大于 0.70。[1] 研究者提出标准化因素负荷量低于 0.45 的题目表示该观测变量测量误差过大,建议删除。[2] 多数学者认为,每个观测变量的标准化因素负荷量(Standardized Factor Loading)至少大于 0.50,而合成信度(Composite Reliability)应大于 0.60,平均方差抽取量(Average Variance Extracted)要高于 0.50,则说明测量模型具有良好的收敛效度。剔除观测变量低于 0.5 的观测变量。潜变量(内生潜变量)应对行为的 H604 因子符合量低于 0.5,剔除该题项。

如表 8-13 所示,删除后的观测变量标准化因素负荷量介于 0.581—0.942 之间,均符合范围,显示每个观测变量均具有题项信度;潜变量合成信度介于 0.657—0.906 之间,均超过 0.6,表明每个潜变量

---

[1]　Chin W. W. "Issues and Opinion on Structural Equation Modeling". *Mis Quarterly*, 1998, 22(1), 1.22(1): 7-16.

[2]　Hooper D., Coughlan J., Mullen M. R. "Structural Equation Modeling: Guidelines for Determining Model Fit". *Electronic Journal on Business Research Methods*, 2007, 6(1): 141-146.

具有良好的内部一致性,而且平均方差抽取量范围为0.495—0.712,基本高于 0.5,符合 Hair, et al.(1998),Fornell 与 Larcker(1981)的标准,显示每个潜变量具有良好的会聚效度。[1] 以上指标均符合结构方程所建议的标准。

表 8-13 测量模型结果分析

因 子	测量题项	题目信度		合成信度	收敛效度平均方差抽取量
		标准化因素负荷量	多元相关平方		
风险感知(RPE)	H101_1	0.619	0.383	0.906	0.710
	H301_1	0.921	0.848		
	H302_1	0.942	0.887		
	H303_1	0.850	0.722		
亲近人信任(RETR)	E201_1	0.658	0.433	0.716	0.561
	E202_1	0.830	0.689		
周围人信任(GETR)	E205_1	0.827	0.684	0.825	0.615
	E206_1	0.866	0.750		
	E207_1	0.642	0.412		
陌生信任(STTR)	E210_1	0.740	0.548	0.788	0.651
	E211_1	0.869	0.755		
社会网络(SWET)	F101_1	0.839	0.704	0.902	0.698
	F102_1	0.866	0.750		
	F103_1	0.853	0.728		
	F104_1	0.782	0.612		
社会支持(SSUP)	F4_1	0.645	0.416	0.722	0.570
	F5_1	0.851	0.724		

---

[1] Niall H., Anderson, Peter Hall, D. M. Titterington. "Edgeworth Expansions in Very-High-Dimensional Problems". *Journal of Statistical Planning and Inference*, 1998, 70(1).

因　子	测量题项	题目信度		合成信度	收敛效度平均方差抽取量
		标准化因素负荷量	多元相关平方		
政府信任（GOTR）	E301_1	0.870	0.757	0.872	0.634
	E302_1	0.872	0.760		
	E303_1	0.796	0.634		
	E304_1	0.622	0.387		
组织信任（ORTR）	E305_1	0.808	0.653	0.657	0.495
	E306_1	0.581	0.338		
媒体信任（METR）	E307_1	0.882	0.778	0.832	0.712
	E308_1	0.804	0.646		
应对行为（BEH）	H601_1	0.822	0.676	0.854	0.661
	H602_1	0.764	0.584		
	H603_1	0.850	0.722		

（二）区分效度

本章节通过 AVE 法对测量模型的区分效度进行检验。Fornell 与 Larcker[1] 认为每个潜变量的 AVE 平方根如果大于潜变量之间的相关系数，说明模型具有较好的区分效度。如表 8-14 所示，本研究大部分对角线每个潜变量 AVE 均方根大于对角线外的相关系数，因此本研究中所有潜变量都具有良好的区分效度。

二、结构模型拟合度报告

结构模型通过最大概似法进行分析，并得到模型拟合度、显著性检

---

[1] Claes Fornell，David F. Larcker. "Evaluating Structural Equation Models with Unobservable Variables and Measurement Error". *Journal of Marketing Research*，1981，18(1).

表 8-14　模型中潜变量的区分效度

	AVE 平均方差抽取量	风险感知	亲近人信任	周围人信任	陌生人信任	社会网络	社会支持	政府信任	组织信任	媒体信任	应对行为
风险感知	0.710	**0.843**									
亲近人信任	0.561	0.088	**0.749**								
周围人信任	0.615	0.019	0.560	**0.784**							
陌生人信任	0.651	−0.044	0.363	0.381	**0.807**						
社会网络	0.698	0.233	0.059	0.001	0.012	**0.835**					
社会支持	0.570	0.100	0.164	0.141	0.161	−0.030	**0.755**				
政府信任	0.634	0.029	0.320	0.263	0.452	0.178	0.024	**0.796**			
组织信任	0.495	−0.088	0.177	0.291	0.319	0.011	0.048	0.515	**0.704**		
媒体信任	0.712	−0.072	0.113	0.233	0.213	0.019	0.048	0.321	0.654	**0.844**	
应对行为	0.661	0.657	0.085	0.022	0.006	0.292	0.106	0.113	−0.085	−0.022	**0.813**

注：对角线粗体字为 AVE 之开根号值，下三角为维度的皮尔逊相关。

验及可解释方差(R^2)等结果。结构方程一般为大样本分析,因此,其研究假设检验显著度较高($p<0.05$),从而错误地拒绝了"样本与模型协方差矩阵相等"的原假设。因此,Kline(2011)和 Schumacker 建议要呈现多种不同的拟合度指标来评判模型的拟合程度,而不能仅仅以 p 值决定。[①] 本研究以 Jackson,Gillaspy 与 Purc-Stephenson 研究得到的 SSCI 国际期刊中采用最广泛的九种拟合度指标来报告研究结果。[②]

表 8 - 15 列出了模型拟合指标。除了 χ^2 愈低愈好以外,所有模型拟合指标均符合建议的门槛。[③] 由于 χ^2 对大样本非常敏感,因此,辅以卡方值/自由度来评估;良好的模型拟合度,理想值应低于 3。Hu 和 Bentler 提出不仅要独立地评估每个指标,而应该使用更严谨的模型拟合指标来同时控制错误。如 Standardized RMR<0.08 和 CFI>0.90 或 RMSEA<0.08。[④] 表 8 - 15 中的模型拟合度大部分符合标准,具有良好拟合度,仍属于可接受范围。

表 8 - 15　结构方程模型拟合度报告

拟　合　指　标	可容许范围	研究模型拟合度
MLχ^2　卡方值	越小越好	3 758.088
df　自由度	越小越好	305.000
Normed Chi-sqr(χ^2/df)　卡方值/自由度	1<χ^2/df<3	12.322

① Kline, Rex B., Little, Todd D. *Principles and Practice of Structural Equation Modeling*. Guilford Press, 2011.

② Jackson D. L., Gillaspy J. A., Purc-Stephenson R. "Reporting Practices in Confirmatory Factor Analysis: An Overview and Some Recommendations". *Psychological Methods*, 2009, 14(1): 6 - 23.

③ Schumacker R. E. & Lomax R. G. *A Beginner's Guide to Structural Equation Modeling* (3 ed.). Taylor and Francis Group, 2010.

④ Hu, Li-tze, Bentler P. M. "Cutoff Criteria for Fit Indexes in Covariance Structure Analysis: Conventional Criteria Versus New Alternatives". *Structural Equation Modeling*, 1999, 6(1): 1 - 55.

拟　合　指　标	可容许范围	研究模型拟合度
RMSEA　近似误差均方根	<0.08	0.052
SRMR　标准化残差均方根	<0.08	0.040
TLI(NNFI)　塔克-刘易斯指标(非规范拟合指标)	>0.9	0.931
CFI　比较拟合指标	>0.9	0.944
GFI　拟合优度指标	>0.9	0.94
AGFI　调整后的拟合优度指标	>0.9	0.925

三、结构方程模型路径系数

表 8－16 显示了结构方程模型路径系数。亲近人信任对雾霾风险感知有显著的正向效应($b=0.086$，$p=0.001$)。陌生人信任对雾霾风险感知有显著的负向效应($b=-0.086$，$p<0.001$)。社会网络对雾霾风险感知有显著的正向效应($b=0.225$，$p<0.001$)。社会支持对雾霾风险感知有显著的正向效应($b-0.110$，$p<0.001$)。政府信任对雾霾风险感知有显著的正向效应($b=0.053$，$p=0.026$)。组织信任对雾霾风险感知有显著的负向效应($b=-0.092$，$p=0.006$)。媒体信任对雾霾风险感知有显著的负向效应($b=-0.032$，$p=0.232$)。

雾霾风险感知对应对行为有显著的正向效应($b=0.611$，$p<0.001$)。社会网络对应对行为有显著的正向效应($b=0.129$，$p<0.001$)。社会支持对应对行为有显著的正向效应($b=0.050$，$p=0.001$)。政府信任对应对行为有显著的正向效应($b=0.126$，$p<0.001$)。组织信任对应对行为有显著的负向效应($b=-0.148$，$p<0.001$)。媒体信任对应对行为有显著的正向效应($b=0.074$，$p=0.001$)。

表 8‑16　结构模型的回归结果

变量名 (潜变量)	多元线性回归模型			
	标准化 回归系数	标准误	p 值	R^2可解释 方差量
外生潜变量对雾霾风险感知(内生潜变量)效应				
亲近人信任	0.086***	0.046	0.001	
周围人信任	0.008	0.032	0.716	
陌生人信任	−0.086***	0.028	0.000	
社会网络	0.225***	0.017	0.000	0.087
社会支持	0.110***	0.025	0.000	
政府信任	0.053*	0.023	0.026	
组织信任	−0.092**	0.035	0.006	
媒体信任	−0.032*	0.026	0.232	
外生潜变量对应对行为(内生潜变量)效应				
雾霾风险感知	0.611***	0.017	0.000	
亲近人信任	−0.006	0.033	0.786	
周围人信任	−0.001	0.023	0.960	
陌生人信任	0.000	0.021	1.000	
社会网络	0.129***	0.012	0.000	0.469
社会支持	0.050***	0.018	0.001	
政府信任	0.126***	0.017	0.000	
组织信任	−0.148***	0.026	0.000	
媒体信任	0.074***	0.019	0.001	

注：* $p<0.05$，** $p<0.01$，*** $p<0.001$。

研究结果基本验证本章的研究假设。亲近人信任、陌生人信任、社会网络、社会支持、政府信任、组织信任与媒体信任对解释雾霾风险感知的解释力是8.7%。雾霾风险感知、社会网络、社会支持、政府信任、组织信任与媒体信任对解释应对行为的解释力是46.9%。

在数据非多元常态情形下,结果方程分析结果中模型估计的卡方差异统计量会膨胀。SEM 的模型拟合度大多是经由卡方差异统计量计算而得,因此当卡方差异统计量膨胀就会导致模型拟合度变差。SEM 的数据非多元常态时,采用 Satorra-Bentler scaled chi-square 验证其分析结果是较为科学的(Satorra and Bentler,1988,1994)。Satorra 与 Bentler 会修正卡方差异统计量,也因此修正了模型拟合度,如表 8 - 17 所示。修正后的模型拟合度指标进一步证明了模型拟合效果较高。

表 8 - 17 修正后模型拟合度

拟 合 指 标	可容许范围	研究模型拟合度
$ML\chi^2$ 卡方值	越小越好	3 346.447
df 自由度	越小越好	305.000
Normed Chi-sqr(χ^2/df) 卡方值/自由度	$1 < \chi^2/df < 3$	10.972
RMSEA 近似误差均方根	<0.08	0.049
SRMR 标准化残差均方根	<0.08	0.040
TLI(NNFI) 塔克-刘易斯指标(非规范拟合指标)	>0.9	0.932
CFI 比较拟合指标	>0.9	0.945
GFI 拟合优度指标	>0.9	0.946
AGFI 调整后的拟合优度指标	>0.9	0.934
Scaling correction factor 尺度修正因子	>1	1.123

四、中介效果分析

c 为自变量 X 对因变量 Y 的总效应,系数 a 为自变量 X 对中介变量 M 的效应;系数 b 为在控制的自变量 X 的影响下,中介变量 M 对因变量 Y 的效应;系数 c' 为控制了中介变量 M 的影响后,自变量对因变量的效应。从表8-18中介模型间接效果分析所示，可以得到在亲近人信任→应对行为的总效果中，其 $p \geqslant 0.05$，且此置信区间包含0[−0.01—0.147]，表示总效果不成立，没有探讨中介效果的必要。周围人信任→应对行为的总效果中，其 $p \geqslant 0.05$，且此置信区间包含0[−0.054—0.06]，表示总效果不成立，没有探讨中介效果的必要。

表8-18 中介效应 Bootstrap 法检验结果：
总效用、直接效应、间接效应

各类效应	系数	标准误	Z 值	p 值	95%偏差校正下限置信区间	95%偏差校正上限置信区间	间接效应/总效应
总效应(C)							
亲近人信任→应对行为	0.074	0.041	1.798	0.072	−0.010	0.147	
总间接效应(C')							
亲近人信任→风险感知→应对行为	0.083	0.024	3.408	0.001	0.036	0.130	
直接效果							
亲近人信任→应对行为	−0.009	0.035	−0.259	0.796	−0.083	0.054	
总效应(C)							
周围人信任→应对行为	0.005	0.029	0.167	0.867	−0.054	0.060	
总间接效应(C')							
周围人信任→风险感知→应对行为	0.006	0.017	0.354	0.723	−0.027	0.040	
直接效果							
周围人信任→应对行为	−0.001	0.025	−0.048	0.962	−0.047	0.046	

续表

各类效应	系数	标准误	Z 值	p 值	95%偏差校正下限置信区间	95%偏差校正上限置信区间	间接效应/总效应
总效果(C)							
陌生人信任→应对行为	−0.058	0.025	−2.288	0.022	−0.108	−0.009	
总间接效果(C′)							
陌生人信任→风险感知→应对行为	−0.058	0.015	−3.866	0.000	−0.088	−0.028	
直接效果							
陌生人信任→应对行为	0.000	0.021	−0.001	1.000	−0.040	0.044	
总效应(C)							
社会网络→应对行为	0.222	0.015	14.762	0.000	0.191	0.251	
总间接效果(C′)							
社会网络→风险感知→应对行为	0.114	0.010	11.903	0.000	0.096	0.133	51.35%
直接效果							
社会网络→应对行为	0.108	0.013	8.258	0.000	0.084	0.135	
总效应(C)							
社会支持→应对行为	0.135	0.023	5.929	0.000	0.090	0.178	
总间接效应(C′)							
社会支持→风险感知→应对行为	0.077	0.014	5.716	0.000	0.052	0.103	57.03%
直接效果							
社会支持→应对行为	0.058	0.019	3.033	0.002	0.022	0.095	

各类效应	系数	标准误	Z 值	p 值	95%偏差校正下限置信区间	95%偏差校正上限置信区间	间接效应/总效应
总效应(C)							
政府信任→应对行为	0.133	0.021	6.260	0.000	0.091	0.176	
总间接效应(C')							
政府信任→风险感知→应对行为	0.027	0.012	2.158	0.031	0.001	0.051	20.30%
直接效果							
政府信任→应对行为	0.106	0.017	6.109	0.000	0.071	0.139	
总效应(C)							
组织信任→应对行为	−0.179	0.034	−5.254	0.000	−0.248	−0.115	
总间接效应(C')							
组织信任→风险感知→应对行为	−0.049	0.019	−2.663	0.008	−0.082	−0.013	27.37%
直接效果							
组织信任→应对行为	−0.130	0.029	−4.460	0.000	−0.192	−0.076	
总效应(C)							
媒体信任→应对行为	0.046	0.025	1.862	0.063	−0.001	0.094	
总间接效应(C')							
媒体信任→风险感知→应对行为	−0.016	0.015	−1.100	0.271	−0.046	0.012	
直接效果							
媒体信任→应对行为	0.063	0.021	3.007	0.003	0.024	0.106	

陌生信任→应对行为的总效果中,其 $p < 0.05$,且此置信区间并未包含 $0[-0.108——0.009]$,表示总效果成立。陌生信任→应对行为的间接效果中,其 $p < 0.05$,且此置信区间并未包含 $0[-0.088——0.028]$,表示间接效果成立。陌生信任→应对行为的直接效果中,其 $p \geqslant 0.05$,且此置信区间包含 $0[-0.040——0.044]$,表示直接效果不成立。

社会网络→应对行为的总效果中,其 $p < 0.05$,且此置信区间并未包含 $0[0.191——0.251]$,表示总效果成立。社会网络→应对行为的间接效果中,其 $p < 0.05$,且此置信区间并未包含 $0[0.096——0.133]$,表示间接效果成立。社会网络→应对行为的直接效果中,其 $p < 0.05$,且此置信区间并未包含 $0[0.084——0.135]$,表示直接效果成立。

社会支持→应对行为的总效果中,其 $p < 0.05$,且此置信区间并未包含 $0[0.09——0.178]$,表示总效果成立。社会支持→应对行为的间接效果中,其 $p < 0.05$,且此置信区间并未包含 $0[0.052——0.103]$,表示间接效果成立。社会支持→应对行为的直接效果中,其 $p < 0.05$,且此置信区间并未包含 $0[0.022——0.095]$,表示直接效果成立。

政府信任→应对行为的总效果中,其 $p < 0.05$,且此置信区间并未包含 $0[0.091——0.176]$,表示总效果成立。政府信任→应对行为的间接效果中,其 $p < 0.05$,且此置信区间并未包含 $0[0.001——0.051]$,表示间接效果成立。政府信任→应对行为的直接效果中,其 $p < 0.05$,且此置信区间并未包含 $0[0.071——0.139]$,表示直接效果成立。

组织信任→应对行为的总效果中,其 $p < 0.05$,且此置信区间并未包含 $0[-0.248——0.115]$,表示总效果成立。组织信任→应对行为的间接效果中,其 $p < 0.05$,且此置信区间并未包含 $0[-0.082——0.013]$,表示间接效果成立。组织信任→应对行为的直接效果中,其 $p < 0.05$,且此置信区间并未包含 $0[-0.192——0.076]$,表示直接效果成立。

媒体信任→应对行为的总效果中,其 $p \geqslant 0.05$,且此置信区间包含 0[−0.001—0.094],表示总效果不成立,没有探讨中介效果的必要。

根据表 8−16 和表 8−18 结果构建雾霾风险应对行为影响机制(图 8−2),验证了人际信任(陌生人信任)、社会网络、社会支持、政府信任、组织信任通过雾霾风险感知对应对行为产生效应。亲近人信任、周围人信任、媒体信任对应对行为并没有产生直接相关。但陌生人信任对应对行为完全通过雾霾风险感知产生效应。社会网络、社会支持、政府信任、组织信任分别通过雾霾风险感知对雾霾应对行为产生直接、间接效应。

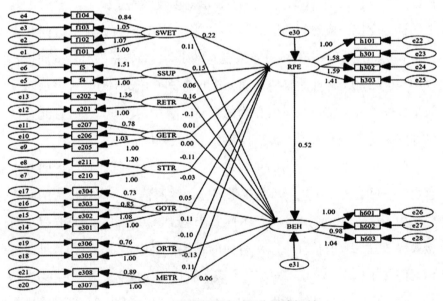

图 8−2 雾霾风险应对行为影响机制

注:RPE:雾霾风险感知;BEH:应对行为;SWET:社会网络;SSUP:社会支持;RETR:周围人信任;GETR:周围人信任;STTR:陌生人信任;GOTR:政府信任;ORTR:组织信任;METR:媒体信任。

亲近人信任、陌生人信任、社会网络、社会支持、政府信任、组织信任、媒体信任对雾霾风险感知效应通过显著性水平检验,回归系数分别

为 $a_1=0.086$、$a_3=-0.086$、$a_4=0.225$、$a_5=0.110$、$a_6=0.053$、$a_7=-0.092$、$a_8=-0.032$。社会网络、社会支持、政府信任、组织信任、媒体信任六个变量对应对行为也通过显著性水平检验,回归系数分别为 $c'4=0.129$、$c'5=-0.050$、$c'6=0.126$、$c'7=-0.148$、$c'8=0.074$。雾霾风险感知对应对行为有显著的正向效应($b=0.611$)。由此表明,人际信任中仅有陌生人信任通过雾霾风险感知对应对行为产生效应。社会网络、社会支持、政府信任等3个变量对应对行为产生直接和间接正向作用,组织信任对应对行为产生直接和间接的负向作用。

在中介效应中,雾霾风险感知的中介效应并不相同。风险感知在社会网络、社会支持、政府信任和组织信任对应对行为的影响路径中,中介效应比率分别为51.35%、57.03%、20.30%、27.37%。风险感知在社会支持对应对行为的影响路径中发挥较高的中介效应,说明雾霾感知在社会支持的感知对应对行为的影响效应中起到了关键作用。

回归模型和中介效应模型表明了人际信任中仅有陌生人信任通过雾霾风险感知对应对行为产生影响,部分验证了假设1c。社会网络和社会支持不仅对应对行为产生直接效应,而且通过降低雾霾风险感知降低应对行为产生,验证了研究假设2、假设3。政府信任、组织信任对应对行为不仅产生直接效应,而且通过降低雾霾风险感知降低应对行为产生,验证了研究假设4、假设5。

第四节　结论与讨论

本章通过"2017年城市化与新移民调查"数据分析,进一步探索人际信任、系统信任、社会网络、社会支持对风险应对行为的影响机制,分析风险感知在这一影响路径中是否发挥了一定的中介作用。研究发现陌生人信任通过雾霾风险感知对应对行为产生了间接效应。亲近人信任和周围人信任并没有对应对行为产生直接和间接效应。同时,研究发现社会网络、社会支持、政府信任、组织信任不仅对应对行为产生直接效应,而且通过雾霾风险感知对应对行为产生间接效应,构建了环境风险感知对应对行为的影响机制。

一、差序化的人际信任——情感与契约维系机制

虽然亲近人信任和陌生人信任对雾霾风险感知有着显著的影响,亲近人信任对雾霾风险感知有着正向的影响,但是陌生人却对风险感知产生了负向的影响。正如第六章的阐释,亲近人和周围人信任对风险感知的影响可能存在价值观相似,可以进一步通过人际沟通放大风险感知。但是陌生人信任完全通过了风险感知对应对行为产生效应。亲近人和周围人信任有着共同价值观和相似情感,采用的是"情感启发式"效应。因此,亲近人和周围人能够通过信息交流,有效提升雾霾风险感知。虽然已有研究验证了人际信任对环境参与或者政治参与产生了影响,但是其往往建立在普通信任基础上,并没有对人际信任的差异性进行分析。本研究结论验证了王思琦的结论,陌生人信任水平越高,其参与非传统政治活动的可能性越高,而亲人和熟人信任并没有提升。亲人、周围人信任往往是依据"对称性原则",虽然能够对感知产生直接效应,但是由于其具有一定的弹性和维持性,不会轻易对应对行为产生直接影响。但是,陌生人信任对应对行为往往缺少情感和相似的价值观,因此属于"不对称性原则",较为脆弱。一旦发现不符合标准,较容易断裂。因此,陌生人信任水平

较高时,降低风险感知,进而降低风险应对行为。

综上,陌生人信任水平的提升有助于降低公众的风险感知,进而降低风险应对行为。转型中的中国,在不断社会变迁,人际关系、家庭结构都随之变化,由血缘社会到地缘社会,再转化为"陌生人社会"。陌生人之间的信任水平也在不断减弱,进而增进风险感知,而促使公众采取相应的应对行为。

二、社会网络——人际沟通机制

社会网络不仅直接对应对行为产生了影响,而且通过风险感知间接影响应对行为。其中风险感知的中介效应较大。验证了社会网络的密度程度可以增进风险感知,进而提升了应对行为。社会网络密度和规模较大,往往采取正面应对行为,相反,如果社会网络和密度较小,往往采用极端和负面的应对行为。社会网络同质性较高,可以增进人际沟通,促进人与人之间的交流,增进信任程度,而形成共同体和社会团体,有利于提升风险感知,进而采用 定正面、自我保护的应对行为。

三、社会支持——压力缓冲机制

社会支持对应对行为产生正向的显著效应,同时通过风险感知的中介作用对应对行为产生间接效应,而且其间接效应最大。社会支持对应对行为的影响机制中缓冲器模型发挥了重要的作用。社会支持的增加可以缓解个体面对危机事件的压力,增强抗压能力,并未解决和直面风险提供策略。研究结论验证了社会支持不仅独立于风险感知,增强个体的抗压能力和应对策略,同时可以增进风险感知,有利于个体缓解压力,增进应对风险能力。

四、系统信任——风险信息机制

在系统信任中,政府信任和组织信任不仅对应对行为产生了直接效应,而且通过风险感知进一步对应对行为产生间接效应。在 TCC 模型中,系统信任包含了政府信任、组织信任和媒体信任。其中政府信任和组织信任是 TCC 模型中的"信心",属于"不对称原则",也就是公众在缺乏风险认知的前提下,较容易产生"极端主义偏见",一旦不符合客观的标准,信心将断裂,难以修复,进而产生了应对行为策略。在防护性行为决策模型(PADM)中,风险应对行为,由于负面信息增进风险感知,进而激化风险应对行为。风险的信息和风险沟通在此模型中发挥了重要作用。信息发布者通过传递风险信息进而影响个体的风险感知,进而采用风险措施应对行为。

但较为有趣的是,在系统信任对风险应对行为影响效应中出现了差异化的结果。政府信任对风险感知和应对行为有着显著的正向作用。组织信任对风险感知和应对行为产生了显著的负向效应,媒体信任对风险感知没有直接效应,但是对应对行为有显著的正向效应。

三类不同的系统信任类型对风险感知和应对行为产生了三种不同的结果。与第五章的结论相同,媒体信任对雾霾风险感知并没有产生直接效应。说明媒体的报道虽然较为及时,但是其真实性较政府信任和组织信任较低。媒体类型较多,包括传统媒体、新媒体。媒体发布的渠道来源复杂,包括政府媒体和非官方及商业媒体。互联网时代下,新媒体对人们生活秩序产生强烈冲击,打破了风险信息传播的单向性和来源唯一性。多数公众无法通过官方渠道获取风险信息,采用非官方或者媒体的方式寻求问题的答案。当雾霾问题加剧,将公众推向网络和未加甄别的信息流中,导致公众依据自身偏好选择、过滤、加工,甚至传播信息,有可能缩小风险感知。对政府信任程度越高,越有可能相信政府在以上各方面具有足够的风险控制和管理能力,更依赖政府发布的信息,公众的风险感知越高,从而采取风险应对措施。对组织信任程度越高,个人更依赖于组织能力。个人对(慈善和宗教团体)具有较强信心,相信两类组织能为个体提供援助和资金等支持。因此,对组织依赖增强会使个人的风险感知相对降低,进而不会采取自我保护行为,往往依赖组织的援助,个人应对能力较弱。

第五章对于风险感知的影响因素分析中,当把政府信任、组织信任和媒体信任加入多元线性回归模型分析中,发现政府、组织和媒体信任对风险感知都有负向的显著影响。政府信任在控制其他变量的前提下,政府信任提升,信息透明度增强,使公众更加关注周围环境,同时增强了雾霾风险感知及应对行为。组织信任和媒体信任增强,降低了风险感知。

因此,政府信任取决于政府信息的公开和透明,针对公众关心的问题与公众进行开诚布公的沟通,有利于增进信任,也会增进公众对雾霾风险感知的客观判断,提升公众理性、科学的风险判断和应对行为。

第九章　总结与展望

本书运用实证研究方法,通过对中国 10 个城市的居民雾霾风险感知和应对行为的调查,研究发现了公众的雾霾风险感知不仅受到微观、宏观层面的影响,而且受到心理层面、信任层面、社会层面的影响因素作用。本章总结前面八章的实证研究结果,并进行归纳和提升。首先,依据前八章的内容进行归纳和总结,分析中国居民环境行为及其宏观、微观影响因素;其次,依据主要结论,结合我国转型期所面临的实际环境风险,就如何培育与激发中国居民环境行为提出建议和对策;再次,反思本研究中存在的不足为未来环境行为研究提出建议。

第一节　研究结论

本书主要围绕城市居民环境风险感知、风险应对行为展开,系统梳理了风险感知和应对行为的相关文献和理论,构建风险感知影响因素模型、风险感知的影响路径、风险感知对应对行为的影响路径和影响机制。首先,综合社会学、管理学等多学科的理论基础,综合考虑主客观因素,基于"2017 年城市化与新移民调查"主观数据和"全国 PM2.5 的 24 小时监测站的数据"等客观数据,运用方差分析、相关分析、多元回归、多层线性模型等统计方法,对中国居民环境行为从个体层面、省级层面进行分析,验证研究假设和环境行为的相关理论表明了环境行为不仅受到个体层面的影响,而且受到经济发展、政府治理、客观污染指标的交互效应影响。

本书的研究数据来源于上海大学社会学院调查中心"2017 年城市化与新移民调查",调查覆盖国内的 10 个城市,包括黑龙江省哈尔滨市、吉林省长春市和延吉市、辽宁省沈阳市和鞍山市、河南省郑州市、天津市、福建省厦门市、广东省广州市、湖南省长沙市。调查对象为现居住地址内在本市居住满 6 个月及以上,并且年龄为 16—65 周岁的中国公民。本项目采用了多阶段混合抽样(Multi-stage Composed Sampling)的方法,即分中心城区、居委会、居民户、居民等 4 个阶段抽样,每个阶段采取不同的抽样方法。公众户抽样框的建立采用的是实地绘图抽样方法绘制出村委会或居委会抽样框,抽取相应的家庭户、集体户,共抽取 10 个城市中心城区下属的 198 个居委会。每个居/村委会需要成功完成 25 份调查问卷,共收集 4 870 份问卷,删除无效问卷,剔除缺失值后,得到 3 858 个有效分析样本,本书基于研究结果得出以下结论:

一、城市居民的雾霾风险感知与应对行为

本书第三章和第四章主要针对环境污染中的雾霾问题,围绕城市居民的风险感知和风险应对行为展开,通过居民访谈、大数据分析的文本分析和调查问卷的设计,呈现居民对风险感知现状和应对行为的主要特征。

第三章研究设计,本书主要基于访谈资料,关注居民对雾霾成因、雾霾所带来的后果,对个人的影响来进行分析。研究发现多数居民较为关注雾霾问题对个人及家人健康所带来的影响,关注于企业和地方环境治理能力等问题。因此,本研究基于质性分析的结果,通过对网上

微博的动态数据进行了分析,发现了与质性研究的结果基本吻合,并分析了雾霾风险感知和应对行为的时空分异。研究设计中测量题项是基于质性研究和大数据分析的结果,对全国 10 个城市的居民进行调查,并对测量题项进行了因子分析和方差分析,简单地呈现测量题项的设计,基于因子分析方法,验证每个操作变量的信度和效度。基于质性研究和调查问卷数据分析,本书重点关注以下变量、生活满意度、焦虑感、人际信任、政府信任、媒体信任、组织信任、社会网络、社会支持。

第四章城市居民环境风险感知和应对行为的现状,本书基于随机调查数据分析城市居民雾霾风险感知和应对行为。运用因子分析、方差分析、相关分析等方法,找到变量之间的关系,及其对雾霾风险感知和应对行为的影响。不仅呈现以上变量与雾霾风险感知之间的关系,而且呈现了不同地区雾霾污染程度的差异。本研究所关注的 10 个城市 32 个区县的雾霾污染程度呈现显著的差异,为后续影响因素和影响机制研究提供借鉴意义。

二、多维度、差异化的风险感知

第五章为多维度视角下环境风险感知影响因素。本书基于文献研究构建环境风险感知的理论框架,探讨多学科视角下的雾霾风险感知影响因素。本书构建了宏观和微观两大维度,重点关注微观维度,并将其进一步分为三个视角:心理因素、信任因素、社会因素。心理因素:生活满意度、焦虑感。信任因素:人际信任(亲近人信任、周围人信任、陌生人信任)、政府信任、组织信任、媒体信任。社会因素:社会网络、社会支持。

(一) 地位剥夺与环境风险感知

环境问题所暴露出的是政治、经济、文化、科技、历史等问题。利益分化,催生了社会经济地位的不平等,进而导致环境风险在不同阶层间人和人分布不平等。全球国家之间对环境问题的对峙、责难和冲突,其焦点问题都是环境不平等。环境问题的根源不仅体现在人与自然、人与人之间的矛盾,更暴露出阶层之间的矛盾。中国社会目前正处于加速的转型期,如风险社会学家贝克所说,中国处于"压缩饼干"式的转型,将这种整体意义的危险和个体的不安全感作为风险的后果是现代化产生的意料之外的后果。社会问题的核心议题和焦点也从财富分配转移到了风险分配。"风险分配与财富一样,财富在上层聚集,风险在下层聚集"。[①]

通过多元线性回归分析和多层线性模型,发现雾霾风险感知受到主观和客观不同程度的影响。在微观主观层面,人口统计数据中女性、年龄较大者、已婚者、城市户口、汉族、教育程度较高、低收入人群、健康状况较低者,雾霾风险感知较高。社会经济地位的差异性构建了雾霾的风险感知。其中,教育和收入分别在两个相异的层级上。教育程度较高者和收入水平较低者的风险感知较高。教育、收入和职业类型构成人口的社会经济地位。高知识人群往往关心社会、政治和经济的整体发展,获取信息的能力和渠道较强,并热衷于知识传播,对空气污染的变化具有"先知先觉"的能力。相反,文化程度不高者更关注生存的底线,如收入和消费,对空气质量和整体环境期待较低,对空气质量的变化往往"后知后觉"。由此,"无知者无畏"形塑了居民的雾霾风险感知。

收入水平对风险感知的影响看似与教育程度出现了矛盾。收入的分层决定了阶层的差异。改革开放之后,阶层身份出现了复杂的因素,

---

① 贝克、邓正来、沈国麟:《风险社会与中国——与德国社会学家乌尔里希·贝克的对话》,《社会学研究》2010 年第 5 期。

新中产阶层出现,出现了新的社会分层指标,居住模式、社会交往、生活方式、户籍成为社会分层的指标。低收入人群生存环境较差,虽然力图改变,但还在苦苦挣扎中,往往无力反抗。低收入群体认同风险客观存在,容易引发恐慌、恐惧和担忧。高收入群体相对有较好的物质基础和防护保障,对雾霾风险感知虽然较强,其有能力和资源采取一定措施,与低收入人群相比,雾霾风险感知相对较低。

个人财富高低并不能显著说明环境风险感知的差异,但是教育程度的差异却很明显反映了感知的差异性。新媒体时代的到来,身份和地位差异决定了信息的获取状况,但是收入水平和教育程度这两个变量比较起来,收入水平并不能诠释差别暴露的真正内涵。社会经济地位的自评较高者,环境行为意愿较多(王晓楠、刘琳,2017),更加能够证明阶层的差异对环境行为的影响。不同阶层对环境风险感知的认知存在较大差异。精英阶层、高收入、高学历群体往往基于自身阶层利益,期待减少环境污染,改善全球环境恶化问题。但是,底层阶层的民众还无法解决温饱问题,挣扎在贫困的边缘。精英阶层通过游说政府加大力度治理排污企业,大部分煤矿、钢厂、石化企业将停工、停产,所带来的是无数的底层工人失业,家人将面临温饱问题。因此,通过停滞采用焚烧乔木改用天然气或者无烟煤,必然使囊中羞涩的农民支付一笔额外开销,而这笔开销对他们来说意义重大。底层民众在温饱和蓝天白云面前,毫不犹豫选择温饱,这已经成为不争的事实。另外,底层民众不具备引导舆论的能力,更没有人愿意为他们发出声音,成为环境受剥夺者。精英阶层掌握了话语权,代表了主流文化和价值观,他们占有更多的环境资源,呻吟着环境恶化对个人利益的侵害,发出了环保呼声。虽然其初衷是好,但关闭污染企业实质却剥夺了底层民众的生存权。而广大的中产阶层往往被主流精英阶层的论调所迷惑,关闭排污企业的做法所带来的连锁反应是环境不平等的加剧,雾霾问题更大程度转变为社会问题。

(二) 差别暴露与雾霾风险感知

在宏观层面,所在区域雾霾较为严重地区,居民的雾霾风险感知较强。我国各地区的PM2.5浓度存在着显著的差异,雾霾污染严重地区,所在地区公众的雾霾风险感知较高。近年来,雾霾问题严重,不仅严重侵害了居民的健康和个人利益,而且使政府的公信力不断受到挑战。在亿万民众对雾霾问题的讨伐浪潮下,政府竭尽全力却收效甚微,不能改变的是PM2.5浓度的持续攀升。人们更加关心如何采取个人防护减小自身风险脆弱性,提升抵御侵害能力,甚至不惜高价购买雾霾防护用品和药物,对个人健康的关注度越来越高。本书所使用的数据是2017—2018年调查期间的数据,雾霾问题较为严重,但是10个城市33个区县,雾霾的污染程度差异较大,并深刻形塑了所在地区居民的雾霾风险感知和应对行为。

(三) 积极心态与环境风险感知

生活满意度较高者雾霾风险感知较低。积极的心态有利于降低风险感知,但是焦虑感对雾霾风险感知的影响并不稳健。居民的生活满意度较高,一方面表明居民所在地区周边自然、人文和社会环境较好;另一方面说明居民对周围环境期望较低。转型期中国居民的社会心态发生了显著的变化。生活满意度高的居民,对政府和社会的预期较低,具有很强的抗压能力和调节能力。在面对风险和灾难时,往往能够转危为机,化危机为机遇。因此,积极心态是化解风险恐慌的心理良药,进而有能力辨识风险,选择理性规避风险的应对行为。

（四）环境风险感知的内生动力——信任

居民雾霾风险感知有着复杂的成因，不仅受到宏观雾霾污染程度影响，也与人口统计因素、心理因素、社会因素等因素有关，费孝通根据中国的人际交往模式提出"差序格局"。"西方社会是团体格局文化，中国社会是差序格局的社会。"差序格局中，人际的信任关系也受到差序格局的影响分为三种类型（费孝通，1998）。亲近人信任和周围人信任程度较高的情况下，居民往往增进了风险感知。其背后的逻辑印证了信任—信心—合作理论，有着相似价值观的人群如何增进风险感知作为第六章的重点研究内容。

不同的信任类型对雾霾风险感知有着显著的差异性影响。基于吉登斯的观点，信任可以分为普遍信任和特殊信任。普遍信任是指政府信任、组织信任、媒体信任。而人际信任是指特殊信任。其中人际信任中亲近人信任和周围人信任对雾霾风险感知有显著正向影响，陌生人信任对雾霾风险感知有着负向效应，这进一步验证了已有研究，亲近人和周围人信任属于局限性信任，而陌生人信任属于包容性信任。不同类型的人际信任显然对雾霾风险感知产生了差异性的影响，这背后的差异为雾霾风险感知的影响机制研究奠定了基础。亲近人信任和周围人信任程度增强，进一步扩大风险感知，放大或者夸大了风险的严重程度，加剧居民非理性的风险感知。相反，陌生人信任的增强，降低了风险感知。

虽然政府信任和组织信任对雾霾风险感知产生了正向的作用，但媒体信任对雾霾风险感知并没有产生效应。作为普遍信任不同类型对雾霾风险感知也产生了差异性的影响。这在一定程度上说明了不同的利益群体对雾霾风险感知的影响机制是不同的。

（五）环境风险感知外生动力——社会资本

社会网络和社会支持为环境风险感知提供了社会资本的路径和条件，激发环境风险感知。根据统计分析结论，两者不仅对雾霾风险感知有着显著的正向作用，而且其标准化的效应值高于其他自变量，说明社会网络和社会支持作为社会资本的重要因素，在环境风险感知的影响中起到重要作用。本书验证了个体拥有较强的社会网络和社会支持，风险感知较强。社会网络和社会支持对雾霾风险感知增强，在公众对雾霾专业性认知较低的情况下，社会网络和社会支持有利于公众对雾霾风险的关注，但是在应对突发灾害时，社会网络和社会支持越高，其往往过度放大风险感知。因此，本书在第八章重点探究了社会网络和社会支持在感知行为中的鸿沟。

三、人际信任对风险感知的影响路径

本书的第六章根据第五章研究发现，亲近人、周围人和陌生人之间的信任程度对雾霾风险感知产生了差异化的影响。进而探究差序化人际信任与雾霾风险感知之间的关系。依据已有价值观相似理论和 TCC 模型理论，尝试验证人际沟通在人际信任对风险感知影响中的中介效应。

以差序格局社会关系为纽带的人际信任，也同样分为亲疏远近。公众往往根据与自己的距离远近划分亲疏远近，人际信任强度由自己为中心，向周边扩散并逐渐降低，形成人际信任的涟漪效应。转型期中国已经进入风险社会，公众的风险认知程度较低，信任感普遍偏低，对于人际的信任可以产生启发效应。亲近人信任对风险感知的影响仅通过人际沟通对雾霾风险感知产生影响。在关系社会中，强关系信任并没有对风险感知直接产生影响，而是通过人际沟通实现。随着信息社会的到来,人际沟通方式发生变革,人际沟通中强关系可以激化亲近人信任对雾霾风险感知的影响。在危机情景下,往往处于信息的爆炸,居民面对不同的信息,产生怀疑。而亲近人所传播的信息,往往能够激发个体的环境风险感知,而对于周围人信任和陌生信任,相对影响较小。个体作为信息的接收者,筛选具有"相似价值观"和"相似情感",以此判断,形塑雾霾风险感知。

在熟人社会中,人际沟通的启发效应强于陌生人社会。强关系下,人际沟通能够发挥中介作用。针对熟人社会中的信息传播,口口相传,进而减少专业鸿沟,便于公众理解,使传播精准且高效。

在陌生人社会中,人际沟通机制很难发挥作用,陌生人之间的信任感较低,很难在短期内达成较高的水平。而在风险或者灾难面前,陌生人的信任程度增加,一定程度上转化风险恐惧心理,降低恐惧感和焦虑,增进彼此之间的理解和包容,进而降低风险感知。

四、跨越风险感知与应对行为的鸿沟

转型期中国步入经济高速发展、工业化日益增长时期,环境的风险认知在逐步增强,公众对环境风险的敏感度,其风险脆弱性增强。自媒体时代下,民主、宽松的政治氛围,生活水平的提升,信任关系的转变都可能推动公众环境风险认知状况变化。我国传统文化中奉行"知行合一"。在本书中的"知"是指雾霾风险感知,"行"是指雾霾应对行为。

第七章基于风险社会放大框架、社会表征理论和风险社会等相关理论,构建环境风险感知对应对行为的影响路径,探索新媒体使用、社区环境效能感、社会参与、政治参与的多重中介效应,试图探寻公众环境风险感知对应对行为的深层影响机制。通过结构方程分析,验证研究假设,并归纳为雾霾风险感知与应对行为三条路径。

（一）媒体建构中的互异性：媒体影响力放大与缩小

新媒体时代，公众的信息接收渠道和内容不断扩大，公众有选择地接收风险信息，并根据个体经验和对信息发布渠道的信任程度，对雾霾信息进行过滤、筛选和判断，进而生成差异性的新媒体影响力。根据社会放大框架，新媒体毋庸置疑起到了风险感知的放大效应，对雾霾风险感知产生了直接影响。但是已有研究往往对新媒体类型没有加以区分，也并没有对新媒体的使用和媒体信任程度加以综合性的考量。

官方新媒体影响力提升促进应对行为，但非官方媒体影响力提升可能会降低公众的应对行为。公众的新媒体信息接收和接受程度不仅受到雾霾风险感知的影响，同时共同影响公众风险应对行为。政府部门是雾霾风险信息发布的权威机构，占有风险信息发布的主动权，公众对官方信息来源的信任程度高于非官方。但是在信息发布过程中，官方新媒体影响力可能存在滞后性和"信息不对称"，进而缩小了风险感知对应对行为的影响效应。非官方新媒体影响力放大了风险感知对应对行为的影响。公众对专家和政府部门所发布的雾霾风险信息可能存在不信任。在新媒体融合的时代背景下，非官方新媒体影响力具有一定时间效应，其使用频率高于官方媒体，但是非官方媒体传播信息的真实性和可靠性存在较大质疑，其信任程度低于官方媒体。公众暴露在官方、非官方媒体所发布的各类信息中，由于信息来源不同导致信息不一致等问题，甚至造成公众的误解和恐慌。

（二）制度建构中的叠加性：风险沟通路径

雾霾风险感知的增强不仅直接降低政府环境效能感，而且进一步放大了风险感知对应对行为的效应。政府环境效能是建立在自上而下和自下而上的有效的风险沟通基础上，成为自下而上风险沟通的重要路径,在公众雾霾风险感知的影响下采取应对行为。政府环境效能感能够为政府提供环境治理过程中存在的问题及短板,并能够及时反馈,有利于政府科学制定完善环境政策,提升环境治理满意度和效能感,进而增进公众环境治理信心,从而为科学引导公众理性应对行为提供前提。

环境效能感能够引导公众理性的风险感知和应对行为,规制风险感知的误导和不准确传播。我国的环境风险评估往往从制度层面构建,结合量化和定性研究的方法构建评估指标,但是往往忽略了其主观性的满足居民的需求,因而政府和专家的风险评估往往忽略公众对风险信息的反馈,导致评估结果缺乏合理性、伦理性考虑。

(三) 社会建构中的二重性:弥散性与规制性

雾霾的风险感知增强,一方面增进了公众选择社会组织,通过参加活动,降低其采取个人的风险应对行为;另一方面则是降低了公众参与政治活动的意愿。政治活动的参与,并不一定给公众带来直接利益,反而加剧了有可能加剧的风险。第七章根据道格拉斯(1982)提出社团融入社会秩序与社会规范的主流之中,导致被觉察与被意识到的风险增多了。政治参与意愿和社会组织参与意愿在风险感知对应对行为的影响路径中都产生了"放大"效应,说明了政治参与和社会组织参与是一种社会建构路径的存在。

政治参与较多的居民在一定情景激发下很可能转化为风险应对行为,社会互动增强容易转化为应对行为。在雾霾环境影响下,居民风险感知增强后,有人选择沉默,有人选择抗争。社会组织参与和政治参与意愿,成为弥合感知与行为之间的鸿沟。社会组织参与意愿属于非正式途径,门槛低、形式多样、带有随意性,为"自下而上"弥漫性行为提供前提。而政治参与属于正式参与渠道,程序规范,有准入门槛,由正式机构组织民众参与,为"自上而下"的规制性行为(龚文娟,2016)。社会组织参与意愿和政治参与意愿建立了感知与行为之间的桥梁。

我国环境问题面临着边缘化、失序化的挑战,而社会组织参与频繁群体,成为环境保护的中坚力量,他们给失序的群体带来情感抚慰、秩序维护,能够使个体凝聚成一个守望相助的血缘亲情共同体,在良好的互动氛围中,促成其采取更多的风险应对行为。

五、风险感知对应对行为的影响机制

第七章基于第五章的研究结论和发现,进一步探索风险感知对应对行为的影响机制。虽然在第五章发现了人际信任、社会网络、社会支持、政府信任、组织信任对雾霾风险感知的影响效应,但是为了探究以上因素是否通过风险感知进一步影响了应对行为,通过结构方程分析发现社会网络、社会支持、政府信任、组织信任不仅对应对行为产生效应,而且通过雾霾风险感知对应对行为产生效应,构建了环境风险感知对应对行为的影响机制。

(一) 契约启发机制:陌生人信任—风险感知—应对行为

亲近人和周围人信任有着共同价值观和相似情感,采用的是"情感启发式"效应。因此,亲近人和周围人能够通过信息交流,有效提升雾霾风险感知,但是很难进一步促进公众的应对行为产生。虽然已有研究验证了人际信任对环境参与或者政治参与产生了影响,但并没有对人际信任的差异性进行分析。亲近人、周围人信任往往是"对称性原则",虽然能够对感知产生直接效应,但是由于其具有一定的弹性和维持性,不会轻易对应对行为产生直接影响。陌生人信任对应对行为往

往缺少情感和相似的价值观，因此属于"不对称原则"，较为脆弱。一旦发现不符合标准较容易断裂。因此，陌生人信任水平较高时，降低风险感知，进而提高风险应对行为。

费孝通在《乡土中国》中描述的熟人社会秩序，在现今的社会变得越来越微弱，农民工大军进城打工，村民关系市场化，传统组织和权威逐渐弱化，乡土秩序分崩离析，人际信任程度也随着市场化逐渐淡化。城市居民的人际信任也在淡出视野，邻里老死不相往来，邻里互助模式变成理论的空谈，很难落地。人际信任的缺失对居民风险感知和应对行为造成了重要的阻隔。

虽然不乏警醒人士对环境热爱与反思，试图采取以身作则环境保护，但是这毕竟势单力薄，如何形成一种自觉感知和应对行为，需要信任机制的再次激活和点燃，从而发掘出应对行为内生力，这种内生力才是应对行为的持续有效保证。现阶段我国城市由"熟人社会"进入"陌生人社会"。人与人之间的信任程度降低，转变为普遍的不信任，提升了疏离感，降低了公众的安全感。这一问题体现在雾霾环境污染问题覆盖了社会治理其他方面。陌生人的信任断裂成为普遍的现象，并且断裂后很难恢复。陌生人信任提升对现阶段风险感知及理性应对行为的引导起到关键作用。因此，本书认为将破裂的陌生人信任进行缝合，才能真正激发应对行为的内生力，而不是头痛医头、脚痛医脚的治标不治本。

（二）人际沟通机制：社会网络—风险感知—应对行为

第五章验证了社会网络对风险感知，第八章进一步验证社会网络不仅直接对应对行为产生了影响，而且通过风险感知的间接影响应对行为产生。社会网络通过提升风险感知进一步放大风险应对行为。社会网络和社会支持研究是社会学的主流话题,其中风险感知的中介效应较大。验证了社会网络的密度程度可以增进风险感知,进而提升了应对行为。社会网络密度和规模较大,往往采取正面应对行为,相反,如果社会网络和密度较小,往往采用极端和负面的应对行为。社会网络同质性较高,可以增进人际沟通,促进人与人之间的交流,而形成共同体和社会团体,有利于提升风险感知,进而采用一定正面、自我保护的应对行为。

(三) 压力缓冲机制: 社会支持—风险感知—应对行为

社会支持与社会网络有着相同效应,增进风险感知,同时对应对行为产生正向的显著效应。社会支持对风险感知及应对行为的影响效应甚至超过其他变量。其对风险感知及应对行为影响效应的解释机制与社会网络不同。社会支持对应对行为的影响机制中,缓冲器模型发挥了重要的作用。个体获得更多的社会支持可以缓解个体面对危机事件的压力,增强抗压能力,并为解决和直面风险提供策略。由此,社会支持不仅独立于风险感知,增强个体的抗压能力和应对策略,同时可以增进风险感知,有利于个体缓解压力,增进应对风险能力。

(四) 信息传播机制: 政府信任与组织信任

近年来,在环境治理方面,我国呈现出"中央强、地方弱"的格局。地方政府从政绩出发,为了 GDP 绩效考核,走粗放型的发展模式,助长了环境的恶化。在环境治理中不断暴露出信任危机,不仅失去对政府的信任,而且冲击专家系统、媒体、组织的权威和信任系统。政府信任的缺失会导致居民对环境治理的绝望,降低居民的安全感,进而产生较强的应对行为。

系统信任包含了政府信任、组织信任和媒体信任。其中政府信任和组织信任是 TCC 模型中的"信心",属于"不对称性原则",也就是公众在缺乏风险认知的前提下,较容易产生"极端主义偏见",一旦不符合客观的标准,信心将断裂,难以修复,进而产生应对行为。在防护性行为决策模型(PADM)中,风险应对行为,由于负面信息增进风险感知,进而强化风险应对行为。风险沟通在此模型中发挥了重要作用。信息发布者通过传递风险信息影响个体的风险感知,进而采用风险措施应对行为。

但较为有趣的是,在系统信任对风险应对行为影响效应中出现了差异化的结果。政府信任对风险感知和应对行为有着显著的正向作用。组织信任对风险感知和应对行为产生了显著的负向效应,媒体信任对风险感知有没有产生效应,对应对行为有显著的正向效应。对政府信任程度越高,越有可能相信政府在以上各方面具有足够的风险控制和管理能力,更依赖政府发布的信息,公众的风险感知越高,进而采取风险应对措施。对组织信任程度越高,个人更依赖于组织能力和判断。个人对慈善和宗教团体具有较强信心,相信两类组织能为个体提供援助和资金等支持。因此,过分地依赖于组织,个人的风险感知相对较低,往往依赖组织的援助,不会采取自我的保护行为,个人应对能力较弱。

第二节　政 策 建 议

转型期的中国社会面临着各类环境风险,复杂性、多样性、多元性、衍生性的环境风险不断侵蚀着中国居民的生活质量,深刻影响着居民对环境风险的感知及应对行为。人是环境风险的受害者,也是缔造者和传播者及环境风险的应对者。居民的风险感知及应对行为的研究是跨学科的研究,不仅仅局限于环境经济学、环境科学、心理学等,而是嵌入社会学的研究中,应该从整体社会结构和变迁的视角出发,将风险感知及行为放到宏观和微观的叠加视角下,研究如何受到心理层面、信任层面和社会层面的制约,进而分析风险感知对应对行为的影响机制,制定和完善环境政策。

环境治理路径选择不仅要从理性、个体、群体视角审视思考政策,而且要从政府、组织、市场视角反思制度理性,以及所带来的显性问题。社会风险治理的路径选择上,需要文化感性和制度理性的结合,不能完全依靠制度理性的路径依赖,需要更多关注于社会深层的感性认知。[①] 由此,本书围绕中国环境治理中的突出问题,雾霾问题在制度理性和工具理性和文化感性等三种路径下,从正式、非正式制度设计出发,探讨在制度设计中如何采取理性和科学的方法认识风险,如何采取有效的手段规避风险,并尝试提出解决环境问题所引发的社会问题,如公平、相对剥夺、信任和社会网络等,如何将制度、工具、感性等三种路径放在一个框架下,探寻有效治理环境问题、引导风险感知和应对行为路径。

一、完善风险信息沟通机制

中国公众环境风险感知普遍较低,如何引导公众正确的风险感知和应对行为,是值得思考的问题,本书深入探讨了感知与行为之间的信息机制。不仅构建政府环境效能感和社区环境效能在风险感知与应对行为之间的有效路径,架起了两者之间的桥梁,而且,媒体影响力弥合了风险感知与应对行为鸿沟。信息机制的建立,需要完善媒体、企业、公众的相互协调,建立正确的风险沟通渠道,引导舆论,预防错误信息

---

① 王晓楠:《社会质量理论视角下中国社会风险治理》,《吉首大学学报(社会科学版)》2016年第2期。

对公众风险感知的"放大"和"缩小"。不同的利益群体对环境风险感知存在较大差异性,导致环境应对行为存在矛盾和冲突。信息沟通与反馈成为重要的信息通道。为了防止信息的"孤岛现象"和"信息壁垒",需要打通沟通中的障碍,引导居民风险认知,提高公众环境风险的识别力,减少风险的脆弱性,提升规避和抵御能力。在自媒体时代,媒体的错误和夸大言论往往能蒙蔽公众对风险的识别,产生错误的风险感知和应对行为。因此需要加强信息机制,通过多元治理模式,加强与政府、企业、组织之间的相互沟通,防止信息误导导致不良后果。

二、培育风险信任机制

人际信任,尤其是陌生人的信任是风险感知和应对行为的内生力。亲近人信任和周围人信任在风险感知的路径中发挥了重要作用。政府信任、组织信任构建了风险感知对应对行为的政策机制。专家、媒体、社会组织、政府构成了系统信任中存在"有组织地不负责任"责任主体相互推卸责任,导致信任的缺失。在现阶段,系统信任和人际信任日益衰减,如何增进政府信任和组织信任,构建利益共同体,完善风险信任机制,尤其针对陌生人群体的信任,能够有效化解矛盾,缓解利益群体之间的排斥感、疏离感,信息反馈和监督得以完善,并建构社会参与的风险预警机制,激发风险感知和理性、科学应对行为显得更为迫切和重要。

三、提升公众社会参与能力

东西方环境治理的成功实践证明,一个发育良好的公民社会是生态环境达到"善治"的重要基础。[①] 个体与社会在根本上是不可分离的

---

① 张海东:《从发展道路到社会质量:社会发展研究的范式转换》,《江海学刊》2010年第14期。

实体,个体通过社会包容、社会凝聚将个体共同利益得以实现。切实保障公民环境权利,需要采取各种有效措施来动员和激励社会公众投身环境保护活动,建立相关环境自治组织,使公众利益的诉求找到有效的途径并得以实现。环境组织作为一种中介力量,协调不同利益群体和不同阶层之间矛盾,增进公众环境行为的参与。虽然我国官方的环境组织较多,但是民间组织较为匮乏。现有的环境组织存在人力资源短缺、专业性不足的问题。因此,要壮大我国环境自治组织,培育社会组织的氛围,提供相应的扶持政策,使得环境组织得以快速成长。

四、构建多元治理主体,营造良好治理环境

费孝通描述的熟人社会秩序在眼下的中国村庄变得微弱。农民工大量进城打工,村民关系市场化,传统组织和权威弱化,乡土秩序分崩离析。无论城市还是乡村都有很多思考者和潜在行动者,社会网络和社会支持在大城市的基层社区往往缺乏,社会资本功能的补位能够弥合感知与行为之间的效应,能够激发风险感知,进一步促发理性应对行为。因此,激活这一互助秩序,从而挖掘环境行为内生力的责任便落在环境组织的肩上。

构建多元的环境治理战略是解决当下"政府失灵"和"市场失灵"的有效办法。复合型环境治理战略是一种不同于传统"单一型"的环境治理模式,以政府为主导,由政府、市场、公民社会等多元主体共同参与,相互合作,形成一种新型的现代环境治理理念和治理结构。复合型环境治理将变被动为主动,从应对到预防,应将污染的末端治理变为前端控制。在治理主体上不仅拓展,而且通过沟通和互补,形成治理方式的真正转变。多元主体可以弥补环境治理中的"政府失灵"和"市场失

灵",并且能够发动社会力量参与治理。目前,我国环境治理的参与不够,往往是被动和弥散性参与,并不能解决真正问题,需要动员特殊治理主体,形成广泛的社会监督力量。

第三节　研究创新与研究价值

一、研究创新

近年来,国内外的研究者不断关注风险感知和应对行为之间的关系,立足不同学科、不同视角积累了大量成果,构建了风险感知与应对行为的理论模型。已有研究从主观和客观,综合宏观和微观,结合"动态"和"静态"数据,针对具体环境问题探讨风险感知于应对行为,分析风险感知和应对行为的影响因素,并试图构建应对行为的影响机制。本书基于雾霾天气情景,作为具体环境问题以我国 10 个城市居民风险感知和应对行为为研究对象,从理论和实证研究上做了如下几个方面的推进。

(一)全面、系统梳理西方风险感知的理论体系

西方风险感知和应对行为较早,在实证研究中提出风险感知的理论并验证了理论模型,但是对于风险感知与应对行为两者之间关系的研究相对较少。基于国外环境风险感知和应对行为的元分析及文献计量分析,发现环境风险感知和环境行为研究的视角不断拓展,深度不断加强。环境风险感知概念由分异走向统一,研究视角不断整合,呈现微观和宏观融合,多学科理论的整合。本研究属于跨学科研究,立足社会

学,综合其他学科的风险感知研究,进一步完善环境风险感知对应对行为影响机制理论的研究。

（二）拓展本土化环境风险感知和应对行为的中程理论

西方风险感知对应对行为的影响存在较大争议。在不同的灾害情景下,风险感知对应对行为出现三种情况：正向效应、负向效应和没有效应。本研究基于中国实践,立足中国雾霾问题,验证西方风险感知对应对行为的相关理论。基于中国的实际,拓展本土化环境风险感知的中程理论。本书从社会学视角切入,综合其他学科相关理论,基于访谈和大数据分析,将信任机制、媒体机制、政策机制和社会机制整合在一个框架,构建城市居民风险感知对环境行为的影响机制理论模型。

（三）混合研究方法的运用

本书在多元回归分析方法基础上,综合运用多层的分析方法、中介模型分析、结构方程等方法。多元回归能够解释变量之间的关系,但是无法解释群组差异,更无法解释自变量对因变量的影响路径和影响机制。多层的方法能够比较全面地解释个体变异,并区分为组内变异和组间变异,忽略组间变异,就会使残差的分布有可能出现异方差。本书从多层的视角分析微观个体变量、雾霾污染程度是如何交织影响居民风险感知和应对行为的。基于结构方程模型,进一步分析雾霾风险感知的影响机制、环境风险感知对应对行为影响路径和环境风险感知对应对行为的影响机制。本书第五章采用多元线性回归和多层线性模型,第六章采用中介效应分析和结构方程,第七章和第八章采用结构方程模型。研究方法的多种组合使实证研究结论具有理论和实践价值。

（四）构建了环境风险感知和应对行为的量表

近几年，虽然环境风险感知和应对行为研究层出不穷，但是大多数研究局限某一地区，无法推论整体居民环境风险感知及应对行为。近几年虽然有研究普遍使用 CGSS 环境风险感知量表和应对行为量表，但是该量表本身存在一定的不足，风险感知的测量题项并不是采用量表，而是使用单一题项测量环境风险感知，显然并不科学。风险感知本身就是多维度、多结构，不能采用单一的测量题项进行测量。因此，本书进一步修订完善环境风险感知及应对行为的量表，使其本土化改良，较适用于中国实际。

二、研究价值

本书在国内外理论和文献的基础上，通过全面深入的调查获得翔实的一手资料，借助于比较科学的研究方法对资料进行系统分析。因此，本书报告观点具有创新性，资料翔实，论证充分，结论可靠，对策建议具有一定的价值。

（一）拓展环境风险感知与环境行为研究视角，克服视角单一和理论薄弱

本书不仅系统梳理了近 30 年西方相关文献和理论，而且从转型期中国实际出发，界定环境风险感知和环境行为内涵、维度、量表，构建中国环境风险感知对应对行为的中层理论。

（二）构建环境风险感知多维度视角的影响因素和影响路径

通过实证研究验证研究假设，系统诠释转型期多地区、多层面、多

角度的城市居民风险感知状况、形成及差异原因,并探究其内在不同逻辑。

(三) 融合社会资本、人际信任、系统信任、社会放大框架、社会表征等理论,构建中国情境下风险感知对应对行为的影响路径和影响机制

理解转型期中国环境风险感知与行为差异化的问题,探讨环境风险感知在媒体建构路径、社会建构路径和制度建构路径下"放大""缩小"应对行为,并揭示了风险感知对环境行为背后的四大影响机制:契约维系机制、人际沟通机制、压力缓冲机制、风险信息机制。

(四) 本书基于研究结论提出政策建议,适应政府环境治理的迫切需求

环境认知是环境治理的前提。本书立足环境风险感知,深入分析中国面临的经济高速增长和环境污染间的矛盾,传统的环境治理模式受到极大的挑战,需要从微观、宏观相结合的视角分析居民风险感知及应对行为,探寻环境风险感知差异根源及环境行为引导策略,制定适宜的环境政策。通过深入分析环境感知的影响因素、路径,探寻环境风险感知对环境行为的影响机制等问题,进而找到有效方法引导城市居民环境风险感知,规避主客观环境风险诱因,降低居民自身脆弱性,探索沟通机制、信任机制、政策机制互动下如何有效引导理性环境风险感知,激发居民自发、科学应对行为。虽然本书立足雾霾风险感知对应对行为的影响机制,但是其研究结论并不限于雾霾问题的解决和政策建议的提出。中国转型社会必然面临大规模的社会关系的调整,进而引发大量社会问题,社会问题与环境问题交织,增进环境风险感知对环境行为的复杂逻辑和影响机制。

第四节　研究局限及展望

由于个人能力、时间、资源等多方面的限制,研究还存在许多不足。这些不足之处也给后续研究提供一些方向,有待展开。

一、研究成果存在的不足

一是由于时间、经费有限,本书只对中国 10 个城市进行了调查研究,缺乏对其他省市的研究。由于我国地域的广阔性以及地区差异的客观存在,本书提出的对策建议未必适合其他地区。

二是由于雾霾应对行为的复杂性,在前期调查问卷设计中,应对行为量表共设计 5 个题项,后期分析发现整体量表信度和效度有一定问题,因此删除原始量表中的 1 个题项,保留 4 个题项。其中"参加环境组织"行为并没有运用到数据分析中,期待后续研究改进雾霾风险应对行为的量表。

二、尚需深入研究问题

(一) 风险感知对应对行为影响机制有待后续探讨

由于自变量缺乏,导致本书很难探寻风险感知对环境行为背后的内在因果逻辑的其他影响机制。如陌生人信任对风险感知和应对行为的影响机制,成为本书的遗憾。本书所构建的研究假设模型,是通过多个组合假设模型的验证实现,这种较长的单一链条存在一定的片面性,有待于后续实证研究中验证。

（二）期待风险感知和应对行为的动态过程研究

本书采用的是 2017 年截面数据，如果能够采用面板数据，追踪城市居民风险感知和应对行为的动态变化，将提升理论和实践价值。但是动态的数据较为复杂，在时间序列考察上，需要更加高级和完善的统计方法，加以验证，期待后续研究中能够得到相关部门的支持，获取较高质量、精确的动态数据，为后续理论创新提供基础，为环境治理实践创新提供理论支撑。

附录 2017 年城市化与新移民调查问卷

1. 问卷编号：[＿＿｜＿＿｜＿＿｜＿＿]［访员不用填写］

2. 样本序号：[＿＿｜＿＿｜＿＿｜＿＿｜＿＿｜＿＿｜＿＿]

3. 抽样页类型： A B C D E F G H

4. 调查地点：

  市名称：＿＿＿＿＿＿＿＿＿＿＿＿

  区名称：＿＿＿＿＿＿＿＿＿＿＿＿

  街道名称：＿＿＿＿＿＿＿＿＿＿＿＿

  居/村委会名称：＿＿＿＿＿＿＿＿＿＿＿＿

5. 受访者居住的社区类型：（单选）

  （1）未经改造的老城区（街坊型社区）

  （2）单一或混合的单位社区

  （3）保障性住房社区

  （4）普通商品房小区

  （5）别墅区或高级住宅区

  （6）新近由农村社区转变过来的城市社区（村改居、村居合并或"城中村"）

  （7）其他（请注明）＿＿＿＿＿＿＿＿＿＿

6. 访问户类型： （1）家庭户 （2）集体户

7. 受访者是否是答话人： （1）是 （2）不是

8. 访问员(签名)_____　代码：[____|____|____|____|____]

9. 督导员(签名)_____　代码：[____|____|____|____|____]

10. 一审(签名)_____　代码：[____|____|____|____|____]

　　 二审(签名)_____　代码：[____|____|____|____|____]

　　 三审(签名)_____　代码：[____|____|____|____|____]

11. 现场复核类型：(1) 入户复核；(2) 电话复核；(3) 陪访式复核；

　　 (4) 未复核

12. 访问开始时间：[____|____]月[____|____]日[____|____]时

　　 [____|____]分(24 小时制)

　　 访问结束时间：[____|____]日[____|____]时[____|____]分(24

　　 小时制)

13. 访问总时长：[____|____|____](分钟)

A 部分：个人基本情况

A1. 请您告诉我您家人的一些简单情况

a. 与受访者关系： 1. 子女 2. 祖父母/婆婆 3. 媳婿 4. 孙辈子女 5. 孙辈子女的配偶 6. 兄弟姐妹 7. 兄弟姐妹的配偶 8. 其他亲属	b. 性别： 1. 男 2. 女 3. [去世/不适用]	c. 出生年份： 9998. [不清楚]	d. 民族： 1. 汉 2. 蒙古 3. 满 4. 回 5. 朝鲜 6. 壮 7. 其他 8. [不清楚]	e. 政治面貌： 1. 中共党员 2. 共青团员 3. 民主党派 4. 群众 5. 其他 6. [不清楚]	f. 婚姻状况：[示卡第1页] 1. 未婚 2. 同居 3. 初婚有配偶 4. 再婚有配偶 5. 离婚 6. 丧偶 7. [不清楚]	g. 教育程度： 1. 未上学 2. 小学 3. 初中 4. 高中 5. 中专 6. 职高技校 7. 大学专科 8. 大学本科 9. 研究生	h. 目前就业状况是： 1. 全职务农 2. 非农就业 3. 兼业(农和非农) 4. 无业 5. 退休 6. 学前儿童或在校学生 7. 其他(请注明) 8. [不清楚]	i. 调查时户口所在地：[示卡第2页] 1. 本区(县级市)本乡(镇,街道) 2. 本区(县级市)其他乡(镇,街道) 3. 本市其他地区 4. 本省其他地级市 5. 外省市 6. 国外/境外 7. [不清楚]	j. 他/她的户口是： 1. 农业户口 2. 非农业户口 3. 居民户口(之前是非农业户口) 4. 居民户口(之前是农业户口) 5. 其他 6. [不清楚]	k. 同吃同住： 1. 吃住都在一起 2. 住在一起,但不在一起吃 3. 吃在一起,但不住在一起 4. 吃住都不在一起	l. 共同收支： 1. 收支都在一起 2. 收支不在一起
1 受访者本人	[ ]	[ ]年	[ ]	[ ]	[ ]	[ ]	[ ]	[ ]	[ ]		
2 受访者父亲	[ ]	[ ]年	[ ]	[ ]	[ ]	[ ]	[ ]	[ ]	[ ]	[ ]	[ ]
3 受访者母亲	[ ]	[ ]年	[ ]	[ ]	[ ]	[ ]	[ ]	[ ]	[ ]	[ ]	[ ]

续表

		年									
4 受访者配偶	[ ]	[ ]	[ ]	[ ]	[ ]	[ ]	[ ]	[ ]	[ ]	[ ]	[ ]
5 配偶父亲	[ ]	[ ]	[ ]	[ ]	[ ]	[ ]	[ ]	[ ]	[ ]	[ ]	[ ]
6 配偶母亲	[ ]	[ ]	[ ]	[ ]	[ ]	[ ]	[ ]	[ ]	[ ]	[ ]	[ ]
7	[ ]	[ ]	[ ]	[ ]	[ ]	[ ]	[ ]	[ ]	[ ]	[ ]	[ ]
8	[ ]	[ ]	[ ]	[ ]	[ ]	[ ]	[ ]	[ ]	[ ]	[ ]	[ ]
9	[ ]	[ ]	[ ]	[ ]	[ ]	[ ]	[ ]	[ ]	[ ]	[ ]	[ ]
10	[ ]	[ ]	[ ]	[ ]	[ ]	[ ]	[ ]	[ ]	[ ]	[ ]	[ ]
11	[ ]	[ ]	[ ]	[ ]	[ ]	[ ]	[ ]	[ ]	[ ]	[ ]	[ ]
12	[ ]	[ ]	[ ]	[ ]	[ ]	[ ]	[ ]	[ ]	[ ]	[ ]	[ ]

A2. 您的教育程度是：（单选）

    1. 未上学

    2. 小学

    3. 初中

    4. 高中　　　回答 1—7 选项跳问 A4

    5. 中专

    6. 职高技校

    7. 大学专科

    8. 大学本科

    9. 研究生

A7. 您目前的户口登记状况是：（单选）

    1. 农业户口→**跳问 A10（第 4 页）**

    2. 非农业户口

    3. 居民户口（之前是非农业户口）

    4. 居民户口（之前是农业户口）

    5. 没有户口→**跳问 A14（第 4 页）**

    6. 其他（请注明）＿＿＿＿＿＿＿＿→**跳问 A10（第 4 页）**

A30. 您目前的婚姻状况：［访员注意：本题直接根据家庭表中被访者

    的婚姻状况圈选、跳题，无须再问］

    1. 未婚→**跳问 A35**

    2. 同居→**跳问 A35**

    3. 初婚有配偶

    4. 再婚有配偶

    5. 离婚→**跳问 A32**

    6. 丧偶→**跳问 A32**

B 部分：个人工作创业状况

B5. 您目前/最后工作和第一份工作的单位情况？

	目前/最后工作单位	第一次工作单位
a. 起始年份	[___|___|___|___]	[___|___|___|___]
b. 终止年份	[___|___|___|___]	[___|___|___|___]
c. 就业方式 1. 顶替父母/亲属 2. 国家招录、分配/组织调动 3. 个人直接申请/应聘 4. 职业介绍机构 5. 他人介绍推荐 6. 其他(请注_____)		
d. 就业身份 1. 有固定雇主/单位雇员/工薪收入者 2. 雇主/老板 3. 自营劳动者 4. 家庭帮工(为自家的企业工作,但不是老板) 5. 自由职业者(选择此项直接在1中填答2) 6. 劳务工/劳务派遣人员 7. 无固定雇主的零工、散工 8. 其他(请注明_____)		
e. 工作单位名称		
f. 具体职务、职称、行政级别、岗位、工种		
g. 具体工作内容 [访问员请参照职业编码表进行追问并详细记录]		
h. 职业编码[参照调查手册附录1]	[___|___|___]	[___|___|___]

	目前/最后工作单位	第一次工作单位
i. 单位/公司具体生产和经营活动类型(行业)[访问员请参照行业编码表进行追问并详细记录]		
j. 行业编码[参照调查手册附录2]	[＿＿|＿＿]	[＿＿|＿＿]
k. 单位类型[示卡第14页](选择5—8选项的回答 l 题) 1. 党政机关、人民团体、军队 2. 国有企业及国有控股企业 3. 国有/集体事业单位 4. 集体所有或集体控股企业 5. 私有/民营或私有/民营控股企业 6. 三资企业 7. 协会、行会、基金会等社会团体或社会组织 8. 民办非企业单位 9. 社区居委会、村委会等自治组织 10. 个体工商户 11. 其他(请注明＿＿) 12. 无单位		
l. [访员自行填写]k 题中选择 5—8 选项的,访员对照被访者 d、f、g、i 的内容及调查手册说明进行编码 1. 私营企业和外资企业的管理技术人员 2. 自由职业人员		

350

	目前/最后工作单位	第一次工作单位
3. 中介组织和社会组织从业人员 4. 新媒体从业人员 5. 以上都不是		
m. 单位员工数		

C5. 您对您现在居住小区以下各项的满意程度如何？（每行单选）［示卡第 12 页］

		非常满意	比较满意	一般	不太满意	非常不满意
1	噪声	1	2	3	4	5
2	空气质量	1	2	3	4	5
3	水质	1	2	3	4	5
4	卫生环境	1	2	3	4	5
5	休闲环境和设施	1	2	3	4	5
6	治安环境	1	2	3	4	5

C6. 请问您对以下各项的满意程度如何？（每行单选）［示卡第 12 页］

		非常满意	比较满意	一般	不太满意	非常不满意
1	邻里关系	1	2	3	4	5
2	生活水平	1	2	3	4	5
3	居住条件	1	2	3	4	5
4	家庭关系	1	2	3	4	5
5	社交生活	1	2	3	4	5
6	家庭收入	1	2	3	4	5
7	上述各项整体评价	1	2	3	4	5

C18. 请您告诉我,去年(2016 年)您个人的收入(税后纯收入)是?

[记录具体数字,并高位补零,没有此项收入填 0000000,不适用填 9999999]

项　　目	金额(元)						
	百万	十万	万	千	百	十	个
0. 个人总收入	[_]	[_]	[_]	[_]	[_]	[_]	[_]
1. 工资、薪金(含分红、奖金和提成等)	[_]	[_]	[_]	[_]	[_]	[_]	[_]
2. 经营和投资所得收入	[_]	[_]	[_]	[_]	[_]	[_]	[_]
3. 退休养老金收入或低保等社会救济补助收入	[_]	[_]	[_]	[_]	[_]	[_]	[_]
4. 其他收入(请注明)	[_]	[_]	[_]	[_]	[_]	[_]	[_]

D 部分:社会保障和医疗健康

D4. 您平时是否吸烟?(单选)

1. 是。开始年龄[＿＿|＿＿]岁,目前平均每天抽[＿＿|＿＿]支

2. 现在不抽烟,曾经抽过。开始年龄[＿＿|＿＿]岁,戒烟年龄[＿＿|＿＿]岁

3. 从来都不抽烟

D7. 总体来说,您的健康状况怎样?(单选)

1. 非常健康　2. 比较健康　3. 一般　4. 不太健康

5. 非常不健康

E 部分:社会信任和社会评价

E1. 您是否同意以下观点:(每行单选)[示卡第 37 页]

		完全同意	比较同意	一般	不太同意	很不同意
1	社会上大多数人都可以信任	1	2	3	4	5
2	大多数人都会尽可能公平地对待别人	1	2	3	4	5
3	大多数人一有机会就利用别人	1	2	3	4	5

E2. 请问您对下列人员的信任程度如何？（每行单选）［示卡第 38 页］

		完全不信任	不太信任	一般	比较信任	非常信任
1	亲人	1	2	3	4	5
2	朋友	1	2	3	4	5
3	陌生人	1	2	3	4	5
4	邻居	1	2	3	4	5
5	同学	1	2	3	4	5
6	同事	1	2	3	4	5
7	同乡	1	2	3	4	5
8	本地人	1	2	3	4	5
9	外地人	1	2	3	4	5
10	医生	1	2	3	4	5
11	警察	1	2	3	4	5
12	教师	1	2	3	4	5
13	干部	1	2	3	4	5
14	商人老板	1	2	3	4	5

E3. 请问您对下列机构的信任程度如何？（每行单选）[示卡第 38 页]

		完全 不信任	不太 信任	一般	比较 信任	非常 信任
1	中央政府	1	2	3	4	5
2	地方政府	1	2	3	4	5
3	军队	1	2	3	4	5
4	环保部门	1	2	3	4	5
5	慈善机构	1	2	3	4	5
6	宗教团体	1	2	3	4	5
7	电视媒体	1	2	3	4	5
8	网络媒体	1	2	3	4	5

F 部分：社会支持与社区参与

F1. 请告诉我们您的邻居（有交往）、朋友、同事和居住小区的一些情况：（每行单选）[示卡第 42 页]

		全是 本地人	大部分是 本地人	各占 一半	大部分是 外地人	全是 外地人
1	有交往的邻居	1	2	3	4	5
2	朋友	1	2	3	4	5
3	同事	1	2	3	4	5
4	居住小区	1	2	3	4	5

F2. 下面有几种情况描述，您的态度如何？（每行单选）[示卡第 37 页]

	就您的态度而言：	完全 同意	比较 同意	说不 清	不太 同意	很不 同意
1	社区的发展离不开社区居民的参与	1	2	3	4	5
2	我愿意参加社区内的各项公共事务	1	2	3	4	5

续表

	就您的态度而言：	完全同意	比较同意	说不清	不太同意	很不同意
3	我鼓励亲朋好友参加社区活动	1	2	3	4	5
4	我通过多种途径了解社区的大事小情	1	2	3	4	5
5	我觉得社区居民有义务维护社区的秩序	1	2	3	4	5

F4. 您遇到烦恼时的倾诉方式：（单选）

    1. 从不向任何人倾诉

    2. 只向关系极为密切的1—2个人倾诉

    3. 如果朋友主动询问您会说出来

    4. 主动诉说自己的烦恼，以获得支持和理解

F5. 您遇到烦恼时的求助方式：（单选）

    1. 只靠自己，不接受别人帮助

    2. 很少请求别人帮助

    3. 有时请求别人帮助

    4. 经常向家人、亲友、组织求援

G 部分：社会活动参与

G4. 最近一年，您使用如下网络应用的频率是：（每行单选）［示卡第49页］

		从不	每年几次	每月几次	每周几次	每天几次
1	微信	1	2	3	4	5
2	QQ	1	2	3	4	5
3	微博	1	2	3	4	5

G5. 最近一年,您使用下列文体设施或参加文体活动的频率?(每行单选)[示卡第 50 页]

		经 常	偶 尔	从 不
1	图书馆	1	2	8
2	互联网	1	2	8
3	体育场馆	1	2	8
4	去电影院看电影	1	2	8
5	打牌(搓麻将)	1	2	8
6	健身活动	1	2	8

G7. 最近五年来,您是否参与过以下活动?未来的参与意愿情况?

		a. 是否参与过		b. 未来参与意愿				
		是	否	非常愿意	比较愿意	一般	不太愿意	不愿意
1	村委会或居委会选举	1	0	1	2	3	4	5
2	基层人大代表的选举	1	0	1	2	3	4	5
3	参与社会公益活动	1	0	1	2	3	4	5
4	与他人讨论关心的国家大事	1	0	1	2	3	4	5
5	在请愿书上签名	1	0	1	2	3	4	5
6	参与抵制行动	1	0	1	2	3	4	5
7	参与示威游行、罢工等	1	0	1	2	3	4	5
8	到政府部门上访	1	0	1	2	3	4	5
9	向媒体反映或投诉	1	0	1	2	3	4	5
10	网上政治行动	1	0	1	2	3	4	5

H 部分: 环　　境

H1. 您所在地区下列环境问题的严重程度如何?(每行单选)[示卡第 36 页]

		非常严重	比较严重	一般	不太严重	不严重	无此问题
1	雾霾问题	1	2	3	4	5	9
2	水污染	1	2	3	4	5	9
3	噪声污染	1	2	3	4	5	9
4	工业垃圾污染	1	2	3	4	5	9
5	生活垃圾污染	1	2	3	4	5	9
6	总体环境污染状况	1	2	3	4	5	9

H2. 您认为近五年来,地方政府在环保方面做得怎么样?(单选)[示卡第52页]

　　1. 片面注重经济发展,忽视了环境保护工作

　　2. 重视不够,环保投入不足

　　3. 虽尽了努力,但效果不佳

　　4. 尽了很大努力,有一定成效

　　5. 取得了很大的成绩

H3. 雾霾问题对您的生活所造成的影响如何?(每行单选)

		没有影响	影响不大	说不清	有影响	影响很大
1	日常工作和生活	1	2	3	4	5
2	身体健康	1	2	3	4	5
3	心理健康	1	2	3	4	5

H4. 您是否因雾霾问题而考虑迁出本地区?(单选)

　　1. 没有考虑过迁出

　　2. 考虑过部分家庭成员迁出(自己或子女一方迁出)

　　3. 考虑过全家一起迁出

H5. 您觉得下列这些机构发布的雾霾信息的可信度如何？（每行单选）

［示卡第38页］

	机　　构	完全不信任	不太信任	一般	比较信任	非常信任
1	官方媒体	1	2	3	4	5
2	商业媒体	1	2	3	4	5
3	自媒体（专家微博、微信）	1	2	3	4	5
4	官方机构	1	2	3	4	5
5	社会民间组织	1	2	3	4	5

H6. 最近一年,您是否因为所在地区雾霾而特意从事过下列活动或者行为？（每行单选）［示卡第50页］

		经　常	偶　尔	从　不
1	放弃户外运动,尽量不外出	1	2	8
2	外出时佩戴口罩	1	2	8
3	减少开窗通风	1	2	8
4	购买具有防霾功能的空气净化器	1	2	8
5	参与治理雾霾的社会组织或者活动	1	2	8

H7. 您是否出于环境保护主动选择"绿色出行"（骑自行车、乘坐公共交通）？（单选）

1. 是

2. 否

［记录]受访者现居住地址：＿＿＿＿＿＿＿＿＿＿＿

［记录]受访者姓名：＿＿＿＿＿＿＿＿＿＿＿

［记录]联系电话：＿＿＿＿＿＿＿＿＿＿＿

受访者自填

以下是一些您可能有过的行为,请根据您的实际情况,指出在过去一周内各种感受或行为的发生频率。

		没有	少有	常有	一直有
1	我因一些小事而烦恼	0	1	2	3
2	我不大想吃东西,我的胃口不好	0	1	2	3
3	即使家属和朋友帮助我,我仍然无法摆脱心中的苦闷	0	1	2	3
4	我觉得我和一般人一样好	0	1	2	3
5	我在做事时无法集中自己的注意力	0	1	2	3
6	我感到情绪低落	0	1	2	3
7	我感到做任何事都很费力	0	1	2	3
8	我觉得前途是有希望的	0	1	2	3
9	我觉得我的生活是失败的	0	1	2	3
10	我感到害怕	0	1	2	3
11	我的睡眠情况不好	0	1	2	3
12	我感到高兴	0	1	2	3
13	我比平时说话要少	0	1	2	3
14	我感到孤单	0	1	2	3
15	我觉得人们对我不太友好	0	1	2	3
16	我觉得生活得很有意思	0	1	2	3
17	我曾哭泣	0	1	2	3
18	我感到忧虑	0	1	2	3
19	我觉得不被人们喜欢	0	1	2	3
20	我觉得无法继续我的日常工作	0	1	2	3

图书在版编目(CIP)数据

中国城市居民环境风险感知与应对行为研究 / 王晓
楠著 .— 上海 : 上海社会科学院出版社，2022
　ISBN 978 - 7 - 5520 - 3709 - 8

Ⅰ.①中…　Ⅱ.①王…　Ⅲ.①城市环境—风险评价—
研究—中国　Ⅳ.①X21

中国版本图书馆 CIP 数据核字(2021)第 215179 号

中国城市居民环境风险感知与应对行为研究

著　　者：王晓楠
责任编辑：董汉玲
封面设计：裘幼华
出版发行：上海社会科学院出版社
　　　　　上海顺昌路 622 号　邮编 200025
　　　　　电话总机 021 - 63315947　销售热线 021 - 53063735
　　　　　http://www.sassp.cn　E-mail:sassp@sassp.cn
排　　版：南京展望文化发展有限公司
印　　刷：上海颛辉印刷厂有限公司
开　　本：710 毫米×1010 毫米　1/16
印　　张：22.75
插　　页：2
字　　数：285 千
版　　次：2022 年 7 月第 1 版　　2022 年 7 月第 1 次印刷

ISBN 978 - 7 - 5520 - 3709 - 8/X·021　　　　定价：88.00 元